# Hochschultext

Christian Hafner

# Numerische Berechnung elektromagnetischer Felder

## Grundlagen, Methoden, Anwendungen

Mit 58 Abbildungen

Springer-Verlag Berlin Heidelberg New York
London Paris Tokyo 1987

Dr.-Ing. Christian Hafner

Wissenschaftlicher Mitarbeiter
Institut für Feldtheorie und Höchstfrequenztechnik
Eidgenössische Technische Hochschule Zürich

ISBN-13:978-3-540-17334-2 e-ISNB-13:978-3-642-82969-7
DOI: 10.1007/978-3-642-82969-7

CIP-Kurztitelaufnahme der Deutschen Bibliothek
Hafner, Christian:
Numerische Berechnung elektromagnetischer Felder
Grundlagen, Methoden, Anwendungen / Christian Hafner.
Berlin; Heidelberg; New York; London; Paris; Tokyo: Springer, 1987.
(Hochschultext)
ISBN-13:978-3-540-17334-2



2362/3020 543210

# Vorwort

Numerische Methoden zur Berechnung elektromagnetischer Felder wurden zum Teil schon vor einigen Jahren entworfen und stetig ausgebaut. Mit der parallel dazu laufenden Entwicklung von Rechenanlagen ist ein starker Trend zu benützerfreundlichen Programmen festzustellen. Versuchsaufbauten werden zunehmend durch CAD (Computer Aided Design) und CAE (Computer Aided Engineering) abgelöst. Selbstverständlich wird beim Verkauf derartiger Anlagen und der zugehörigen Software gerne zu viel versprochen. Tatsächlich ist der Anwendungsbereich aller Programme sowohl durch deren 'Ideologie' als auch durch den Rechner, auf dem sie implementiert wurden, sehr stark eingeschränkt. Der Anwender ist deshalb zunächst vor die schwierige Aufgabe gestellt, ein für seine Zwecke geeignetes Programm zu finden und sieht sich schließlich oft enttäuscht, weil alle angebotenen Programme 'sein Problem' nicht – oder nur nach einer mehr oder weniger aufwendigen Modifikation – lösen können. Sowohl die Evaluation als auch die Modifikation bestehender Programme überfordern den Anwender in vielen Fällen, da seine Kenntnisse der Elektrodynamik und der Numerik zu gering sind. Sucht man nach passender Literatur, so stellt man fest, daß bereits sehr viele Bücher über theoretische Elektrotechnik und über numerische Methoden existieren. Die ersteren beschränken sich meist auf die analytische Lösung von Problemen mit einfacher Geometrie, die letzteren sind nur selten für Elektroingenieure verständlich geschrieben und beschränken sich oft auf eine einzige Methode zur numerischen Feldberechnung.

Das vorliegende Werk, welches im wesentlichen unverändert als Habilitationsschrift der ETH Zürich eingereicht wurde, richtet sich in erster Linie an Studenten der Elektrotechnik und an Elektroingenieure, welche mit den genannten Problemen konfrontiert sind. Dabei werden sowohl der theoretische Hintergrund als auch die Grundgedanken der gegenwärtig bedeutendsten numerischen Methoden zusammengefaßt und in einer Form präsentiert, welche die Gemeinsamkeiten hervorhebt und das Vorgehen verdeutlicht.

In der Technik sind auch heute noch zweidimensionale d.h. ebene oder zylindrische Probleme von größter Bedeutung. Ihnen wird – anders als in den meisten Lehrbüchern der Elektrodynamik – besondere Beachtung geschenkt und ein Formalismus eingeführt, der die Zusammenhänge klärt.

Zur Veranschaulichung wird die vom Autor – zusammen mit der Fachgruppe für elektromagnetische Felder der ETH Zürich – entwickelte MMP-Methode ausführlicher behandelt. Typische Anwendungsbeispiele demonstrieren die Möglichkeiten und Probleme derartiger Programme. Im Interesse einer erhöhten Verständlichkeit wurde auf besonders komplizierte und imposante Aufgabenstellungen verzichtet. Fast alle gezeigten Probleme führen deshalb auf recht kleine Matrizen mit weniger als zweihundert Kolonnen, erfordern zur Lösung also keine Höchstleistungsrechner.

Zürich, im Dezember 1986 Ch. Hafner

# INHALTSVERZEICHNIS

# 1 EINLEITUNG UND ÜBERSICHT

*... ein Kreuzzug vielleicht für mehr Geometrie und Theologie.*

IGNAZ

Seit dem Bekanntwerden der Maxwellschen Theorie als Grundlage der Elektrodynamik vor etwas mehr als hundert Jahren hat sich sowohl formal als auch von der Anwendungsart her einiges geändert. Mathematische Techniken, welche den Umgang mit elektromagnetischen und andern Feldern erleichtern, einen tieferen Einblick in die Grundlagen gestatten und Zusammenhänge verdeutlichen, wurden hauptsächlich um die Jahrhundertwende von Mathematikern und Physikern erarbeitet. Verschiedene davon werden heute von Ingenieuren sorglos und routiniert angewendet. Dies ist durchaus typisch für die Entstehung und Weiterentwicklung von Theorien und hat zur Folge, dass das Wissen um das 'Warum' dem Wissen um das 'Wie' immer mehr Platz macht und in Vergessenheit gerät. Nachdem dem Studenten das Fragen nach den Gründen abgewöhnt worden ist, schreitet das Erlernen von Techniken ungehemmt voran. Die Mängel dieses Vorgehens machen sich meist erst in der Praxis bemerkbar, wenn neue Probleme selbständig erarbeitet werden sollten und die bekannten Techniken versagen. In diesem Buch wird versucht, die Grundlagen der verschiedensten numerischen Methoden zur Berechnung elektromagnetischer Felder wenigstens anzudeuten und zum Teil etwas mehr in die Tiefe zu gehen als üblich, ohne jedoch spezielle mathematische Kenntnisse vorauszusetzen.

Mit der Entwicklung von Rechenmaschinen hat die angewandte Elektrotechnik in den letzten Jahrzehnten sehr stark auf die Theorie zurückgewirkt. Die Hauptaufgabe bei der Berechnung einer gegebenen Anordnung bestand früher darin, eine möglichst große Anzahl von Annahmen zu machen, welche den Rechengang so sehr vereinfachten, daß Resultate gefunden werden konnten, die sich ohne großen numerischen Aufwand verwerten ließen und gleichzeitig zumindest die Haupteffekte nicht aus der Rechnung eliminierten. Dies hatte zur Folge, daß zum einen nur geometrisch stark vereinfachte Modelle untersucht werden konnten und zum andern verschiedene 'Effekte' voneinander isoliert betrachtet wurden. Bücher aus dieser Zeit geben oft den Eindruck einer Sammlung von verschiedenartigsten Rechnungen, die mit irgendwelchen Tricks und ohne erkennbares System erledigt werden. Bei der modernen, numerischen Feldberechnung rücken Probleme des Rechenaufwandes zunehmend in den Hintergrund. Gerade die Untersuchung des Vorgehens, das Wissen, wie ein Rechengang prinzipiell verläuft, ist hier von Bedeutung, während das Finden von Tricks zur Behandlung spezieller Probleme sekundär und häufig überflüssig ist. Das Fernziel, ein Universalprogramm zu entwickeln, welches sämtliche technischen Probleme lösen kann, wird wohl ebensowenig erreicht werden, wie die von manchen Physikern gesuchte 'Weltformel', welche allen physikalischen Problemen zu Grunde liegt. Deshalb erweist es sich als notwendig, eine systematische Einteilung von typischen Problemgruppen vorzunehmen, diese zu untersuchen und zu deren Lösung passende Algorithmen zu finden.

Neben dieser Entwicklung des Inhaltes, hat auch eine bemerkenswerte Entwicklung der Publikationsform stattgefunden. An die Stelle von Büchern, welche einen Einstieg in ein Wissensgebiet und eine Übersicht vermitteln, ist eine riesige Flut von Fachartikeln getreten, welche inhaltlich oft kaum etwas neues bringen, ohne ausgedehnte Literaturrecherchen nur selten verständlich sind und rasch veralten. Eine Zwischenlösung besteht in Sammelbänden von ausgewählten Artikeln zu einem bestimmten Thema. Diese erweist sich schlußendlich als wenig befriedigend und nur für bereits mit dem Thema vertraute Fachleute brauchbar. Gerade im Bereich der numerischen Feldberechnung, welche in den letzten Jahren einen großen Aufschwung genommen hat, macht sich ein Defizit von Lehrbüchern bemerkbar, welches mit der vorliegenden Arbeit etwas verringert werden soll. Aus den genannten Gründen wird die Angabe von Literaturstellen knapp gehalten und vor allem auf breit angelegte Werke konzentriert, welche wirklich weiterhelfen.

In diesem Buch wird versucht, die wesentlichsten mathematischen und physikalischen Grundlagen der numerischen Feldberechnung in einer, für Elektroingenieure verständlichen und doch nicht sehr ausgedehnten Form zu präsentieren. Dabei stellt sich das Problem, daß beispielsweise zur Motivation gewisser mathematischer Techniken die Kenntnis von Anwendungen und umgekehrt zur Behandlung dieser Anwendungen die Beherrschung entsprechender Techniken nötig ist. Eine logisch-lineare Darstellung, welche ein 'geradliniges' Durchlesen erlaubt, scheint aus diesen und ähnlichen Gründen unmöglich zu sein. Insbesondere für Studenten empfiehlt es sich deshalb, zunächst dieses Buch zu überfliegen und erst in einem zweiten Anlauf – eventuell nach einem notwendigen Literaturstudium – genauer zu lesen.

Startpunkt bildet das Kapitel 2 mit den mathematischen Grundlagen der Maxwell-Gleichungen. Darin wird versucht, eine, für Ingenieure wenig geläufige, *geometrisch* fundierte Anschauung derjenigen Operatoren und Operatorgleichungen zu vermitteln, welche in der klassischen Elektrodynamik von größter Bedeutung sind. Dabei wird auf vierdimensionale, relativistische Formulierungen, die in der Physik weit verbreitet sind, bewußt verzichtet. Stattdessen werden – neben den üblichen dreidimensionalen – eingehend zweidimensionale Formen untersucht, welche in praktischen Modellen der Elektrotechnik weit verbreitet sind, jedoch meist umständlich – quasi-dreidimensional – behandelt werden. Dem theoretisch interessierten Leser bietet sich dadurch die Einstiegsmöglichkeit in ein tieferes Verständnis der Maxwellschen Theorie, während der praktisch orientierte Ingenieur sich im Umgang mit Differential- und Integralformen üben kann.

Im Kapitel 3 werden Inhalt und Form der Maxwell-Gleichungen diskutiert und Wege zur 'Weiterverarbeitung' dieser Gleichungen beschrieben. Neben der 'pragmatischen' Anschauung, welche hinter verschiedenen 'Grundgleichungen' der Physik und speziell hinter der Newtonschen Mechanik und den Maxwell-

Gleichungen verborgen ist, existierte von alters her eine mehr *philosophisch-theologisch* inspirierte Betrachtungsweise, welche beispielsweise hinter der Hamiltonschen Mechanik, dem Energiesatz und dem Prinzip der kleinsten Wirkung steckt. Ähnlich wie die Hamiltonsche Mechanik - zu Beginn dieses Jahrhunderts - bei der Entwicklung der Quantenmechanik einen großen Auftrieb bekam, gewannen integrale Formulierungen des Prinzips der kleinsten Wirkung bei der Entwicklung numerischer Methoden an Gewicht. Dies wird verständlich, wenn man beachtet, daß der philosophisch-theologische Begriff der 'Gerechtigkeit' im Prinzip durch die 'Algebraisierung' aus der Mathematik und den damit arbeitenden Naturwissenschaften eliminiert worden ist, spielt doch bei der algebraischen Behandlung einer Zahl '$a$' deren Wert keinerlei Rolle. In der Numerik ist dies jedoch anders. Hier sind die Wertebereiche beschränkt, und es können Rundungsfehler auftreten. Jede Zahl '$a$' ist hier prinzipiell fehlerbehaftet, 'unscharf'. Dadurch wird eine 'gerechte' Gewichtung von Gleichungen, welche mathematisch gewisse Aussagen repräsentieren, bedeutungsvoll. Vor diesem Hintergrund werden Energiesatz und Prinzip der kleinsten Wirkung diskutiert und neben die Maxwell-Gleichungen gestellt.

Das vierte Kapitel befaßt sich mit den technisch wichtigsten Problemstellungen und deren Einteilung in Hinsicht auf die numerischen Methoden. Dabei werden keine Details studiert, sondern die wesentlichsten Eigenheiten und Gemeinsamkeiten der verschiedenen Problemgruppen mit den zugehörigen typischen mathematischen Gleichungen bzw. Gleichungssystemen behandelt, was eine Orientierungshilfe bei der Behandlung praktischer Aufgabenstellungen ergibt.

Im Kapitel 5 werden die bekanntesten Methoden zur numerischen Feldberechnung vorgestellt. Dabei ist es unmöglich, diese detailliert zu beschreiben. Stattdessen wird versucht, eine grobe Einteilung vorzunehmen und die Gemeinsamkeiten dieser Methoden zu betonen. Der Weg, der von einer ersten Idee zu einem praktisch brauchbaren Programm führt, wird an der MMP-Methode demonstriert. Das Hauptaugenmerk ist dabei auf zweidimensionale bzw. zylindrische Wellenfelder gerichtet, welche mit vernünftigem Aufwand darstellbar sind.

Zum Schluß werden im Kapitel 6 verschiedenartige Beispiele gezeigt, welche mit einem einzigen MMP-Programm berechnet wurden. Diese Beispiele haben den Zweck, zu illustrieren, wie Programme zur numerischen Feldberechnung eingesetzt werden können und welche Möglichkeiten und Gefahren darin enthalten sind.

Schließlich sind noch einige Bemerkungen zur formalen Gestaltung dieses Buches zu machen:

1.) Die verwendete Bezeichnung von Tabellen, Figuren und Formeln ist etwas ungewöhnlich: Das Buch ist in Kapitel, Abschnitte und Unterabschnitte eingeteilt, welche fortlaufend numeriert werden. (4.2.3 ist also der dritte Unterabschnitt von Abschnitt zwei in Kapitel vier.) Die Tabellen, Figuren und Formeln werden innerhalb dieser Einheiten im allgemeinen fortlaufend numeriert. (Mit (4.2.3.5) wird also die fünfte Formel im Unterabschnitt 4.2.3 und mit (4.9) die neunte Formel im Kapitel 4 bezeichnet.) Eine Ausnahme bilden nur leicht modifizierte, sinnverwandte Formeln, welche mit derselben Nummer versehen und durch ein oder mehrere zusätzliche Zeichen unterschieden werden. Dies vereinfacht den Verweis auf ähnliche Formeln: 'Gemäß (2.5.1.1)' beinhaltet beispielsweise auch die 'Abarten' (2.5.1.1′), (2.5.1.1″), (2.5.1.1$T$), (2.5.1.1$T'$) usw. von (2.5.1.1). 'Gemäß (2.5.1.1$T$)' bedeutet ausführlich: 'Gemäß (2.5.1.1$T$) oder allenfalls auch (2.5.1.1$T'$)'.

2.) Ebenfalls unüblich sind die Pfeildiagramme in Kapitel 2 und 3, welche wie gewöhnliche Formeln bezeichnet werden. Tatsächlich handelt es sich dabei um übersichtliche Darstellungen ganzer Formelgruppen.

3.) Komplexe Größen werden zur Verdeutlichung unterstrichen, die konjugiert Komlexen mit einem Stern, Vektoren mit einem Pfeil markiert, soweit dies sinnvoll ist. Insbesondere in den Kapiteln vier bis sechs werden allgemeinere Aussagen gemacht, welche in gleicher Weise für reell-, komplex- und vektorwertige Funktionen gelten. $f$ bezeichnet dann also nicht ausschließlich eine reelle, skalare Feldfunktion.

4.) $L$, $\mathrm{L}$ und $\mathcal{L}$ sind nicht weiter spezifizierte, meist *lineare* Operatoren. Die Linearität muß jedoch bei den gemachten Aussagen oft nicht vorausgesetzt werden. In diesen Fällen ist spezielle Vorsicht geboten.

# 2 RÄUMLICHE DIFFERENTIATIONEN UND INTEGRATIONEN

Seit Newton ist die Differential- und Integralrechnung das wichtigste mathematische Hilfsmittel der Physik. Dies mag sich in diesem Jahrhundert in der theoretischen Physik geändert haben, gilt aber für die Mehrzahl der technischen Anwendungen – insbesondere im Bereich der Elektrodynamik – nach wie vor. Es ist sicher sinnvoll, vor der Behandlung der Maxwell-Gleichungen die zugehörige Mathematik einer genaueren Betrachtung zu unterziehen. Dadurch ist es auch möglich, eine Vermengung mathematischer und physikalischer Inhalte der Maxwell-Gleichungen zu vermeiden.

In der klassischen Physik spielt bekanntlich der dreidimensionale, euklidsche Raum eine hervorragende Rolle. Die Untersuchung dieses Raumes ist seit langem das Hauptthema der Geometrie, was sich ebenfalls in den letzten hundert Jahren verändert hat, die technischen Anwendungen jedoch kaum betrifft: Für den Elektroingenieur bleibt die Kenntnis höherdimensionaler Räume und nichteuklidscher Geometrie eher ein Kuriosum.

Es ist nicht die Absicht dieses Kapitels, den Leser aus der Beengtheit des dreidimensionalen Raumes etwa ins vierdimensionale Raum-Zeit-Kontinuum – welches eine wesentlich verkürzte Schreibweise der Maxwell-Gleichungen ermöglicht, und in der Einsteinschen Relativitätstheorie bevorzugt wird – oder gar in höherdimensionale Welten zu entführen. Vielmehr soll hier versucht werden, strukturelle Erkenntnisse, welche durch das Studium derartiger Theorien* – wie z.B. des 'Grassmann-Cartanschen Kalküls der schiefen Differentialformen' (Exterior Calculus) – gewonnen werden können, in den dreidimensionalen, euklidschen Raum 'zurückzutransportieren' und in einer Form zu präsentieren, die für Ingenieure verständlich ist.

Im Gegensatz zu vier- und mehrdimensionalen Geometrien ist das Studium der ebenen, d.h. zweidimensionalen Geometrie und der zugehörigen Differential- und Integralformen von großem Interesse, da die vollständige, dreidimensionale Betrachtung technischer Probleme oft zu aufwendig und auch nicht nötig ist, so daß sehr häufig zweidimensionale Modelle zur Anwendung kommen. Die entsprechenden Formen werden hier ausdrücklich untersucht, was schließlich eine passende Notation der Maxwell-Gleichungen ermöglicht.

---

* Besonders empfehlenswert ist das anspruchsvolle Buch von C.W.Misner, K.S.Thorne, J.A.Wheeler [M1], welches sehr anschaulich gestaltet wurde.

## 2.1 DIE GEOMETRIE DES RAUMES

Der dreidimensionale Raum enthält bekanntlich Punkte, Linien, Flächen und Körper, welche als null-, ein-, zwei- und dreidimensionale Elemente angesprochen werden können.

Der räumliche Abstand* $d$ zweier Punkte $P_1$ und $P_2$, welche auf einer beliebigen Linie $\ell$ liegen, ist im allgemeinen kleiner oder höchstens gleich dem Abstand $d_\ell$ zwischen $P_1$ und $P_2$, welcher längs der Linie $\ell$ gemessen wird. Ist $d = d_\ell$ für alle Punkte $P_1, P_2$, so wird $\ell$ Gerade $g$ genannt. Die Gerade kann in diesem Sinne als einfachstes eindimensionales Gebilde betrachtet werden. Ist $d_\ell \geq d_0$ für alle Punkte einer Linie, so ist die Linie entweder begrenzt, und zwar durch zwei Randpunkte $P_A, P_E$, oder aber geschlossen. Eine gerade begrenzte Linie wird Strecke genannt und ist nie geschlossen.

Ganz entsprechend kann die Ebene als 'einfachste Fläche' definiert werden. Eine begrenzte Fläche wird durch eine geschlossene Linie, d.h. durch eine 'randlose' Linie begrenzt. Eine randlose Fläche ist geschlossen. Eine genauere Formulierung sei dem Leser überlassen und ist in jedem besseren Buch über Geometrie nachzulesen.

Beim dreidimensionalen Element des dreidimensionalen Raumes, dem Körper angelangt, ist festzustellen, daß ein Gebilde, welches den 'einfachsten' ein- und zweidimensionalen Gebilden Gerade und Ebene entspricht, nicht angegeben werden kann bzw. der Raum selber ist. 'Geschlossene' Körper – analog zu den geschlossenen Linien und Flächen – existieren ebenfalls nicht. Hingegen kann ausgesagt werden, daß ein begrenzter Körper durch eine geschlossene Fläche, d.h. durch eine 'randlose' Fläche berandet wird.

Daraus lassen sich einfache Aussagen herausschälen, welche für beliebigdimensionale Räume gemacht werden können – was hier lediglich am Rande bemerkt werden soll – und von einiger Bedeutung sind:

— Die Berandung eines $n$-dimensionalen Gebildes ist $(n-1)$-dimensional.

— Jede Berandung ist geschlossen. Die Anwendung des Begriffes 'geschlossen' für die beiden Randpunkte einer Linie ist etwas fragwürdig und kann durch die Formulierung: 'Jede $n$-dimensionale** Berandung ist geschlossen', vermieden werden.

— Jede Berandung einer Berandung verschwindet. Es wird sich zeigen, daß vor allem diese Tatsache Konsequenzen hat.

Selbstverständlich sind dies bei weitem nicht alle geometrischen Aussagen, welche ganz allgemein, d.h. ohne Verwendung bestimmter Koordinatensysteme, gemacht werden können. Es sind aber diejenigen, welche für die Elektrodynamik – insbesondere bei der Einführung von Potentialen – wesentlich sind.

---

* Die Definition des Abstandes wird als bekannt vorausgesetzt.

** $n = 1, 2, 3 \ldots$

## 2.2 KOORDINATEN

Die Beschreibung der Lage eines Punktes im n-dimensionalen Raum geschieht am einfachsten durch Angabe von n Koordinaten dieses Punktes. Dies ist zwar nicht in allen mathematisch denkbaren Räumen möglich, wohl aber in den drei- und zweidimensionalen Räumen, in welchen die Elektrodynamik im folgenden Kapitel beschrieben wird. Tatsächlich findet sich der Elektroingenieur in der angenehmen Lage, daß alle möglichen Annahmen, welche das (mathematische) Leben vereinfachen, fast immer – in sehr guter Näherung – zutreffen, was zu einem recht unbeschwerten Umgang mit der Mathematik führt. Trotzdem überfordern die verbleibenden Probleme leicht das Denkvermögen des Ingenieurs wie auch den ihn unterstüzenden Computer.

Es wird hier nicht beabsichtigt, die Bedingungen für die Verwendung von Koordinaten zu untersuchen. Dieser Abschnitt soll bloß eine kurze *Übersicht* über die wichtigsten Koordinatensysteme geben, welche in der Elektrotechnik von Bedeutung sind. Ausführliche Behandlungen finden sich in sehr vielen mathematischen Werken. Da praktisch alle Koordinaten, welche in der Technik Verwendung finden, orthogonal sind, werden nichtorthogonale Koordinatensysteme ausser acht gelassen.

### 2.2.1 Koordinaten des dreidimensionalen Raumes

In krummlinigen, orthogonalen Koordinaten $u, v, w$ kann der Abstand $\mathrm{d}s$ zweier infinitesimal benachbarter Punkte $P_1$ und $P_2$ mit den Koordinaten $(u, v, w)$ bzw. $(u + \mathrm{d}u, v + \mathrm{d}v, w + \mathrm{d}w)$ folgendermaßen angegeben werden:

$$(\mathrm{d}s)^2 = (g_u\,\mathrm{d}u)^2 + (g_v\,\mathrm{d}v)^2 + (g_w\,\mathrm{d}w)^2 \,. \tag{2.2.1.1}$$

Dabei sind $g_u, g_v, g_w$ – die metrischen Koeffizienten des Koordinatensystems – im allgemeinen Funktionen des Ortes. Es versteht sich, daß die Verwendung der Koordinaten $u, v, w$ umso einfacher wird, je einfacher die metrischen Koeffizienten sind.

Im einfachsten Falle sind alle metrischen Koeffizienten konstant und gleich eins. Dies gilt für *kartesische* Koordinaten, welche üblicherweise mit $x, y, z$ bezeichnet werden. Für sie gilt also:

$$g_x = g_y = g_z = 1 \,, \tag{2.2.1.2}$$

womit (2.2.1.1) besonders einfach aussieht:

$$(\mathrm{d}s)^2 = (\mathrm{d}x)^2 + (\mathrm{d}y)^2 + (\mathrm{d}z)^2 \,. \tag{2.2.1.3}$$

Die metrischen Koeffizienten für krummlinige, orthogonale Koordinaten können damit einfach angegeben werden, wenn die Koordinatentransformation, welche zwischen $u, v, w$ und $x, y, z$ vermittelt, bekannt ist:

$$g_a^2 = \left(\frac{\partial x}{\partial a}\right)^2 + \left(\frac{\partial y}{\partial a}\right)^2 + \left(\frac{\partial z}{\partial a}\right)^2 ; \quad a = u, v, w . \qquad (2.2.1.4)$$

Die Flächenelemente $\mathrm{d}F$, welche auf einer der drei Koordinatenflächen liegen, sowie das Volumenelement $\mathrm{d}V$ lauten:

$$\mathrm{d}F_u = g_v g_w \,\mathrm{d}v\,\mathrm{d}w ; \quad u = const, \qquad (2.2.1.5)$$

$$\mathrm{d}F_v = g_u g_w \,\mathrm{d}u\,\mathrm{d}w ; \quad v = const, \qquad (2.2.1.6)$$

$$\mathrm{d}F_w = g_u g_v \,\mathrm{d}u\,\mathrm{d}v ; \quad w = const, \qquad (2.2.1.7)$$

$$\mathrm{d}V = g_u g_v g_w \,\mathrm{d}u\,\mathrm{d}v\,\mathrm{d}w . \qquad (2.2.1.8)$$

Für die Behandlung dreidimensionaler Probleme von größter Bedeutung sind – neben den kartesischen Koordinaten – die *Kugelkoordinaten* $r, \vartheta, \varphi$, welche bei $r = 0$ einen Pol aufweisen:

$$g_r = 1 , \quad g_\vartheta = r , \quad g_\varphi = r \sin\vartheta . \qquad (2.2.1.9)$$

Als ein Gemisch kartesischer und allgemeiner, orthogonaler Koordinaten können die *zylindrischen Koordinaten* $u, v, z$ angesprochen werden, welche eine 'kartesische' Komponente $z$ mit $g_z = 1$ aufweisen und deren Metrik von $z$ unabhängig ist. Diese liefern den Übergang von drei- zu zweidimensionalen Problemen. Ein wichtiger Spezialfall sind die *Kreiszylinderkoordinaten* $r, \varphi, z$ mit

$$g_\varphi = r , \quad g_r = g_z = 1 . \qquad (2.2.1.10)$$

### 2.2.2 Koordinaten des zweidimensionalen Raumes

Zweidimensionale Probleme sind in Wirklichkeit Reduktionen von dreidimensionalen Problemen mit zylindrischer Geometrie auf eine Transversalebene. Beschreibt man die zylindrische Geometrie passenderweise mit zylindrischen Koordinaten $u, v, z$, so erhält man durch Weglassen der Koordinate $z$ sofort orthogonale Koordinaten $u, v$ des zweidimensionalen Raumes mit dem infinitesimalen Wegelement

$$\mathrm{d}s = \sqrt{(g_u \,\mathrm{d}u)^2 + (g_v \,\mathrm{d}v)^2} \qquad (2.2.2.1)$$

und dem infinitesimalen Flächenelement

$$\mathrm{d}F = g_u g_v \,\mathrm{d}u \,\mathrm{d}v \,. \qquad (2.2.2.2)$$

Für *kartesische Koordinaten** $x, y$ gilt, analog zum dreidimensionalen Fall

$$g_x = g_y = 1 \,, \qquad (2.2.2.3)$$

womit für die metrischen Koeffizienten

$$g_a^2 = \left(\frac{\partial x}{\partial a}\right)^2 + \left(\frac{\partial y}{\partial a}\right)^2 \,; \quad a = u, v \,. \qquad (2.2.2.4)$$

geschrieben werden kann. Die *Polarkoordinaten* $r, \varphi$, welche im zweidimensionalen Raum die Rolle der Kugelkoordinaten übernehmen und ebenfalls einen Pol bei $r = 0$ aufweisen, ergeben sich sofort aus den Kreiszylinderkoordinaten durch weglassen der Koordinate $z$:

$$g_r = 1 \,, \quad g_\varphi = r \,. \qquad (2.2.2.5)$$

---

* Die dreidimensionalen, kartesischen Koordinaten sind offensichtlich ein Spezialfall zylindrischer Koordinaten.

## 2.3 (PSEUDO)VEKTOREN UND (PSEUDO)SKALARE

Zur Vermessung des Raumes sind zunächst Strecken (Maßstäbe) besonders brauchbar. Sie werden durch Orientierung, d.h. durch Zuordnung einer Richtung zu Vektoren und bilden damit das wichtigste Hilfsmittel zur bequemen Beschreibung des Raumes. Die Vektoralgebra wird hier selbstverständlich als bekannt vorausgesetzt. Wenn trotzdem einige Aussagen gemacht werden, die trivial scheinen, so hauptsächlich um den Blick auf einige einfache, aber grundlegende Tatsachen zu richten, welche der geübte Ingenieur meist aus den Augen verloren hat.

### 2.3.1 Vektorrechnung im dreidimensionalen Raum

Bekanntlich spannen zwei Vektoren eine Ebene auf. Damit wird es möglich, nicht nur ein-, sondern auch zweidimensionale Gebilde mittels Vektoren zu beschreiben und zu vermessen. Eine besondere Rolle spielt dabei das Vektorprodukt

$$\vec{a} = \vec{v}_1 \times \vec{v}_2 \tag{2.3.1.1}$$

zweier Vektoren $\vec{v}_1, \vec{v}_2$, welches so definiert ist, daß der Betrag von $\vec{a}$ ein Maß für die, von den beiden Vektoren aufgespannnte Fläche ist. $\vec{a}$ ist wieder ein Vektor, welcher zu $\vec{v}_1$ und $\vec{v}_2$ senkrecht steht. Um die Definition eindeutig zu machen, wird vorausgesetzt, daß $\vec{v}_1, \vec{v}_2, \vec{a}$ eine 'Rechtsschraube' bilden. Daß ebensogut eine 'Linksschraube' vorausgesetzt werden könnte, läßt erahnen, daß sich der 'Vektor' $\vec{a}$ bei einer Spiegelung des Raumes nicht wie ein 'normaler' Vektor verhält. Tatsächlich ändert $\vec{a}$ dabei das Vorzeichen nicht in üblicher Weise und wird deshalb *Pseudovektor* oder auch *axialer Vektor* genannt. $\vec{a}$ ist Repräsentant einer Fläche – zu der er senkrecht steht – und nicht einer Linie, wie etwa $\vec{v}_1$. Es ist übrigens durchaus nicht selbstverständlich, daß das Produkt zweier Vektoren einen (Pseudo)vektor ergibt, bzw. daß eine Fläche durch Vektoren beschrieben werden kann, welche auf ihr senkrecht stehen. Dies ist nur im dreidimensionalen Raum der Fall, wo zu jeder Ebene genau *eine* orthogonale Richtung existiert. Im Prinzip wird hier ein zweidimensionales Gebilde durch die eine *fehlende* (dritte) Dimension beschrieben.

Entsprechend den Flächen werden Körper durch drei Vektoren $\vec{v}_1, \vec{v}_2, \vec{v}_3$ aufgespannt und ihr Volumen durch das Spatprodukt

$$p = (\vec{v}_1 \times \vec{v}_2) \cdot \vec{v}_3 \tag{2.3.1.2}$$

angegeben. Es ist kaum verwunderlich, daß das Spatprodukt, welches als Skalarprodukt eines Pseudovektors mit einem Vektor betrachtet werden kann, keinen 'normalen' Skalar, sondern einen Pseudoskalar $p$ liefert, welcher bei der Raumspiegelung sein Vorzeichen in ungewohnter Weise ändert. Die Angabe eines nulldimensionalen (Pseudo)skalars zur Beschreibung eines dreidimensionalen Gebildes entspricht wieder der Angabe der fehlenden (0=3–3) Dimensionen.

Die Unterscheidung von Skalaren und Pseudoskalaren sowie von Vektoren und Pseudovektoren ist in der Elektrotechnik nicht üblich, obwohl sie zu einem besseren Verständnis der geometrischen Grundlagen beiträgt. Sie wird im folgenden auch nicht konsequent eingesetzt, da sehr viele Aussagen für Pseudogrößen in gleicher Weise wie für 'normale' Größen gelten. Es ist übrigens recht einfach, festzustellen ob die Verknüpfung solcher Größen Pseudogrößen oder 'normale' Größen liefert: Dazu setzt man für Skalare und Pseudovektoren die Zahl $+1$, für Vektoren und Pseudoskalare die Zahl $-1$ und für Produkte, Skalarprodukte und Vektorprodukte jeweils eine Multiplikation. Hat das Resultat den Wert $+1$, so handelt es sich um einen Skalar oder um einen Pseudovektor. Das Vektorprodukt zweier Pseudovektoren liefert also beispielsweise – ebenso wie das Vektorprodukt zweier Vektoren – einen Pseudovektor, das Spatprodukt dreier Pseudovektoren einen Skalar. Additionen von Vektoren und Pseudovektoren sind offenbar ebenso unsinnig, wie etwa Additionen von Skalaren und Vektoren, was nicht zum Ausdruck kommt, wenn die Pseudogrößen mit den 'normalen' Größen identifiziert werden.

Die Elemente des dreidimensionalen Raumes können übersichtlich gemäß Tabelle 2.3.1.1 aufgelistet werden.

Tabelle 2.3.1.1

| Dimension | 0 | 1 | 2 | 3 |
|---|---|---|---|---|
| Element | *Punkt* | *Linie*<br>*Gerade* | *Fläche*<br>*Ebene* | *Körper* |
| Repräsentant | *Skalar* | *Vektor* | *Pseudo-vektor* | *Pseudo-skalar* |
| Abkürzung | $s$ | $\vec{v}$ | $\vec{a}$ | $p$ |

### 2.3.2 Vektorrechnung im zweidimensionalen Raum

Eine Verallgemeinerung der obigen Aussagen für höherdimensionale Räume liegt auf der Hand, soll aber nicht weiter verfolgt werden. Stattdessen wird nun kurz eine Reduktion auf den zweidimensionalen Raum betrachtet, welche das prinzipielle Vorgehen verdeutlicht. Am einfachsten geschieht dies durch 'Verkürzung' der Tabelle 2.3.1.1, was für zweidimensionale Räume Tabelle 2.3.2.1 ergibt.

| Tabelle 2.3.2.1 | | | |
|---|---|---|---|
| Dimension | 0 | 1 | 2 |
| Element | *Punkt* | *Linie*<br>*Gerade* | *Fläche* |
| Repräsentant | *Skalar* | *Vektor* | *Pseudo-*<br>*skalar* |
| Abkürzung | $s$ | $\vec{v}$ | $p$ |

Auffällig ist dabei in erster Linie, daß der Pseudovektor $\vec{a}$ nicht mehr in Erscheinung tritt. Es ist aber möglich, einen solchen auch im zweidimensionalen Raum zu definieren. Erinnert man sich daran, daß $\vec{a}$ die 'fehlende' Dimension desjenigen Elementes angibt, das er vertritt, so wird klar, daß der Pseudovektor nun eine alternative Darstellung des Vektors ist: Eine Strecke in der Ebene kann entweder – wie üblich – durch einen Vektor oder durch einen dazu senkrecht stehenden Pseudovektor derselben Länge repräsentiert werden. Wie schon im dreidimensionalen Raum muß noch das Vorzeichen des Pseudovektors festgelegt werden. Dies geschieht am einfachsten durch die Vorschrift, daß $\vec{a}$ durch positive* Drehung um $\pi/2$ aus $\vec{v}$ gebildet wird. Bezeichnet man diese positive Drehung um $\pi/2$ mit einem hochgestellten $o$ (orthogonal), so gilt:

$$\vec{a} = \vec{v}^{\,o} . \tag{2.3.2.1}$$

Diese einfache Operation ersetzt offenbar das Vektorprodukt (2.3.1.1) im dreidimensionalen Fall, ergibt nun aber keine Möglichkeit, eine Fläche zu vermessen. Dazu ist eine Operation nötig, welche zwei Vektoren $\vec{v}_1, \vec{v}_2$ – die eine Fläche aufspannen – einen (Pseudo)skalar zuordnet. Das Skalarprodukt der beiden Vektoren

$$s = \vec{v}_1 \cdot \vec{v}_2$$

* d.h. im Gegenuhrzeigersinn.

erweist sich als ungeeignet, ergibt sich daraus doch eine skalare Größe – die Projektion von $\vec{v}_1$ auf $\vec{v}_2$ – welche für zwei orthogonale Vektoren verschwindet, also sicher nicht die durch $\vec{v}_1, \vec{v}_2$ aufgespannte Fläche repräsentiert. Die Lösung findet sich jedoch leicht, indem das Vektorprodukt (2.3.1.1) im Spatprodukt (2.3.1.2) durch (2.3.2.1) ersetzt wird:

$$p = \vec{v}_1^{\,o} \cdot \vec{v}_2 \,. \tag{2.3.2.2}$$

$p$ ist der gesuchte Pseudoskalar, welcher die von $\vec{v}_1, \vec{v}_2$ aufgespannte Fläche angibt.

Wird der zweidimensionale Raum – wie dies bei der Lösung technischer Probleme, insbesondere mit zylindrischer Symmetrie der Fall ist – als Unterraum (Querschnittsebene) des dreidimensionalen Raumes aufgefasst, so kann die Drehung $o$ als Vektorprodukt mit dem, zur Ebene senkrechten Einheitsvektor $\vec{e}_z$ interpretiert werden:

$$\vec{v}^{\,o} = \vec{e}_z \times \vec{v} \,. \tag{2.3.2.3}$$

## 2.4 INTEGRALFORMEN

Im Abschnitt 2.2 wurden infinitesimal kleine Linien-, Flächen- und Volumenelemente angegeben. Der Übergang von praktisch messbaren zu infinitesimal kleinen Elementen ist eine Folge der Krümmung der Koordinatenlinien bzw. der ortsabhängigen Metrik. Auch das Vermessen gekrümmter Linien, Flächen und Körpern macht - unabhängig von einer allfälligen Wahl von Koordinaten - die Verwendung infinitesimaler Elemente erforderlich. Das Aufsummieren derartiger Elemente entspricht bekanntlich der Integration. Neben diesen geometrisch motivierten, räumlichen Integralen existiert eine große Zahl physikalisch motivierter, räumlicher Integrale. Die einfachsten und wichtigsten davon werden im folgenden angegeben.

### 2.4.1 Integrale des dreidimensionalen Raumes

Das Messen der Länge $\ell$ beliebiger Linien geschieht bekanntlich am einfachsten durch Zerlegung in infinitesimal kleine Elemente $\mathrm{d}\ell$ – welche als gerade erscheinen – und Summation bzw. Integration über dieselben:

$$\ell = \int_{\ell} \mathrm{d}\ell \,. \tag{2.4.1.1}$$

Daß sowohl die Linie, als auch deren Länge mit demselben Buchstaben $\ell$ bezeichnet wurden, ist mathematisch unschön, vermeidet aber die Verwendung allzu vieler Symbole und sollte zu keinen Verwechslungen Anlaß geben. Ordnet man den Längenelementen $\mathrm{d}\ell$ eine Richtung zu, so werden sie zu infinitesimal kleinen Vektoren $\vec{\mathrm{d}\ell}$ und die Länge einer Linie $\ell$ ergibt sich aus dem Integral

$$\ell = \int_{\ell} \vec{e}_\tau \, \vec{\mathrm{d}\ell} = \int_{\ell} |\vec{\mathrm{d}\ell}| \,, \tag{2.4.1.1'}$$

wobei $\vec{e}_\tau$ den tangentialen Einheitsvektor bezeichnet.

Ganz analog kann beim Messen der Fläche $F$ und des Volumens $V$ vorgegangen werden. Es gilt dann:

$$F = \int_{F} \vec{e}_\nu \, \vec{\mathrm{d}F} = \int_{F} |\vec{\mathrm{d}F}| \,, \tag{2.4.1.2}$$

$$V = \int_{V} e \, \mathrm{d}V = \int_{V} |\mathrm{d}V| \,, \tag{2.4.1.3}$$

wobei $\vec{e}_\nu$ der Einheitsnormalen(pseudo)vektor auf $F$ und $\vec{\mathrm{d}F} = \vec{\mathrm{d}v_1} \times \vec{\mathrm{d}v_2}$ der $\mathrm{d}F$ zugeordnete Pseudovektor ist, welcher auf $F$ senkrecht steht. Das Einfügen der pseudoskalaren Einheit $e = \pm 1$ in (2.4.1.3) hat lediglich formale Gründe und stellt sicher, daß $V$ eine skalare Größe wird, da $\mathrm{d}V = (\vec{\mathrm{d}v}_1 \times \vec{\mathrm{d}v}_2) \cdot \vec{\mathrm{d}v}_3$ ein Pseudoskalar ist.

Ersetzt man den Vektor $\vec{e}_\tau$ durch einen beliebiges Vektorfeld $\vec{v}$, $\vec{e}_\nu$ durch ein Pseudovektorfeld $\vec{a}$ und $e$ durch ein Pseudoskalarfeld $p$, so ergeben die obigen Integrale Maße für die entsprechenden Feldgrößen:

$$U = \int_\ell \vec{v}\, \vec{\mathrm{d}\ell}\,, \tag{2.4.1.4}$$

$$\Phi = \int_F \vec{a}\, \vec{\mathrm{d}F}\,, \tag{2.4.1.5}$$

$$I = \int_V p\, \mathrm{d}V\,, \tag{2.4.1.6}$$

wobei $U$ die *Spannung* von $\vec{v}$ längs $\ell$, $\Phi$ den *Fluß* von $\vec{a}$ durch $F$ und $I$ den *Inhalt* von $p$ in $V$ bezeichnet.*

Die Integrale (2.4.1.4-6) ergeben skalare Größen. Sie lassen sich ebensogut definieren mit einem Pseudovektor als Integrand von (2.4.1.4), einem Vektor als Integrand von (2.4.1.5) und einem Skalar als Integrand von (2.4.1.6) und liefern dann Pseudoskalare. Im letzten Falle wird dann allerdings $\mathrm{d}V$ üblicherweise als Skalar $\mathrm{d}V = |(\vec{\mathrm{d}v}_1 \times \vec{\mathrm{d}v}_2) \cdot \vec{\mathrm{d}v}_3|$ definiert, so daß $I$ ein Skalar bleibt.

Es existieren nun spezielle Felder, bei denen die obigen Integrale auf Integrale über die *Berandung* des betreffenden Integrationsgebiets zurückgeführt werden können, wodurch sich die Dimension des Gebietes, über das integriert werden muß, um eins verringert.

$$U = \int_\ell \vec{v}\, \vec{\mathrm{d}\ell} = \oint_{\partial\ell} \phi\, \mathrm{d}P\,, \tag{2.4.1.7}$$

$$\Phi = \int_F \vec{a}\, \vec{\mathrm{d}F} = \oint_{\partial F} \vec{A}\, \vec{\mathrm{d}\ell}\,, \tag{2.4.1.8}$$

$$I = \int_V p\, \mathrm{d}V = \oint_{\partial V} \vec{B}\, \vec{\mathrm{d}F}\,. \tag{2.4.1.9}$$

Die Schreibweise des 'Integrals' rechts in (2.4.1.7) ist sicher unüblich und wohl auch etwas befremdlich, besteht der Rand $\partial\ell$ einer Linie $\ell$ doch lediglich aus zwei Punkten, dem Anfangspunkt $P_A$ und dem Endpunkt $P_E$. Das 'Integral' über $\partial\ell$ ist also an sich eine Summe über die beiden Randpunkte, wobei auch dieser

---

* In der Elektrotechnik wichtig sind beispielsweise die (elektrische) Spannung des elektrischen Feldes $\vec{E}$, der (magnetische) Fluß der magnetischen Induktion $\vec{B}$ und die Gesamtladung der Ladungsdichte $\rho$.

Rand mit einer 'Orientierung' versehen werden muß, welche in $\mathrm{d}P$ zum Ausdruck kommt: Es gilt $\mathrm{d}P = 1$ in $P_E$ und $\mathrm{d}P = -1$ in $P_A$. Die übliche Schreibweise von (2.4.1.7) lautet formal etwas weniger schön:

$$U = \int_\ell \vec{v}\, \mathrm{d}\vec{\ell} = \phi(P_E) - \phi(P_A)\,. \tag{2.4.1.7'}$$

Bemerkenswert ist, dass damit der Wert des Linienintegrals (2.4.1.7) nicht von der Form der Linie $\ell$ und der Wert des Flächenintegrals (2.4.1.8) nicht von der Form der Fläche $F$ abhängt, solange die Ränder $\partial\ell$ bzw. $\partial F$ unverändert bleiben.*

Die betreffenden Felder werden bekanntlich Potential- oder Gradientenfeld, Wirbelfeld und Quellenfeld genannt und zwar ist $\phi$ das Potential von $\vec{v} = \operatorname{grad}\phi$, welches ein Gradientenfeld ist, $\vec{a} = \operatorname{rot}\vec{A}$ ist die Wirbelstärke von $\vec{A}$ und $p = \operatorname{div}\vec{B}$ die Quellenstärke von $\vec{B}$. Also gilt:

$$U = \int_\ell \operatorname{grad}\phi\, \mathrm{d}\vec{\ell} = \oint_{\partial\ell} \phi\, \mathrm{d}P\,, \tag{2.4.1.7''}$$

$$\Phi = \int_F \operatorname{rot}\vec{A}\, \mathrm{d}\vec{F} = \oint_{\partial F} \vec{A}\, \mathrm{d}\vec{\ell}\,, \tag{2.4.1.8''}$$

$$I = \int_V \operatorname{div}\vec{B}\, \mathrm{d}V = \oint_{\partial V} \vec{B}\, \mathrm{d}\vec{F}\,. \tag{2.4.1.9''}$$

(2.4.1.9″) wird '*Satz von Gauß*', (2.4.1.8″) '*Satz von Stokes*' genannt. Für (2.4.1.7″) existiert keine besondere Bezeichnung.

Es ist nun möglich, aus der weiter oben gemachten Bemerkung ('jede Berandung einer Berandung verschwindet') Nutzen zu ziehen, indem einerseits (2.4.1.7″) mit $\vec{A} = \operatorname{grad}\phi$ in (2.4.1.8″) und andererseits (2.4.1.8″) mit $\vec{B} = \operatorname{rot}\vec{A}$ in (2.4.1.9″).eingesetzt und beachtet wird, daß $\partial\partial F$ – wie auch $\partial\partial V$ – wegen eben dieser Bemerkung verschwindet:

$$\int_F \operatorname{rot}\operatorname{grad}\phi\, \mathrm{d}\vec{F} = \oint_{\partial F} \operatorname{grad}\phi\, \mathrm{d}\vec{\ell} = \oint_{\partial\partial F} \phi\, \mathrm{d}P = 0\,, \tag{2.4.1.10}$$

$$\int_V \operatorname{div}\operatorname{rot}\vec{A}\, \mathrm{d}V = \oint_{\partial V} \operatorname{rot}\vec{A}\, \mathrm{d}\vec{F} = \oint_{\partial\partial V} \vec{A}\, \mathrm{d}\vec{\ell} = 0\,. \tag{2.4.1.11}$$

Selbstverständlich haben derartige Aussagen nur dann einen Sinn, wenn die Zusammenhänge grad, rot, div zwischen den Integranden bekannt sind. Da diese – wie bereits erwähnt – die Dimension des Integrationsgebietes um 1 erniedrigen, also einem n-fachen Integral ein (n-1)-faches Integral zuordnen, können sie

* Dies ist schließlich meßtechnisch sehr wichtig, sind doch diese Integrale oft Meßgrößen.

als (räumliche) Differentiationen angesprochen werden. Ihnen ist der nächste Abschnitt gewidmet. Zuvor soll aber der technisch wichtige, zweidimensionale Raum mit seinen Integralen untersucht werden.

### 2.4.2 Integrale des zweidimensionalen Raumes

Begrifflich entfällt im zweidimensionalen Raum das Volumen $V$, formal nimmt aber die Fläche $F$ dessen Platz ein. Die Behandlung der Länge $\ell$ bleibt im wesentlichen dieselbe:

$$\ell = \int_{\ell} |\mathrm{d}\vec{\ell}| = \int_{\ell} \vec{e}_T \, \mathrm{d}\vec{\ell}\,, \tag{2.4.2.1}$$

$$F = \int_{F} |\mathrm{d}F| = \int_{F} e \, \mathrm{d}F\,, \tag{2.4.2.2}$$

wobei nun $\mathrm{d}F = \mathrm{d}\vec{V}_1^{\,o} \cdot \mathrm{d}\vec{V}_2$ ein Pseudoskalar* der Form (2.3.2.2) und $e = \pm 1$ wie in (2.4.1.3) definiert ist.

Die Definition von Spannung $U$ und Inhalt $I$ liegt auf der Hand. Es ist nicht trivial, daß die Definition des Flusses $\Phi$ – wegen der Reduktion von 3 auf 2 Dimensionen – entfällt: Der Pseudovektor $\mathrm{d}\vec{F}$, über den in (2.4.1.5) integriert wird, kann durch den, zum Vektor $\mathrm{d}\vec{\ell}$ orthogonalen Pseudovektor $-\mathrm{d}\vec{\ell}^{\,o}$ ersetzt** werden, was auf die Definition eines Flusses durch eine Linie $\ell$ führt.

$$U = \int_{\ell} \vec{v} \, \mathrm{d}\vec{\ell}\,, \tag{2.4.2.3}$$

$$\Phi = -\int_{\ell} \vec{a} \, \mathrm{d}\vec{\ell}^{\,o}\,, \tag{2.4.2.4}$$

$$I = \int_{F} p \, \mathrm{d}F\,. \tag{2.4.2.5}$$

Die ersten beiden Integrale sind Linienintegrale. Da die Operation $o$ eine Drehung um $\pi/2$ bedeutet, kann (2.4.2.4) problemlos auf die Form (2.4.2.3) gebracht werden und muß somit nicht weiter explizite angegeben werden:

$$\Phi = \int_{\ell} \vec{a}^{\,o} \, \mathrm{d}\vec{\ell}. \tag{2.4.2.4'}$$

---

* Analog zu $\mathrm{d}V$ kann auch $\mathrm{d}F$ durch Absolutwertbildung als Skalar definiert werden.

** Das negative Vorzeichen von $\mathrm{d}\vec{\ell}^{\,o}$ sorgt dafür, daß der Fluß durch eine positiv orientierte, geschlossene Berandung eines Gebietes $G$ aus $G$ heraus positiv wird.

Der Fluß eines (Pseudo)vektorfeldes $\vec{a}$ durch $\ell$ ist also gleich der Spannung des zu $\vec{a}$ dualen Vektorfeldes $\vec{a}^{\,o}$ längs $\ell$.

Von besonderem Interesse sind wieder Felder, bei denen die obigen Integrale durch Integrale ersetzt werden können, deren Dimension um eins vermindert ist:

$$U = \int_{\ell} \vec{v}\,\mathrm{d}\vec{\ell} = \oint_{\partial\ell} \phi\,\mathrm{d}P = \phi(P_E) - \phi(P_A)\,, \tag{2.4.2.6}$$

$$I = \int_{F} p\,\mathrm{d}F = -\oint_{\partial\ell} \vec{B}\,\mathrm{d}\vec{\ell}^{\,o} = \oint_{\partial\ell} \vec{B}^{\,o}\,\mathrm{d}\vec{\ell}\,. \tag{2.4.2.7}$$

Der Zusammenhang zwischen $\vec{v}$ und $\phi$ wird nun durch einen Operator $\mathrm{grad}_T$ , derjenige zwischen $p$ und $\vec{B}$ durch $\mathrm{div}_T$ gegeben*:

$$U = \int_{\ell} \mathrm{grad}_T\,\phi\,\mathrm{d}\vec{\ell} = \oint_{\partial\ell} \phi\,\mathrm{d}P = \phi(P_E) - \phi(P_A)\,, \tag{2.4.2.6'}$$

$$I = \int_{F} \mathrm{div}_T\,\vec{B}\,\mathrm{d}F = -\oint_{\partial F} \vec{B}\,\mathrm{d}\vec{\ell}^{\,o} = \oint_{\partial F} \vec{B}^{\,o}\,\mathrm{d}\vec{\ell}\,. \tag{2.4.2.7'}$$

Will man sich wieder die Feststellung, daß 'jede Berandung einer Berandung verschwindet', zu Nutze machen, so kann (2.4.2.6′) – nach einer Drehung $o$ – in (2.4.2.7′) eingesetzt werden. Dies ergibt:

$$\int_{F} \mathrm{div}_T\,\mathrm{grad}_T{}^{o}\,\phi\,\mathrm{d}F = \oint_{\partial F} \mathrm{grad}_T{}^{o}\,\phi\,\mathrm{d}\vec{\ell}^{\,o} = \oint_{\partial\partial F} \phi\,\mathrm{d}P = 0\,. \tag{2.4.2.8}$$

Zu bemerken ist, daß

$$\int_{F} \mathrm{div}_T\,\mathrm{grad}_T\,\phi\,\mathrm{d}F = \oint_{\partial F} \mathrm{grad}_T{}^{o}\,\phi\,\mathrm{d}\vec{\ell} \tag{2.4.2.9}$$

im allgemeinen nicht verschwindet.

* Die Schreibweise erinnert an die entsprechenden dreidimensionalen Operatoren. Der Index $T$ wird verwedet, da in der Technik der zweidimensionale Raum meist die $T$ransversalebene eines zylindrischen Problems ist.

## 2.5 DIFFERENTIALFORMEN

Die im vorhergehenden Abschnitt gemachten, globalen Aussagen sind unabhängig von der Wahl der jeweiligen Integrationsgebiete. Die Gleichungen (2.4.1.7-9) sowie (2.4.2.6,7) sind von besonderem Interesse, verknüpfen sie doch ein n-faches Integral mit einem (n-1)-fachen Integral und geben damit die Möglichkeit, die Umkehroperationen $\mathrm{div}, \mathrm{rot}, \mathrm{grad}, \mathrm{div}_T, \mathrm{grad}_T$ zu den verschiedenen räumlichen Integralen zu definieren, welche sinnvollerweise (räumliche) Differentiale genannt werden und - mittels der oben genannten Gleichungen - koordinatenfrei oder natürlich auch in jedem beliebigen Koordinatensystem definiert werden können.

Die Unterscheidung von Skalaren und Pseudoskalaren sowie von Vektoren und Pseudovektoren von Abschnitt 2.3 ermöglicht eine bessere Übersicht. Zur Verdeutlichung werden in diesem Abschnitt schematische Darstellungen eingeführt, welche auch bei der Behandlung der Maxwell-Gleichungen Verwendung finden.

### 2.5.1 Differentiale des dreidimensionalen Raumes

Um aus den globalen Aussagen (2.4.1.7-9) lokale zu erhalten, ist es sinnvoll, einen Grenzübergang durchzuführen, bei dem die Integrationsgebiete auf einen Punkt zusammengezogen werden. Wählt man für $V$ eine Kugel mit Radius $r$, für $F$ eine Kreisfläche mit Radius $r$ und für $\ell$ eine Strecke der Länge $r$, so erhält man die bekannten 'koordinatenfreien' Definitionen von div, rot, grad*:

$$\mathrm{div}\,\vec{B} = \lim_{r\to 0} \frac{\oint\limits_{\partial V} \vec{B}\,\mathrm{d}\vec{F}}{\int\limits_{V} \mathrm{d}V}\,, \tag{2.5.1.1}$$

$$\vec{e}_n \cdot \mathrm{rot}\,\vec{A} = \lim_{r\to 0} \frac{\oint\limits_{\partial F} \vec{A}\,\mathrm{d}\vec{\ell}}{\int\limits_{F} \mathrm{d}F}\,, \tag{2.5.1.2}$$

$$\vec{e}_\ell \cdot \mathrm{grad}\,\phi = \lim_{r\to 0} \frac{\oint\limits_{\partial \ell} \phi\,\mathrm{d}P}{\int\limits_{\ell} \mathrm{d}\ell}\,, \tag{2.5.1.3}$$

wobei $\vec{e}_\ell$ den Einheitsvektor längs der Strecke $\ell$ und $\vec{e}_n$ den Normalenvektor zur Kreisfläche $F$ bezeichnet. Die Vorzeichen dieser beiden Vektoren sind so zu wählen, daß $\vec{e}_\ell$ vom Anfangspunkt in Richtung des Endpunktes zeigt und daß $\vec{e}_n$ mit dem Umlaufsinn des Integrales über den Rand von $F$ eine 'Rechtsschraube'

---

* Es wird hier wieder die unkonventionelle 'Integration' über den Rand einer Linie aus dem Unterabschnitt 2.4.1 verwendet.

beschreibt. Die Gleichungen (2.5.1.2.3) ergeben zunächst nur die Komponenten von rot $\vec{A}$ und grad $\phi$ in Richtung $\vec{e}_n$ bzw. $\vec{e}_\ell$. Durch Wahl von je drei orthogonalen Einheitsvektoren erhält man jedoch leicht die Vektoren selber*. Eine andere Möglichkeit besteht darin, die Richtungen $\vec{e}_n$ und $\vec{e}_\ell$ so zu wählen, daß (2.5.1.2,3) maximal werden. $\vec{e}_n$ zeigt dann in Richtung von rot $\vec{A}$ und $\vec{e}_\ell$ in Richtung von grad $\phi$.

Der Übergang zu einer koordinatenabhängigen Schreibweise von div, rot und grad gestaltet sich verständlicherweise bei Verwendung kartesischer Koordinaten speziell einfach. Man ersetzt dann bequemerweise die Kugel mit Radius $r$ durch einen Würfel mit Seitenlänge $r$ und den Kreis mit Radius $r$ durch ein Quadrat der Seitenlänge $r$. Aus (2.5.1.1-3) ergibt sich sofort:

$$\text{div } \vec{B} = B_{x,x} + B_{y,y} + B_{z,z} \, , \tag{2.5.1.1'}$$

$$\begin{aligned} \text{rot } \vec{A} = &(A_{z,y} - A_{y,z})\vec{e}_x \\ &+ (A_{x,z} - A_{z,x})\vec{e}_y \\ &+ (A_{y,x} - A_{x,y})\vec{e}_z \, , \end{aligned} \tag{2.5.1.2'}$$

$$\text{grad } \phi = \phi_{,x}\vec{e}_x + \phi_{,y}\vec{e}_y + \phi_{,z}\vec{e}_z \, , \tag{2.5.1.3'}$$

wobei die Ableitung nach einer Koordinate kurz mit einem Index hinter dem Komma bezeichnet wird:

$$a_{,t} = \frac{\partial a}{\partial t} \, , \quad t = x, y, z, \ldots \tag{2.5.1.4}$$

Mittels Koordinatentransformation lassen sich die entsprechenden Ausdrücke für krummlinig orthogonale Koordinaten finden:

$$\text{div } \vec{B} = \frac{1}{g_u g_v g_w}((g_v g_w B_u)_{,u} + (g_u g_w B_v)_{,v} + (g_u g_v B_w)_{,w}) \, , \tag{2.5.1.1''}$$

$$\begin{aligned} \text{rot } \vec{A} = &\frac{1}{g_v g_w}((g_w A_w)_{,v} - (g_v A_v)_{,w})\vec{e}_u \\ &+ \frac{1}{g_u g_w}((g_u A_u)_{,w} - (g_w A_w)_{,u})\vec{e}_v \\ &+ \frac{1}{g_u g_v}((g_v A_v)_{,u} - (g_u A_u)_{,v})\vec{e}_w \, , \end{aligned} \tag{2.5.1.2''}$$

$$\text{grad } \phi = \frac{1}{g_u}\phi_{,u}\vec{e}_u + \frac{1}{g_v}\phi_{,v}\vec{e}_v + \frac{1}{g_w}\phi_{,w}\vec{e}_w \, . \tag{2.5.1.3''}$$

Einsetzen der metrischen Koeffizienten $g_u, g_v, g_w$ für spezielle, orthogonale Koordinatensysteme ergibt sofort die passenden Ausdrücke. Insbesondere ergeben sich für kartesische Koordinaten – mit $(u, v, w) = (x, y, z)$ und wegen (2.2.1.2)

* Es gilt ganz allgemein $\vec{v} = \Sigma(\vec{e}_i \cdot \vec{v})\vec{e}_i$, wobei im $n$-dimensionalen Vektorraum über $n$ orthogonale Einheitsvektoren zu summieren ist.

– die Gleichungen (2.5.1.1′ – 3′). Wegen des Überganges zu zweidimensionalen Problemen sind allgemeine, orthogonale Zylinderkoordinaten $u, v, z$ mit $g_z = 1$ und $g_{u,z} = g_{v,z} = 0$ von besonderem Interesse. Es gilt dann:

$$\text{div } \vec{B} = \frac{1}{g_u g_v}((g_v B_u)_{,u} + (g_u B_v)_{,v} + (g_u g_v B_z)_{,z}) , \tag{2.5.1.1'''}$$

$$\begin{aligned} \text{rot } \vec{A} = & \frac{1}{g_v}(A_{z,v} - g_v A_{v,z})\vec{e}_u \\ & + \frac{1}{g_u}(g_u A_{u,z} - A_{z,u})\vec{e}_v \\ & + \frac{1}{g_u g_v}((g_v A_v)_{,u} - (g_u A_u)_{,v})\vec{e}_z , \end{aligned} \tag{2.5.1.2'''}$$

$$\text{grad } \phi = \frac{1}{g_u}\phi_{,u}\vec{e}_u + \frac{1}{g_v}\phi_{,v}\vec{e}_v + \phi_{,z}\vec{e}_z . \tag{2.5.1.3'''}$$

Alle diese Operatoren ordnen einem Element des Raumes (vgl. Tabelle 2.3.1.1) ein anderes zu. Sie können schematisch folgendermaßen notiert werden:

$$s \overset{grad}{\longrightarrow} \vec{v} \overset{rot}{\longrightarrow} \vec{a} \overset{div}{\longrightarrow} p \tag{2.5.1.6}$$

oder ebenso rückwärts:

$$s \overset{div}{\longleftarrow} \vec{v} \overset{rot}{\longleftarrow} \vec{a} \overset{grad}{\longleftarrow} p \tag{2.5.1.7}$$

und schließlich zusammengefaßt:

$$s \quad \underset{\overset{div}{\longleftarrow}}{\overset{grad}{\longrightarrow}} \quad \vec{v} \quad \underset{\overset{rot}{\longleftarrow}}{\overset{rot}{\longrightarrow}} \quad \vec{a} \quad \underset{\overset{grad}{\longleftarrow}}{\overset{div}{\longrightarrow}} \quad p . \tag{2.5.1.8}$$

Dabei bezeichnet $s$ ein skalares, $\vec{v}$ ein vektorielles, $\vec{a}$ ein pseudovektorielles und $p$ ein pseudoskalares Feld.

Da die Integralgleichungen (2.4.1.10,11) für beliebige Integrationsgebiete gelten, folgt für die 'Ableitungen' grad, rot, div :

$$\text{rot grad } \phi = 0 , \tag{2.5.1.9}$$

$$\text{div rot } \vec{A} = 0 , \tag{2.5.1.10}$$

was schematisch folgendermaßen geschrieben werden kann:

$$\begin{aligned} s \overset{grad}{\longrightarrow} \vec{v} \overset{rot}{\longrightarrow} 0 \\ \vec{v} \overset{rot}{\longrightarrow} \vec{a} \overset{div}{\longrightarrow} 0 \end{aligned} \tag{2.5.1.11}$$

Dasselbe gilt, wenn $s$ mit $p$ und $\vec{v}$ mit $\vec{a}$ im Schema vertauscht werden, was einer passenden Umkehrung der Pfeilrichtungen, wie in (2.5.1.6-8) entspricht. Zusammenfassend kann dieser Sachverhalt so formuliert werden: Zweifache räumliche

Ableitungen 'in dieselbe Richtung' verschwinden. Einem $n$-dimensionalen Element des Raumes kann also durch derartige 'Ableitungen' lediglich ein $(n \pm 1)$-dimensionales Element zugeordnet werden. Die Ursache dafür ist die nun schon öfters erwähnte Bemerkung: 'Jede Berandung einer Berandung verschwindet.'

Es ist bekannt, daß zweifache Ableitungen physikalisch von ganz besonderer Bedeutung und deshalb sehr oft anzutreffen sind. Die Gleichungen (2.5.1.9-11) sagen nun aber keineswegs, daß *alle* zweifachen, räumlichen Ableitungen verschwinden, sondern nur solche, welche 'in dieselbe Richtung' vorgenommen werden, um in einer zu den obigen Schemata passenden Sprache zu reden. Ordnet man einem $n$-dimensionalen Element des Raumes durch 'Ableitung' ein $(n \pm 1)$-dimensionales Element und durch eine zweite 'Ableitung in umgekehrter Richtung' schlußendlich wieder ein $n$-dimensionales Element zu, so muß eine derartige zweifache 'Ableitung' nicht notwendigerweise verschwinden. Es ist verständlich, daß gerade solche Zuordnungen von Elementen derselben Dimension physikalisch besonders wichtig sind. Offenbar existieren im dreidimensionalen Raum drei solche nichttriviale, räumliche Ableitungen und zwar die Operatoren div grad, welche (Pseudo)skalare mit (Pseudo)skalaren sowie rot rot und grad div, welche (Pseudo)vektoren mit (Pseudo)vektoren verknüpfen. Da diese Operatoren sehr häufig auftreten, werden folgende Abkürzungen verwendet:

$$\Delta\phi = \operatorname{div}\operatorname{grad}\phi\,, \tag{2.5.1.12}$$

$$\Delta\vec{A} = \operatorname{grad}\operatorname{div}\vec{A} - \operatorname{rot}\operatorname{rot}\vec{A}\,. \tag{2.5.1.13}$$

Dabei wird $\Delta$ *Laplaceoperator* genannt. Daß sowohl für den skalaren, wie auch für den vektoriellen Laplaceoperator dasselbe Symbol verwendet wird, sollte zu keinen Verwechslungen Anlaß geben und ist gängige Praxis, welche sich vorallem aus der Verwendung *kartesischer* Koordinaten erklärt. Es gilt dann:

$$\Delta\phi = \phi_{,xx} + \phi_{,yy} + \phi_{,zz}\,, \tag{2.5.1.12'}$$

$$\begin{aligned}\Delta\vec{A} = {} & (A_{x,xx} + A_{x,yy} + A_{x,zz})\vec{e}_x \\ & + (A_{y,xx} + A_{y,yy} + A_{y,zz})\vec{e}_y \\ & + (A_{z,xx} + A_{z,yy} + A_{z,zz})\vec{e}_z\,.\end{aligned} \tag{2.5.1.13'}$$

Für den vektoriellen Laplaceoperator gilt also in kartesischen Koordinaten

$$\Delta\vec{A} = (\Delta A_x)\vec{e}_x + (\Delta A_y)\vec{e}_y + (\Delta A_z)\vec{e}_z\,. \tag{2.5.1.13''}$$

Die Bedeutung der Definition (2.5.1.13) wird auch durch folgende Überlegung klar: Ein allgemeines (Pseudo)vektorfeld $\vec{A}$ mit nichtverschwindender Divergenz und Rotation:

$$\operatorname{div}\vec{A} = P\,, \tag{2.5.1.14}$$

$$\operatorname{rot}\vec{A} = \vec{v} \tag{2.5.1.15}$$

kann – wegen der Linearität der Operatoren – in ein (Pseudo)vektorfeld $\vec{A}_1$ mit

$$\operatorname{div} \vec{A}_1 = 0\,, \tag{2.5.1.16}$$

$$\operatorname{rot} \vec{A}_1 = \vec{v} \tag{2.5.1.17}$$

und ein zweites mit

$$\operatorname{div} \vec{A}_2 = P\,, \tag{2.5.1.18}$$

$$\operatorname{rot} \vec{A}_2 = 0 \tag{2.5.1.19}$$

aufgespaltet werden. Für $\vec{A}_1$ verschwindet dann der erste Summand in (2.5.1.13), für $\vec{A}_2$ der zweite. Im ersten Falle gibt die homogene Gleichung – unter Beachtung von (2.5.1.10) – Anlaß zur Definition eines Vektorpotentials $\vec{\phi}$: Mit

$$\vec{A}_1 = \operatorname{rot} \vec{\phi} \tag{2.5.1.20}$$

ist (2.5.1.16) erfüllt, und Einsetzen in (2.5.1.17) ergibt nach kurzer Rechnung unter Beachtung von (2.5.1.13)

$$\Delta\vec{\phi} = -\vec{v}\,. \tag{2.5.1.21}$$

Im zweiten Falle wird allerdings (2.5.1.13) praktisch nie benützt, da dann die Gleichung (2.5.1.19) – wegen (2.5.1.9) – zur Einführung eines *skalaren* Potentials $\phi$ Anlaß gibt.

$$\vec{A}_2 = -\operatorname{grad} \phi \tag{2.5.1.22}$$

bewirkt, daß (2.5.1.19) erfüllt ist und ergibt – eingesetzt in (2.5.1.18) – eine skalare *Poissongleichung*:

$$\Delta\phi = -P\,. \tag{2.5.1.23}$$

unter Verwendung des skalaren Laplaceoperators*.

Verwendet man die schematische Darstellung (2.5.1.6-8) für die Gleichungen (2.5.1.16-19)**:

$$\begin{array}{ccccc} & & \vec{A}_1 & \xrightarrow{div} & 0 \\ \vec{v} & \xleftarrow{rot} & \vec{A}_1 & & \\ & & \vec{A}_2 & \xrightarrow{div} & P \\ 0 & \xleftarrow{rot} & \vec{A}_2 & & \end{array} \tag{2.5.1.24}$$

so bedeutet die obige Einführung der Potentiale, daß die 'unvollständigen' Pfeilketten vervollständigt werden, so daß sie die Form (2.5.1.11) erhalten:

$$\begin{array}{ccccccc} & & \vec{\phi} & \xrightarrow{rot} & \vec{A}_1 & \xrightarrow{div} & 0 \\ 0 & \xleftarrow{div} & \vec{v} & \xleftarrow{rot} & \vec{A}_1 & & \\ & & & & \vec{A}_2 & \xrightarrow{div} & P \\ & & 0 & \xleftarrow{rot} & \vec{A}_2 & \xleftarrow{grad} & \phi \end{array} \tag{2.5.1.25}$$

---

* Die Wahl des negativen Vorzeichens in (2.5.1.22) ist zwar üblich, aber willkürlich. Sie hat zur Folge, daß (2.5.1.23) formal zu (2.5.1.21) identisch wird.

** Hier wird angenommen, daß $\vec{A} = \vec{A}_1 + \vec{A}_2$ und somit auch $\vec{A}_1$ und $\vec{A}_2$ Pseudovektoren sind. Andernfalls ergäbe sich ein gespiegeltes Schema.

'Vollständige Pfeilketten' bestehen also entweder aus zwei Pfeilen, welche in dieselbe Richtung zeigen und auf eine Null führen oder aus einem einzigen Pfeil, der auf den Rand des Schemas führt, wie in der dritten Zeile von (2.5.1.24,25). Alle nicht notwendigerweise verschwindenden, zweifachen 'Ableitungen' sind durch zwei Pfeile charakterisiert, welche in unterschiedliche Richtungen zeigen und zwischen denselben Elementen liegen.

### 2.5.2 Differentiale des zweidimensionalen Raumes

Die Differentiale des zweidimensionalen Raumes lassen sich ganz analog zu denjenigen im Unterabschnitt 2.5.1 durch einen Grenzübergang koordinatenfrei definieren. Ist $F$ wieder eine Kreisfläche mit Radius $r$ und $\ell$ eine Strecke der Länge $\ell$, so gilt*:

$$\mathrm{div}_T\,\vec{B} = \lim_{r\to 0} \frac{-\oint_{\partial F} \vec{B}\,\mathrm{d}\vec{\ell}^{\,\circ}}{\int_F \mathrm{d}F}\,, \tag{2.5.2.1}$$

$$\vec{e}_\ell \cdot \mathrm{grad}_T\,\phi = \lim_{r\to 0} \frac{\oint_{\partial\ell} \phi\,\mathrm{d}P}{\int_\ell \mathrm{d}\ell}\,. \tag{2.5.2.2}$$

Zur koordinatenabhängigen Schreibweise gelangt man in gleicher Weise, wie im dreidimensionalen Fall. Verwendet man kartesische Koordinaten und ein Quadrat anstelle des Kreises als Integrationsgebiet in (2.5.2.1), so ergibt sich:

$$\mathrm{div}_T\,\vec{B} = B_{x,x} + B_{y,y}\,, \tag{2.5.2.1'}$$

$$\mathrm{grad}_T\,\phi = \phi_{,x}\vec{e}_x + \phi_{,y}\vec{e}_y\,. \tag{2.5.2.2'}$$

Mittels Koordinatentransformation lassen sich die entsprechenden Ausdrücke für beliebige orthogonale Koordinaten finden:

$$\mathrm{div}_T\,\vec{B} = \frac{1}{g_u g_v}\left((g_v B_u)_{,u} + (g_u B_v)_{,v}\right)\,, \tag{2.5.2.1''}$$

$$\mathrm{grad}_T\,\phi = \frac{1}{g_u}\phi_{,u}\vec{e}_u + \frac{1}{g_v}\phi_{,v}\vec{e}_v\,. \tag{2.5.2.2''}$$

Vergleicht man diese Ausdrücke mit denjenigen von div, grad in Zylinderkoordinaten, gemäß (2.5.1.1''', 3'''), so erkennt man, daß $\mathrm{div}_T$ mit div und $\mathrm{grad}_T$ mit grad identisch ist, wenn die Felder zylindrische Symmetrie aufweisen, d.h. sich längs der $z$-Achse nicht ändern. $\mathrm{div}_T$ ist tatsächlich der transversale Anteil von

---

* Man beachte die Bemerkungen im Unterabschnitt 2.5.1, welche hier sinngemäß ebenfalls gelten.

div, $\text{grad}_T$ der transversale Anteil von grad. Interessant ist, daß auch rot mit Hilfe der transversalen Operatoren $\text{div}_T$, $\text{grad}_T$ angegeben werden kann. Die dreidimensionalen Operatoren können folgendermaßen in transversale und longitudinale Teile zerlegt werden:

$$\text{div}\ \vec{B} = \text{div}_T\ \vec{B}_T + B_{z,z}\ , \tag{2.5.1.1T}$$

$$\text{rot}\ \vec{A} = (\vec{A}_{T,z} - \text{grad}_T\ A_z)^o - (\text{div}_T\ \vec{A}_T^o)\vec{e}_z\ , \tag{2.5.1.2T}$$

$$\text{grad}\ \phi = \text{grad}_T\ \phi + \phi_{,z}\vec{e}_z\ , \tag{2.5.1.3T}$$

wobei der Index $T$ den transversalen Anteil des betreffenden Vektors bezeichnet. Für zylindersymmetrische Felder können diese Ausdrüche noch etwas vereinfacht werden. Es gilt dann:

$$\text{div}\ \vec{B} = \text{div}_T\ \vec{B}_T\ , \tag{2.5.1.1T'}$$

$$\text{rot}\ \vec{A} = -(\text{grad}_T\ A_z)^o - (\text{div}_T\ \vec{A}_T^o)\vec{e}_z\ , \tag{2.5.1.2T'}$$

$$\text{grad}\ \phi = \text{grad}_T\ \phi\,. \tag{2.5.1.3T'}$$

Schematisch können diese Differentialoperatoren folgendermaßen dargestellt werden, wenn $s$ eine skalare, $\vec{v}$ eine vektorielle $\vec{a}$ eine pseudovektorielle und $p$ eine pseudoskalare Größe ist:

$$s \quad \underset{\overleftarrow{div_T}}{\overset{grad_T}{\longrightarrow}} \quad \vec{v} \quad \underset{\overleftarrow{-o}}{\overset{o}{\longrightarrow}} \quad \vec{a} \quad \underset{\overleftarrow{grad_T}}{\overset{div_T}{\longrightarrow}} \quad p\,. \tag{2.5.2.3}$$

Da hier Vektoren und Pseudovektoren nur unterschiedliche Bezeichnungen ein und desselben (eindimensionalen) Elements sind, sollten diese an sich besser untereinander notiert werden, so daß ein zu Tabelle 2.3.2.1 passendes Schema entsteht:

$$\begin{array}{ccccc} s & \overset{grad_T}{\longrightarrow} & \vec{v} & & \\ & & \downarrow o & & \\ & & \vec{a} & \overset{div_T}{\longrightarrow} & p \end{array} \tag{2.5.2.4}$$

Die Umkehrung dieses Schemas, welche den unteren Pfeilen in (2.5.2.3) entspricht sei dem Leser überlassen.

Die Integralgleichung (2.4.2.8), welche für beliebige Gebiete gilt hat wieder die Konsequenz, daß 'zweifache Ableitungen in dieselbe Richtung' verschwinden. Da im zweidimensionalen Raum nur zwei unterschiedliche Ableitungen definiert wurden, ergibt sich nur eine einzige Folge:

$$\text{div}_T\ \text{grad}_T{}^o\ \phi = 0\,. \tag{2.5.2.5}$$

Dies ergibt anstelle von (2.5.2.4) folgendes Schema:

$$\begin{array}{ccccc} s & \overset{grad_T}{\longrightarrow} & \vec{v} & & \\ & & \downarrow o & & \\ & & \vec{a} & \overset{div_T}{\longrightarrow} & 0 \end{array} \tag{2.5.2.6}$$

Die Drehung $o$, welche vom Vektor $\vec{v}$ zu dem dazu dualen Pseudovektor $\vec{a}$ führt, ist notwendig, entspricht doch die Anwendung der Divergenz auf einen Vektor – gemäß (2.5.2.3) – einer Ableitung in die 'umgekehrte' Richtung, so daß ein nicht notwendigerweise verschwindender Operator, der skalare Laplace-Operator

$$\Delta_T \phi = \mathrm{div}_T \, \mathrm{grad}_T \, \phi \tag{2.5.2.7}$$

entsteht, für welchen in kartesischen Koordinaten

$$\Delta_T \phi = \phi_{,xx} + \phi_{,yy} \tag{2.5.2.7'}$$

gilt. In zylindrischen Koordinaten wird die Aufspaltung in einen transversalen und einen longitudinalen Anteil des dreidimensionalen Laplace-Operators möglich. Man verifiziert leicht, daß

$$\Delta \phi = \Delta_T \phi + \phi_{,zz} \tag{2.5.1.12T}$$

ist.

Die Definition eines entsprechenden, vektoriellen Operators erweist sich praktisch als überflüssig, was sehr angenehm ist, da das Arbeiten mit vektoriellen Laplace-Operatoren recht mühsam ist. Ausserdem zeigt die Betrachtung von (2.5.2.5,6), daß nur die Einführung eines *skalaren* Potentials $\phi$ möglich ist und zwar, wenn entweder die Divergenz eines Pseudovektorfeldes $\vec{a}$ oder des dazu dualen Vektorfeldes $\vec{v} = -\vec{a}^{\,o}$ verschwindet. Ist weder das eine noch das andere der Fall, d.h gilt:

$$\mathrm{div}_T \, \vec{A} = P \,, \tag{2.5.2.8}$$

$$\mathrm{div}_T \, \vec{A}^{o} = S \,, \tag{2.5.2.9}$$

so kann $\vec{A}$ – wegen der Linearität der Operatoren – wieder in zwei Teilfelder $\vec{A}_1, \vec{A}_2$ aufgespaltet werden, mit

$$\mathrm{div}_T \, \vec{A}_1 = 0 \,, \tag{2.5.2.10}$$

$$\mathrm{div}_T \, \vec{A}_1^{o} = S \,, \tag{2.5.2.11}$$

$$\mathrm{div}_T \, \vec{A}_2 = P \,, \tag{2.5.2.12}$$

$$\mathrm{div}_T \, \vec{A}_2^{o} = 0 \,, \tag{2.5.2.13}$$

Definiert man die folgenden skalaren Potentiale für die beiden Teilfelder

$$\vec{A}_1 = \mathrm{grad}_T{}^{o} \, \phi_1 \,, \tag{2.5.2.14}$$

$$\vec{A}_2 = -\mathrm{grad}_T \, \phi_2 \,, \tag{2.5.2.15}$$

so werden dadurch die beiden homogenen Gleichungen (2.5.2.10,13) erfüllt. Durch Einsetzen von (2.5.2.14,15) in die inhomogenen Gleichungen ergeben sich die beiden – formal identischen – skalaren Poissongleichungen:

$$\Delta_T \phi_1 = -S \,, \tag{2.5.2.16}$$

$$\Delta_T \phi_2 = -P \,, \tag{2.5.2.16}$$

### 2.5.3 Rechenregeln

Ohne Beweise sollen hier die wichtigsten Rechenregeln für die Differentialoperatoren div, rot, grad und $\text{div}_T$, $\text{grad}_T$ angegeben werden, welche in den Unterabschnitt 2.5.1,2 sowohl koordinatenfrei, als auch unter Verwendung orthogonaler Koordinaten definiert wurden. Diese Operatoren sind *linear*. Somit gilt:

$$L\,\Sigma a_i f_i = \Sigma a_i L f_i \,, \tag{2.5.3.1}$$

wenn $L$ einer dieser Operatoren, $a_i$ beliebige Konstanten und $f_i$ (je nach Operator) beliebige Skalar- oder Vektorfelder sind.

Weit interessanter ist die Anwendung dieser Operatoren auf Produkte von Skalar- und Vektorfeldern:

$$\begin{aligned}
\text{div}\,(s\vec{v}) &= s\,\text{div}\,\vec{v} + \vec{v}(\text{grad}\,s)\,, && (2.5.3.2)\\
\text{div}_T\,(s\vec{v}) &= s\,\text{div}_T\,\vec{v} + \vec{v}(\text{grad}_T\,s)\,, && (2.5.3.2T)\\
\text{div}\,(\vec{v}_1 \times \vec{v}_2) &= \vec{v}_2(\text{rot}\,\vec{v}_1) - \vec{v}_1(\text{rot}\,\vec{v}_2)\,, && (2.5.3.3)\\
\text{rot}\,(s\vec{v}) &= s\,\text{rot}\,\vec{v} + (\text{grad}\,s) \times \vec{v}\,, && (2.5.3.4)\\
\text{rot}\,(\vec{v}_1 \times \vec{v}_2) &= \vec{v}_1(\text{div}\,\vec{v}_2) - \vec{v}_2(\text{div}\,\vec{v}_1)\\
&\quad + (\vec{v}_2\text{grad})\vec{v}_1 - (\vec{v}_1\text{grad})\vec{v}_2\,, && (2.5.3.5)\\
\text{grad}\,(s_1 s_2) &= s_1\text{grad}\,s_2 + s_2\text{grad}\,s_1\,, && (2.5.3.6)\\
\text{grad}_T\,(s_1 s_2) &= s_1\text{grad}_T\,s_2 + s_2\text{grad}_T\,s_1\,, && (2.5.3.6T)\\
\text{grad}\,(\vec{v}_1\vec{v}_2) &= \vec{v}_1 \times \text{rot}\,\vec{v}_2 + \vec{v}_2 \times \text{rot}\,\vec{v}_1\\
&\quad + (\vec{v}_2\text{grad})\vec{v}_1 + (\vec{v}_1\text{grad})\vec{v}_2\,, && (2.5.3.7)\\
\text{grad}_T(\vec{v}_1\vec{v}_2) &= \vec{v}_1^{\,o}\text{div}_T\,\vec{v}_2^{\,o} + \vec{v}_2^{\,o}\text{div}_T\,\vec{v}_1^{\,o}\\
&\quad + (\vec{v}_2\text{grad}_T)\vec{v}_1 + (\vec{v}_1\text{grad}_T)\vec{v}_2 && (2.5.3.7T)
\end{aligned}$$

wobei $(\vec{v}_1\text{grad})\vec{v}_2$ bzw. $(\vec{v}_1\text{grad}_T)\vec{v}_2$ der *Vektorgradient* von $\vec{v}_2$ nach dem Vektor $\vec{v}_1$ ist, die Ableitung von $\vec{v}_2$ in Richtung $\vec{v}_1$ angibt und am Ort $\vec{r}$ folgendermaßen definiert ist:

$$(\vec{v}_1\text{grad})\vec{v}_2 = \lim_{d\to 0} \frac{\vec{v}_2(\vec{r} + d\vec{v}_1) - \vec{v}_2(\vec{r})}{d}\,, \tag{2.5.3.8}$$

$$(\vec{v}_1\text{grad}_T)\vec{v}_2 = \lim_{d\to 0} \frac{\vec{v}_2(\vec{r} + d\vec{v}_1) - \vec{v}_2(\vec{r})}{d}\,. \tag{2.5.3.8T}$$

Die wichtigsten Regeln und Definitionen für zweifache, räumliche Ableitungen sind bereits diskutiert worden und seien hier nochmals zusammengefaßt:

$$\begin{aligned}
\text{rot grad}\,\phi &= 0\,, && (2.5.1.9)\\
\text{div rot}\,\vec{A} &= 0\,, && (2.5.1.10)\\
\text{div}_T\,\text{grad}_T{}^o\,\phi &= 0\,, && (2.5.2.5)\\
\Delta\phi &= \text{div grad}\,\phi\,, && (2.5.1.12)\\
\Delta\vec{A} &= \text{grad div}\,\vec{A} - \text{rot rot}\,\vec{A}\,. && (2.5.1.13)\\
\Delta_T\phi &= \text{div}_T\,\text{grad}_T\,\phi && (2.5.2.7)
\end{aligned}$$

Im Abschnitt 2.4 wurden Integrale angegeben, welche die obigen Operatoren enthalten und mit deren koordinatenfreien Definitionen in engem Zusammenhang stehen:

$$\int_{\ell} \text{grad}\ \phi\ d\vec{\ell} = \oint_{\partial\ell} \phi\ dP = \phi(P_E) - \phi(P_A)\,, \tag{2.4.1.7''}$$

$$\int_{F} \text{rot}\ \vec{A}\ d\vec{F} = \oint_{\partial F} \vec{A}\ d\vec{\ell}\,, \tag{2.4.1.8''}$$

$$\int_{V} \text{div}\ \vec{B}\ dV = \oint_{\partial V} \vec{B}\ d\vec{F}\,. \tag{2.4.1.9''}$$

(2.4.1.8″) wird *Satz von Stokes*, (2.4.1.9″) *Satz von Gauß* genannt. Wie im Kapitel 3 deutlich wird, sind diese Sätze für die Behandlung der Maxwell-Gleichungen sehr wichtig. Daneben existieren verschiedene, ähnliche Integrale. Die bedeutendsten davon sollen hier ohne Beweis notiert werden:

$$\int_{V} \text{grad}\ \phi\ dV = \oint_{\partial V} \phi\ d\vec{F}\,, \tag{2.5.3.9}$$

$$\int_{F} \text{grad}_T\ \phi\ dF = -\oint_{\partial F} \phi\ d\vec{\ell}^{\,o}\,, \tag{2.5.3.9T}$$

$$\int_{V} \text{rot}\ \vec{A}\ dV = -\oint_{\partial V} \vec{A} \times d\vec{F}\,, \tag{2.5.3.10}$$

$$\int_{V} (\phi\Delta\psi + \text{grad}\ \phi \cdot \text{grad}\ \psi)\ dV = \oint_{\partial V} \phi(\text{grad}\ \psi) \cdot d\vec{F}\,, \tag{2.5.3.11}$$

$$\int_{F} (\phi\Delta_T\psi + \text{grad}_T\ \phi \cdot \text{grad}_T\ \psi)\ dF = -\oint_{\partial F} \phi(\text{grad}_T\ \psi) \cdot d\vec{\ell}^{\,o}\,, \tag{2.5.3.11T}$$

$$\int_{V} (\phi\Delta\psi - \psi\Delta\phi)\ dV = \oint_{\partial V} (\phi\,\text{grad}\ \psi - \psi\,\text{grad}\ \phi) \cdot d\vec{F}\,. \tag{2.5.3.12}$$

$$\int_{F} (\phi\Delta_T\psi - \psi\Delta_T\phi)\ dF = -\oint_{\partial F} (\phi\,\text{grad}_T\ \psi - \psi\,\text{grad}_T\ \phi) \cdot d\vec{\ell}^{\,o}\,. \tag{2.5.3.12T}$$

Die Integralgleichungen (2.5.3.11,12) werden *Sätze von Green* genannt, die ersten beiden Integrale (2.5.3.9,10) tragen zwar keine spezielle Namen, ermöglichen indessen eine koordinatenfreie Definition der Operatoren grad, rot in Form von *Volumenableitungen*, welche der Definition von div gemäß (2.5.1.1) gleichen und eine Alternative zu (2.5.1.2,3) und (2.5.2.2) ergeben:

$$\text{div}\ \vec{B} = \lim_{r\to 0} \frac{\oint_{\partial V} \vec{B}\ d\vec{F}}{\int_{V} dV}\,, \tag{2.5.1.1}$$

$$\operatorname{rot} \vec{A} = \lim_{r\to 0} \frac{-\oint\limits_{\partial V} \vec{A} \times \mathrm{d}\vec{F}}{\int\limits_{V} \mathrm{d}V} , \qquad (2.5.1.2')$$

$$\operatorname{grad} \phi = \lim_{r\to 0} \frac{\oint\limits_{\partial V} \phi \, \mathrm{d}\vec{F}}{\int\limits_{V} \mathrm{d}V} . \qquad (2.5.1.3')$$

$$\operatorname{div}_T \vec{B} = \lim_{r\to 0} \frac{-\oint\limits_{\partial F} \vec{B} \, \mathrm{d}\vec{\ell}^{\,o}}{\int\limits_{F} \mathrm{d}F} , \qquad (2.5.2.1)$$

$$\operatorname{grad}_T \phi = \lim_{r\to 0} \frac{-\oint\limits_{\partial F} \phi \, \mathrm{d}\vec{\ell}^{\,o}}{\int\limits_{F} \mathrm{d}F} . \qquad (2.5.2.2')$$

# 3 DIE MAXWELL-GLEICHUNGEN

Die Maxwell-Gleichungen werden heute üblicherweise als die Grundgleichungen der Elektrodynamik angesehen. Dabei wird oft vergessen, daß diese Gleichungen lediglich eine mathematische Formulierung einiger Gestze sind, welche wiederum auf Beobachtungen beruhen und daß verschiedene weitere – beobachtete – Gesetzmäßigkeiten in diesen Gleichungen nicht festgehalten sind. Dies gilt beispielsweise für die beiden Tatsachen, daß die Ladungen quantisierte Größen sind und daß der Energieinhalt eines Systems stets endlich sein muß. Derartigen Gesetzmäßigkeiten muß an sich in weiteren – mathematisch formulierten – Nebenbedingungen Rechnung getragen werden. Die Effizienz der Maxwell-Gleichungen beruht in erster Linie darauf, daß diese Nebenbedingungen in den meisten Anwendungen der Elektrotechnik außer Acht gelassen werden können, die Maxwell-Gleichungen die interessierenden Phänomene also weitgehend vollständig beschreiben. Im ersten Abschnitt dieses Kapitels wird auf diese Problematik genauer eingegangen.

Im praktischen Umgang mit elektrodynamischen Problemen, macht man die Erfahrung, daß die Maxwell-Gleichungen in ihrer ursprünglichen Form nur selten direkt verwendet werden können, sondern erst noch weiterverarbeitet werden müssen. Im Abschnitt 3.2 werden die wichtigsten Vorgehensweisen diskutiert.

Um zu konkreten Resultaten zu kommen, werden früher oder später stets gewisse, einfache Koordinatensysteme eingeführt, wie dies im dritten Abschnitt dieses Kapitels getan wird.

## 3.1 MATHEMATISCHE FORMEN UND IHRE BEDEUTUNG

Im Kapitel 2 wurden die wichtigsten mathematischen Hilfsmittel, welche bei der Formulierung der Maxwell-Gleichungen zur Anwendung kommen, beschrieben. Aus verschiedenen Gründen wurde bewußt auf vierdimensionale Formen verzichtet, obwohl die relativistisch invariante Viererschreibweise, die in praktisch allen modernen Lehrbüchern der Physik* zu finden ist, vom theoretischen Standpunkt aus gesehen, besonders angebracht erscheint: Zunächst gerade *weil* diese Schreibweisen 'überall' zu finden sind, aber auch weil sie für den Ingenieur zu abstrakt und zu wenig unmittelbar anwendbar sind und weil Raum und Zeit in fast allen technisch interessanten Problemen - wie in der klassischen Mechanik - als separate Größen betrachtet werden können. Schließlich spielen auch Raum und Zeit meist eine grundverschiedene Rolle, ist doch einerseits der Zeitverlauf fast immer durch die 'Generatoren' gegeben und andererseits die räumliche Geometrie fest, d.h. zeitlich unveränderlich. Im folgenden werden nur derartige Probleme besprochen. Bewegte Körper mit den zugehörigen Maxwell-Gleichungen werden nicht untersucht.

Selbstverständlich erhebt dieses Buch keinerlei Anspruch auf Vollständigkeit. Es werden hier nur die, für den Anwender wichtigsten Formen der Maxwell-Gleichungen angegeben. Auch werden fast ausschließlich linear, homogen und isotrope Materialien sowie harmonische Zeitabhängigkeit vorausgesetzt.

### 3.1.1 Differentialformen

Die Maxwell-Gleichungen werden in der technischen Literatur fast immer in der folgenden Form, allenfalls mit etwas andern Notationen und anderer Reihenfolge notiert:

$$\text{rot } \vec{E}(\vec{r},t) = -\frac{\partial}{\partial t}\vec{B}(\vec{r},t)\,, \tag{3.1.1.1}$$

$$\text{rot } \vec{H}(\vec{r},t) = \vec{j}(\vec{r},t) + \frac{\partial}{\partial t}\vec{D}(\vec{r},t)\,, \tag{3.1.1.2}$$

$$\text{div } \vec{D}(\vec{r},t) = \rho(\vec{r},t)\,, \tag{3.1.1.3}$$

$$\text{div } \vec{B}(\vec{r},t) = 0\,. \tag{3.1.1.4}$$

Sie lassen sich *mathematisch* relativ einfach interpretieren:

1.) Die zeitliche Veränderung des $\vec{B}$-Feldes erzeugt eine Verwirbelung des $\vec{E}$-Feldes.

---

* Für Elektoingenieure lesbar und empfehlenswert ist das Standardwerk von J.D.Jackson [J1], welches auch in deutscher Übersetzung erhältlich ist.

2.) Die Stromdichte $\vec{j}$ und auch die zeitliche Veränderung des $\vec{D}$-Feldes erzeugt eine Verwirbelung des $\vec{H}$-Feldes.
3.) Die Ladungsdichte $\rho$ ist die Quelle des $\vec{D}$-Feldes.
4.) Das $\vec{B}$-Feld ist quellenfrei.

Um die ***physikalischen*** Aussagen der Maxwell-Gleichungen zu verstehen, muß die physikalische Bedeutung der verschiedenen Feldgrößen bekannt sein. Die größte Schwierigkeit besteht nun darin, daß alle diese Feldgrößen nicht direkt meß- und beobachtbar sind, sondern zunächst abstrakt eingeführt wurden, um aus einem Fernwirkungsgesetz ein Nahewirkungsgesetz zu machen. Die experimentelle Beobachtung, daß eine elektrische Ladung $Q_0$ in Anwesenheit anderer Ladungen $Q_i$ eine Kraft $\vec{F}$ erfährt (Fernwirkung!), kann so erklärt werden:
1.) Die Ladungen $Q_i$ erzeugen gemäß (3.1.1.3) ein $\vec{D}$-Feld im ganzen Raum, insbesondere auch am Ort der Ladung $Q_0$. Sind die Ladungen $Q_i$ in Bewegung, so entspricht das Produkt $Q_i\vec{v}_i$ mit den zugehörigen Geschwindigkeitsvektoren $\vec{v}_i$ einer Stromdichte $\vec{j}$, welche gemäß (3.1.1.2) ein Wirbelfeld $\vec{H}$ – auch am Ort von $Q_0$ – erzeugt. Da die Maxwell-Gleichungen Strom- und Ladungs*dichten* enthalten, ist die Behandlung der hier auftretenden Punktladungen $Q_i$ mit $\rho(\vec{r}) = 0$, falls $\vec{r} \neq \vec{r}_i$ und $\rho(\vec{r}_i) = \infty$ keineswegs trivial.
2.) Zwischen $\vec{D}$ und $\vec{E}$ sowie zwischen $\vec{B}$ und $\vec{H}$ besteht ein Zusammenhang, der nicht durch die Maxwell-Gleichungen beschrieben wird (siehe Unterabschnitt 3.1.3). Dies bewirkt, daß am Ort der Ladung $Q_0$ auch ein $\vec{E}$- und ein $\vec{B}$-Feld vorhanden sind.
3.) Das $\vec{E}$-Feld am Ort der Ladung $Q_0$ (Nahewirkung!) bewirkt eine elektrische Kraft $\vec{F}_e$ und ebenso $\vec{B}$ eine magnetische Kraft $\vec{F}_m$ gemäß

$$\vec{F}_e = Q_0 \cdot \vec{E}\,, \quad \vec{F}_m = Q_0 \cdot \vec{v}_0 \times \vec{B}.$$

Bewegt sich $Q_0$ nicht, so verschwindet die magnetische Kraft. Die Gesamtkraft

$$\vec{F} = \vec{F}_e + \vec{F}_m$$

ist eine meßbare Größe.

Die doch eher schwerfällige Erklärung dieses einfachen Experimentes, das wohl historisch am Anfang der Elektrodynamik stand, läßt darauf schließen, daß die Effizienz der Gleichungen (3.1.1.1-4) vorallem in ihrer mathematisch-technischen Brauchbarkeit zu suchen ist. Die Kraft ist in erster Linie in der Physik eine wichtige Meßgröße, während in der Elektrotechnik andere Größen, insbesondere der Strom I, die Spannung U, die Energie W und die Leistung P von besonderem Interesse sind. Diese Größen sind Integrale der, in den Maxwell-Gleichungen auftretenden Feldgrößen, welche im Unterabschnitt 3.1.2 eingehender behandelt werden.

Die Aufteilung des elektrischen Feldes in elektrische Feldstärke ($\vec{E}$-Feld) und dielektrische Verschiebung ($\vec{D}$-Feld) sowie des magnetischen Feldes in magnetische Feldstärke ($\vec{H}$-Feld) und magnetische Induktion ($\vec{B}$-Feld) ist in der Elektrotechnik üblich (wie auch die implizite Verwendung des MKSA–Systems für die

Maßeinheiten). Sie entspricht der makroskopischen Betrachtungsweise, bei der die, in den verwendeten Materialien vorhandenen Ladungen nicht mikroskopisch, d.h. als individuell wahrnehmbare Teilchen und auch nicht in irgendeiner quantenmechanischen Form betrachtet werden. Die Wirkungen dieser Ladungen werden vielmehr durch meist heuristisch gefundene Materialgleichungen beschrieben. Die Ladungen selber werden im Prinzip ignoriert (Die Ladungsdichte $\rho$ in (3.1.1.3) enthält diese, das 'Material' konstituierenden Ladungen nicht!).

Die elektrischen und magnetischen Eigenschaften der verwendeten Materialien werden durch die Materialgleichungen

$$\vec{D} = \vec{D}(\vec{E}) \,, \tag{3.1.1.5}$$

$$\vec{B} = \vec{B}(\vec{H}) \tag{3.1.1.6}$$

beschrieben, welche einen Zusammenhang zwischen $\vec{E}$ und $\vec{D}$ sowie zwischen $\vec{H}$ und $\vec{B}$ darstellen. Ausserdem kann die Stromdichte in einen materialabhängigen Teil, die sogenannte Leitungsstromdichte $\vec{j}_L$ mit der Materialgleichung

$$\vec{j}_L = \vec{j}_L(\vec{E}) \tag{3.1.1.7}$$

und einen materialunabhängigen Teil, die eingeprägte Stromdichte $\vec{j}_0$ aufgespalten werden.

Die Materialgleichungen sind in den meisten technisch gebräuchlichen Materialien in guter Näherung einfache Proportionalitäten:

$$\vec{D} = \epsilon\vec{E} \,, \tag{3.1.1.5'}$$

$$\vec{B} = \mu\vec{H} \,, \tag{3.1.1.6'}$$

$$\vec{j}_L = \sigma\vec{E} \,. \tag{3.1.1.7'}$$

Sind die Dielektrizitätskonstante $\epsilon$, die Permeabilität $\mu$ und die Leitfähigkeit $\sigma$ unabhängig von Feldstärke, Ort und Richtung der Feldvektoren d.h. skalare Konstanten, so spricht man von linear, homogen, isotropen Materialien. Da die Alterungsprozesse der technisch gebräuchlichen Materialien fast immer viel mehr Zeit in Anspruch nehmen, als die Zeit, während der beobachtet wird, können $\epsilon, \mu, \sigma$ meist auch als zeitlich konstant betrachtet werden. Dies gilt insbesondere für das 'materiefreie' Vakuum, bei dem $\epsilon = \epsilon_0$ und $\mu = \mu_0$ universelle Konstanten sind und die Leitfähigkeit $\sigma$ verschwindet.

Mit den Materialgleichungen (3.1.1.5′ – 7′) können $\vec{D}$ und $\vec{B}$ sowie $\vec{j}_L$ aus den Maxwell-Gleichungen eliminiert werden:

$$\text{rot } \vec{E}(\vec{r},t) = -\frac{\partial}{\partial t}\mu\vec{H}(\vec{r},t) \,, \tag{3.1.1.1'}$$

$$\text{rot } \vec{H}(\vec{r},t) = \vec{j}_0(\vec{r},t) + \sigma\vec{E}(\vec{r},t) + \frac{\partial}{\partial t}\epsilon\vec{E}(\vec{r},t) \,, \tag{3.1.1.2'}$$

$$\text{div } \epsilon\vec{E}(\vec{r},t) = \rho(\vec{r},t) \,, \tag{3.1.1.3'}$$

$$\text{div } \mu\vec{H}(\vec{r},t) = 0 \,. \tag{3.1.1.4'}$$

Sind $\epsilon, \mu, \sigma$ in einem Gebiet $G$ konstant, so können sie mit den räumlichen Ableitungen, insbesondere mit den Operatoren rot, div vertauscht werden. Sind sie zeitlich konstant, so lassen sie sich mit der zeitlichen Ableitung $\frac{\partial}{\partial t}$ vertauschen. Damit lassen sich die Gleichungen (3.1.1.1′ – 4′) weiter umformen:

$$\text{rot } \vec{E}(\vec{r},t) = -\mu \frac{\partial}{\partial t} \vec{H}(\vec{r},t) \,, \tag{3.1.1.1''}$$

$$\text{rot } \vec{H}(\vec{r},t) = \vec{j}_0(\vec{r},t) + \sigma \vec{E}(\vec{r},t) + \epsilon \frac{\partial}{\partial t} \vec{E}(\vec{r},t) \,, \tag{3.1.1.2''}$$

$$\text{div } \vec{E}(\vec{r},t) = \rho(\vec{r},t)/\epsilon \,, \tag{3.1.1.3''}$$

$$\text{div } \vec{H}(\vec{r},t) = 0 \,. \tag{3.1.1.4''}$$

Die Schreibweise (3.1.1.1-4) verdeckt die Tatsache, daß $\rho$ und $\vec{j}$ bzw. $\rho\vec{v}$ die primären Ursachen der elektromagnetischen Felder sind. Schreibt man auch die zeitlichen Ableitungen auf die linke Seite

$$\text{rot } \vec{E}(\vec{r},t) + \frac{\partial}{\partial t} \vec{B}(\vec{r},t) = 0 \,, \tag{3.1.1.1h}$$

$$\text{rot } \vec{H}(\vec{r},t) - \frac{\partial}{\partial t} \vec{D}(\vec{r},t) = \vec{j}(\vec{r},t) \,, \tag{3.1.1.2i}$$

$$\text{div } \vec{D}(\vec{r},t) = \rho(\vec{r},t) \,, \tag{3.1.1.3i}$$

$$\text{div } \vec{B}(\vec{r},t) = 0 \,, \tag{3.1.1.4h}$$

so wird deutlich, daß die Maxwellschen Gleichungen je zwei homogene (3.1.1.1,4) und zwei inhomogene (3.1.1.2,3) Gleichungen enthalten, mit den Inhomogenitäten $\rho$ und $\vec{j}$. Die beiden homogenen Maxwell-Gleichungen folgen aus der Tatsache, daß die magnetischen Ladungen $\rho_m$ – als Pendant zu den elektrischen Ladungen $\rho$ – nicht existieren, nicht beobachtet werden oder wenigstens für die Beschreibung der mit (3.1.1.1-4) untersuchten Phänomene vernachläßigt werden können. Trotzdem ist es natürlich ohne weiteres möglich, magnetische Ladungs- und Stromdichten $\rho_m, \vec{j}_m$ einzuführen, was zur Folge hat, daß alle vier Maxwell-Gleichungen inhomogen werden:

$$\text{rot } \vec{E}(\vec{r},t) + \frac{\partial}{\partial t} \vec{B}(\vec{r},t) = \vec{j}_m(\vec{r},t) \,, \tag{3.1.1.1m}$$

$$\text{rot } \vec{H}(\vec{r},t) - \frac{\partial}{\partial t} \vec{D}(\vec{r},t) = \vec{j}_e(\vec{r},t) \,, \tag{3.1.1.2m}$$

$$\text{div } \vec{D}(\vec{r},t) = \rho_e(\vec{r},t) \,, \tag{3.1.1.3m}$$

$$\text{div } \vec{B}(\vec{r},t) = \rho_m(\vec{r},t) \,. \tag{3.1.1.4m}$$

Der 'Gerechtigkeit' halber wurde den elektrischen Ladungs- und Stromdichten der Index $e$ beigefügt.

Wie bereits früher erwähnt, ist der Zeitverlauf meist durch die verwendeten 'Generatoren' festgelegt. Technisch werden oft 'Sinus-Generatoren' mit sinusförmigem Zeitverlauf verwendet. Zudem gestattet bekanntlich die Fouriertransformation [P2]

$$\underline{F}(\omega) = \frac{1}{\sqrt{2\pi}} \int_{-\infty}^{+\infty} f(t) e^{+i\omega t} \, dt \tag{3.1.1.8}$$

mit der Rücktransformation

$$f(t) = \frac{1}{\sqrt{2\pi}} \int_{-\infty}^{+\infty} \underline{F}(\omega) e^{-i\omega t} \, d\omega \tag{3.1.1.8'}$$

die Darstellung beliebiger Zeitfunktionen $f(t)$ durch Überlagerung harmonischer bzw. 'sinusförmiger' Funktionen, wobei üblicherweise reelle Größen $f$ durch komplexe Größen $\underline{f}$ so erweitert werden, daß mit der Realteilbildung $\Re$

$$f = \Re(\underline{f}) \quad \text{und insbesondere} \quad \cos\omega t = \Re(e^{\pm i\omega t})$$

gilt. Die Wahl des Vorzeichens im Exponenten von $e^{\pm i\omega t}$ ist unerheblich. Oft wird das positive Vorzeichen gewählt, was hier naheliegend erscheint. Im Verlaufe der Rechnungen erweist sich aber die umgekehrte Wahl als angenehmer, da dann einige reelle Größen positiv und einige komplexe Größen im ersten Quadranten definiert werden können. Für Feldgrößen $F$ mit harmonischer Zeitabhängigkeit gilt im folgenden, zu (3.1.1.8′) passend:

$$F(\vec{r}, t) = \Re(\underline{F}(\vec{r}) \cdot e^{-i\omega t}) \, , \tag{3.1.1.9}$$

wobei $\underline{F}$ die zugehörige, komplexe Amplitude bezeichnet.

Bei harmonischer Zeitabhängigkeit aller Feldgrößen $F$ lauten die Maxwell-Gleichungen für die komplexen Amplituden somit

$$\text{rot } \underline{\vec{E}}(\vec{r}) = i\omega \underline{\vec{B}}(\vec{r}) \, , \tag{3.1.1.10}$$

$$\text{rot } \underline{\vec{H}}(\vec{r}) = \underline{\vec{j}}(\vec{r}) - i\omega \underline{\vec{D}}(\vec{r}) \, , \tag{3.1.1.11}$$

$$\text{div } \underline{\vec{D}}(\vec{r}) = \underline{\rho}(\vec{r}) \, , \tag{3.1.1.12}$$

$$\text{div } \underline{\vec{B}}(\vec{r}) = 0 \, . \tag{3.1.1.13}$$

In linear, homogen, isotropen Materialien können – wie bei den zeitabhängigen Maxwell-Gleichungen – $\underline{\vec{D}}$ und $\underline{\vec{B}}$ mit Hilfe der Materialgleichungen (3.1.1.5′,6′) eliminiert werden:

$$\text{rot } \underline{\vec{E}}(\vec{r}) = i\omega\mu \underline{\vec{H}}(\vec{r}) \, , \tag{3.1.1.10'}$$

$$\text{rot } \underline{\vec{H}}(\vec{r}) = \underline{\vec{j}}_0(\vec{r}) + (\sigma - i\omega\epsilon) \underline{\vec{E}}(\vec{r}) \, , \tag{3.1.1.11'}$$

$$\text{div } \underline{\vec{E}}(\vec{r}) = \underline{\rho}(\vec{r}) / \epsilon \, , \tag{3.1.1.12'}$$

$$\text{div } \underline{\vec{H}}(\vec{r}) = 0 \, . \tag{3.1.1.13'}$$

Wird die Ausbreitung elektromagnetischer Wellen untersucht, so wird meist angenommen, daß die felderzeugenden Ladungen und Ströme außerhalb des untersuchten Feldgebietes $G$ liegen. $G$ enthält also weder Ladungen noch eingeprägte Ströme. Gilt für die Leitungsströme $\underline{\vec{j}}_L$ das Ohmsche Gesetz (3.1.1.7′), so lauten die Maxwell-Gleichungen besonders einfach

$$\text{rot}\ \underline{\vec{E}}(\vec{r}) = +i\omega\mu\underline{\vec{H}}(\vec{r})\,, \qquad (3.1.1.10'')$$

$$\text{rot}\ \underline{\vec{H}}(\vec{r}) = -i\omega\underline{\epsilon}'\underline{\vec{E}}(\vec{r})\,, \qquad (3.1.1.11'')$$

$$\text{div}\ \underline{\vec{E}}(\vec{r}) = 0\,, \qquad (3.1.1.12'')$$

$$\text{div}\ \underline{\vec{H}}(\vec{r}) = 0\,. \qquad (3.1.1.13'')$$

Dabei wurde zur Vereinfachung die komplexe Dielektrizitätskonstante

$$\underline{\epsilon}' = \epsilon + i\sigma/\omega \qquad (3.1.1.14)$$

eingeführt*. Laut Kapitel 2 gilt

$$\text{div rot}\ \vec{v} = 0$$

für beliebige Vektorfelder $\vec{v}$. Betrachtet man die obigen Gleichungen, so wird sofort klar, daß (3.1.1.12″, 13″) aus (3.1.1.10″, 11″) folgen, also an sich nicht mehr extra hingeschrieben werden müßten. Zur Beschreibung derartiger Probleme genügen die ersten beiden Maxwell-Gleichungen . Tatsächlich sind es auch diese Gleichungen, welche eine Kopplung zwischen den elektrischen und den magnetischen Feldern – auf welcher die Ausbreitung elektromagnetischer Wellen basiert – beschreiben.

Bei Einschaltvorgängen wird bekanntlich meist die Laplace-Transformation der Fourier-Transformation (3.1.1.8) vorgezogen. Bei der Behandlung der Maxwell-Gleichungen ändert sich dann praktisch nichts, außer, daß die reelle Kreisfrequenz $\omega$ durch eine komplexe Größe, $\underline{\omega} = \omega - i\alpha_t$ ersetzt wird. Dies ist auch nötig bei der Untersuchung verlustbehafteter Resonatoren, welche nicht durch Generatoren gespiesen werden – durch welche der Zeitverlauf vorgegeben ist – und komplexe Eigenwerte aufweisen d.h. gedämpft harmonisch schwingen. Auf die explizite Notierung der entsprechenden Maxwell-Gleichungen kann hier aber verzichtet werden.

In sehr vielen Anwendungen werden sogenannte zweidimensionale Modelle verwendet, welche einige rechnerische Vereinfachungen mit sich bringen. Dabei werden die praktischen Anordnungen zunächst durch Modelle mit zylindrischer Symmetrie idealisiert. Gemäß Kapitel 2 gilt für die Operatoren rot, div – wegen (2.5.1.1, 2$T$) und (2.3.2.3):

$$\text{rot}\ \vec{v} = (\text{div}_T\ (\vec{v}_T \times \vec{e}_z)) \cdot \vec{e}_z + (\text{grad}_T\ v_z - \frac{\partial}{\partial z}\vec{v}_T) \times \vec{e}_z\,, \qquad (3.1.1.15)$$

$$\text{div}\ \vec{v} = \text{div}_T\ \vec{v}_T + \frac{\partial}{\partial z}v_z\,, \qquad (3.1.1.16)$$

* Sowohl $\epsilon$ als auch $\sigma$ sind positive, reelle Größen. $\underline{\epsilon}'$ liegt also gemäß (3.1.1.14) im ersten Quadranten. Würde im Exponenten von (3.1.1.9) ein positives Vorzeichen verwendet, so müßte $\underline{\epsilon}'$ im vierten Quadranten definiert werden.

wobei $z$ die Koordinate in Richtung der Zylinderachse und $\vec{e}_z$ der zugehörige Einheitsvektor ist. Der Index $T$ bezeichnet die Projektion des betreffenden Vektors auf die Transversalebene zur Zylinderachse. Das Vektorprodukt eines transversalen Vektors $\vec{v}_T$ mit $\vec{e}_z$ ergibt eine Drehung von $\vec{v}_T$ um $-\pi/2$ in der Transversalebene im Gegenuhrzeigersinn. Wird - wie schon im Kapitel 2 - die Drehung um $+\pi/2$ mit dem hochgestellten Index $o$ bezeichnet, so lautet (3.1.1.15)

$$\text{rot}\ \vec{v} = -(\text{div}_T\ \vec{v}_T^o) \cdot \vec{e}_z - (\text{grad}_T\ v_z - \frac{\partial}{\partial z}\vec{v}_T)^o\ . \tag{3.1.1.15'}$$

Die Gleichungen (3.1.1.15 bzw. 15',16) können nun in jede, der bisher angegebenen Formen der Maxwell-Gleichungen eingesetzt werden,was zunächst nur eine kompliziertere Schreibweise ergibt. Dies soll hier nur für die Gleichungen (3.1.1.10'', 11'') durchgeführt werden, da diese bei der Behandlung der geführten Wellen auf zylindrischen Strukturen eine besonders wichtige Rolle spielen. Dabei muß die z-Abhängigkeit aller Feldgrößen $F(\vec{r},t)$ dieselbe sein und es kann - gleich wie bei der Zeitabhängigkeit - eine Fouriertransformation durchgeführt werden. Diesmal muß jedoch anstelle der reellen Größe $\omega$ die komplexe 'Fortpflanzungskonstante' $\underline{\gamma}$ eingesetzt werden. (Bei *verlustlosen* Wellenleitern wird $\underline{\gamma} = \beta$ reell.) Analog zum Ansatz (3.1.1.9) für die $t$-Abhängigkeit, wird jetzt ein Ansatz für die $z,t$-Abhängigkeit gemacht:

$$F(\vec{r}_T, z, t) = \Re(\underline{F}(\vec{r}_T) \cdot e^{i(\underline{\gamma} z - \omega t)})\ , \tag{3.1.1.17}$$

womit die Ableitungen $\frac{\partial}{\partial z}$ durch Multiplikationen mit $i\underline{\gamma}$ ersetzt werden können. Mit (3.1.1.15') folgen nun ohne Schwierigkeiten aus den zwei Maxwell-Gleichungen (3.1.1.10'', 11'') je eine 'transversale' und eine 'longitudinale' Gleichung:

$$(i\underline{\gamma}\vec{\underline{E}}_T(\vec{r}_T) - \text{grad}_T\ \underline{E}_z(\vec{r}_T))^o = +i\omega\mu\vec{\underline{H}}_T(\vec{r}_T)\ , \tag{3.1.1.18}$$

$$(i\underline{\gamma}\vec{\underline{H}}_T(\vec{r}_T) - \text{grad}_T\ \underline{H}_z(\vec{r}_T))^o = -i\omega\underline{\epsilon}'\vec{\underline{E}}_T(\vec{r}_T)\ , \tag{3.1.1.19}$$

$$\text{div}_T\ \vec{\underline{E}}_T^o(\vec{r}_T) = -i\omega\mu\underline{H}_z(\vec{r}_T)\ , \tag{3.1.1.20}$$

$$\text{div}_T\ \vec{\underline{H}}_T^o(\vec{r}_T) = +i\omega\underline{\epsilon}'\underline{E}_z(\vec{r}_T)\ . \tag{3.1.1.21}$$

Nimmt man alle Terme, welche keine räumlichen Ableitungen enthalten - wie bei den Maxwell-Gleichungen in ihrer ursprünglichen Form (3.1.1.1-4) - auf die rechte Seite, so gilt nach einer Drehung $-o$ der ersten beiden Gleichungen:

$$\text{grad}_T\ \underline{E}_z(\vec{r}_T) = i\underline{\gamma}\vec{\underline{E}}_T(\vec{r}_T) + i\omega\mu\vec{\underline{H}}_T^o(\vec{r}_T)\ , \tag{3.1.1.18'}$$

$$\text{grad}_T\ \underline{H}_z(\vec{r}_T) = i\underline{\gamma}\vec{\underline{H}}_T(\vec{r}_T) - i\omega\underline{\epsilon}'\vec{\underline{E}}_T^o(\vec{r}_T)\ , \tag{3.1.1.19'}$$

$$\text{div}_T\ \vec{\underline{E}}_T^o(\vec{r}_T) = -i\omega\mu\underline{H}_z(\vec{r}_T)\ , \tag{3.1.1.20'}$$

$$\text{div}_T\ \vec{\underline{H}}_T^o(\vec{r}_T) = +i\omega\underline{\epsilon}'\underline{E}_z(\vec{r}_T)\ . \tag{3.1.1.21'}$$

Dies ist eine 'zweidimensionale' Form der Maxwell-Gleichungen, bei der nur Operatoren und Vektoren verwendet werden, die in der Transversalebene selber definiert werden. Lediglich der Index z erinnert noch an den dreidimensionalen Ursprung dieser Gleichungen ($\underline{H}_z, \underline{E}_z$ können hier als skalare, in der Transversalebene definierte Feldgrößen aufgefaßt werden und nicht als Komponenten der dreidimensionalen Vektoren $\underline{\vec{H}}, \underline{\vec{E}}$.). Stören mag einzig der Umstand, daß diese Gleichungen Gradienten enthalten, was in den Maxwell-Gleichungen sonst nicht der Fall ist. Mit Hilfe der Gleichung (2.5.2.5) lassen sich die ersten beiden Gleichungen (3.1.1.18′, 19′) aber sofort durch zwei homogene Gleichungen ersetzen:

$$\operatorname{div}_T\,(i\underline{\gamma}\underline{\vec{E}}^o_T(\vec{r}_T) - i\omega\mu\underline{\vec{H}}_T(\vec{r}_T)) = 0\,, \qquad (3.1.1.18'')$$

$$\operatorname{div}_T\,(i\underline{\gamma}\underline{\vec{H}}^o_T(\vec{r}_T) + i\omega\underline{\epsilon}'\underline{\vec{E}}_T(\vec{r}_T)) = 0\,. \qquad (3.1.1.19'')$$

Durch Einsetzen von (3.1.1.20′, 21′) vereinfachen sich diese Gleichungen und man erhält schließlich ein einfaches System von vier inhomogenen Maxwell-Gleichungen:

$$\operatorname{div}_T\,\underline{\vec{E}}_T(\vec{r}_T) = +i\underline{\gamma}\underline{E}_z(\vec{r}_T)\,, \qquad (3.1.1.22)$$

$$\operatorname{div}_T\,\underline{\vec{H}}_T(\vec{r}_T) = -i\underline{\gamma}\underline{H}_z(\vec{r}_T)\,, \qquad (3.1.1.23)$$

$$\operatorname{div}_T\,\underline{\vec{E}}^o_T(\vec{r}_T) = -i\omega\mu\underline{H}_z(\vec{r}_T)\,, \qquad (3.1.1.24)$$

$$\operatorname{div}_T\,\underline{\vec{H}}^o_T(\vec{r}_T) = +i\omega\underline{\epsilon}'\underline{E}_z(\vec{r}_T)\,. \qquad (3.1.1.25)$$

### 3.1.2 Integralformen

Die Maxwell-Gleichungen in Differentialform (3.1.1.1–4) lassen sich mit Hilfe der Sätze von Stokes und Gauß (2.4.1.8″, 9″) formal integrieren:

$$\oint_{\partial F} \vec{E}(\vec{r},t)\ \mathrm{d}\vec{\ell} = -\int_F \frac{\partial}{\partial t}\vec{B}(\vec{r},t)\ \mathrm{d}\vec{F}\,, \qquad (3.1.2.1)$$

$$\oint_{\partial F} \vec{H}(\vec{r},t)\ \mathrm{d}\vec{\ell} = +\int_F (\vec{j}(\vec{r},t) + \frac{\partial}{\partial t}\vec{D}(\vec{r},t))\ \mathrm{d}\vec{F}\,, \qquad (3.1.2.2)$$

$$\oint_{\partial V} \vec{D}(\vec{r},t)\ \mathrm{d}\vec{F} = -\int_V \rho(\vec{r},t)\ \mathrm{d}V\,, \qquad (3.1.2.3)$$

$$\oint_{\partial V} \vec{B}(\vec{r},t)\ \mathrm{d}\vec{F} = 0\,. \qquad (3.1.2.4)$$

Die direkte Interpretation dieser Gleichungen – unter Beachtung der Definitionen (2.4.1.7-9) von Spannung, Fluß und Inhalt – sieht um einiges anders aus, als jene von (3.1.1.1-4), obwohl beide Gleichungen denselben Sachverhalt beschreiben:

1.) Die in eine geschlossenen Schleife $\partial F$ induzierte, elektrische Spannung wird durch die zeitliche Änderung des magnetischen Flusses durch eine, von $\partial F$ berandete Fläche $F$ erzeugt.
2.) Die, in eine geschlossenen Schleife $\partial F$ induzierte, magnetische Spannung wird durch den elektrischen Strom $I$, der durch eine von $\partial F$ berandete Fläche $F$ fließt, erzeugt. Der Strom $I$ setzt sich dabei im allgemeinen aus dem Leitungsstrom $I_L$, dem eingeprägten Strom $I_0$ und dem sogenannten Verschiebungsstrom $I_D$ – welcher der zeitlichen Änderung der dielektrischen Verschiebung entspricht – zusammen.
3.) Der Fluß der dielektrischen Verschiebung durch eine geschlossene Fläche $\partial V$ ist gleich dem elektrischen Ladungsinhalt des, von $\partial V$ berandeten Volumens $V$.
4.) Der magnetische Fluß durch jede geschlossene Fläche $\partial V$ verschwindet.

Da die elektrische Spannung und der elektrische Strom Meßgrößen sind und in der Elektrotechnik eine hervorragende Rolle spielen, sind die obigen Interpretationen der Maxwell-Gleichungen viel direkter verständlich als diejenigen von Unterabschnitt 3.1.1 . Sie entsprechen auch den physikalischen Beobachtungen besser, welche zur Formulierung der Maxwell-Gleichungen führten. 1.) ist das Faradaysche Induktionsgesetz. 2.) wurde zunächst – ohne den Verschiebungsstrom $I_D$ – von Oersted beim Experimentieren mit Strömen und Permanentmagneten gefunden. Maxwell erweiterte aus theoretischen Gründen dieses – meist nach Ampère benannte – Gesetz: Die zweite und die dritte Maxwell-Gleichung enthalten implizite den Ladungserhaltungssatz. 3.) entspricht der Beobachtung, daß die elektrischen Feldlinien von elektrischen Ladungen ausgehen, sich auf den Raum verteilen und in elektrischen Ladungen enden, während 4.) besagt, daß für die magnetischen Feldlinien keine solchen Anfangs- bzw. Endpunkte gefunden werden, daß die magnetischen Feldlinien also stets geschlossen sind.

Ganz analog können die übrigen Formen der Maxwell-Gleichungen von Unterabschnitt 3.1.1 integriert werden. Dies sei hier aber nur noch – im Sinne eines Beispiels – für die Maxwell-Gleichungen mit harmonischer Zeitabhängigkeit und die speziellen Maxwell-Gleichungen (3.1.1.22-25) für zylindrische Wellenausbreitung mit (3.1.1.17) in linear, homogen, isotropen Gebieten ohne eingeprägte Ströme und Ladungen durchgeführt. Für harmonische Zeitabhängigkeit gemäß (3.1.1.9) gilt mit (3.1.1.10-13)

$$\oint_{\partial F} \underline{\vec{E}}(\vec{r})\,\mathrm{d}\vec{\ell} = +\int_F i\omega\underline{\vec{B}}(\vec{r})\,\mathrm{d}\vec{F}\,, \tag{3.1.2.5}$$

$$\oint_{\partial F} \underline{\vec{H}}(\vec{r})\,\mathrm{d}\vec{\ell} = +\int_F (\underline{\vec{j}}(\vec{r}) - i\omega\underline{\vec{D}}(\vec{r}))\,\mathrm{d}\vec{F}\,, \tag{3.1.2.6}$$

$$\oint_{\partial V} \underline{\vec{D}}(\vec{r})\,\mathrm{d}\vec{F} = -\int_V \underline{\rho}(\vec{r})\,\mathrm{d}V\,, \tag{3.1.2.7}$$

$$\oint_{\partial V} \underline{\vec{B}}(\vec{r})\,\mathrm{d}\vec{F} = 0\,. \tag{3.1.2.8}$$

Dabei wurden wieder die Integrale (2.4.1.8″, 9″) benützt. Im zweiten Falle werden die Gleichungen (3.1.1.22-25) mit Hilfe des zweidimensionalen Integrals (2.4.2.7′) integriert:

$$\oint_{\partial F} \underline{\vec{E}}^o_T(\vec{r}_T)\ \mathrm{d}\vec{\ell} = + \int_F i\underline{\gamma}\underline{E}_z(\vec{r}_T)\ \mathrm{d}F\,, \tag{3.1.2.9}$$

$$\oint_{\partial F} \underline{\vec{H}}^o_T(\vec{r}_T)\ \mathrm{d}\vec{\ell} = - \int_F i\underline{\gamma}\underline{H}_z(\vec{r}_T)\ \mathrm{d}F\,, \tag{3.1.2.10}$$

$$\oint_{\partial F} \underline{\vec{E}}_T(\vec{r}_T)\ \mathrm{d}\vec{\ell} = + \int_F i\omega\mu\underline{H}_z(\vec{r}_T)\ \mathrm{d}F\,, \tag{3.1.2.11}$$

$$\oint_{\partial F} \underline{\vec{H}}_T(\vec{r}_T)\ \mathrm{d}\vec{\ell} = - \int_F i\omega\underline{\epsilon}'\underline{E}_z(\vec{r}_T)\ \mathrm{d}F\,. \tag{3.1.2.12}$$

### 3.1.3 In den Maxwell-Gleichungen nicht enthaltene Bedingungen

Wie bereits erwähnt, umfassen die Maxwell-Gleichungen nicht alle physikalischen Beobachtungen aus dem Bereich der Elektrodynamik, sondern vielmehr solche, die sich mathematisch relativ leicht formulieren und behandeln lassen und zur Beschreibung sehr vieler Phänomene wesentlich sind. Das Aussortieren und Einteilen von solchen Beobachtungen in primäre und sekundäre (d.h. von den primären ableitbare) Tatsachen, ist recht willkürlich. Beispielsweise folgt der *Ladungserhaltungssatz* in Integralform

$$\oint_{\partial V} \vec{j}\ \mathrm{d}\vec{F} = -\frac{\partial}{\partial t}\int_V \rho\ \mathrm{d}V \tag{3.1.3.1}$$

oder in Differentialform

$$\operatorname{div}\vec{j} = -\frac{\partial}{\partial t}\rho\,, \tag{3.1.3.1′}$$

welcher durchaus als grundlegend für die Elektrodynamik angesehen werden kann, 'bloß' indirekt aus den Maxwell-Gleichungen. Dazu wendet man die Divergenz auf Gleichung (3.1.1.2) an, setzt (3.1.1.3) ein und beachtet die geometrisch begründete Tatsache (2.5.1.10). Immerhin ist also der Ladungserhaltungssatz in den Maxwell-Gleichungen enthalten, was für eine weitere, grundlegende Beobachtung, welche die elektrischen Ladungen betrifft, nicht der Fall ist: Die Ladungen sind quantisierte Größen. Jeder Körper kann nur mit einem ganzzahligen Vielfachen der Elementarladung $e$ geladen sein. Diesem Umstand tragen die Maxwell-Gleichungen keineswegs Rechnung und zwar hauptsächlich, weil bei praktischen makroskopischen Experimenten die Anzahl der vorhandenen Elementarladungen so groß ist, daß ihre Beschreibung durch eine reellwertige Ladungsverteilung $\rho$ eine sehr gute Näherung ergibt und weil die Mathematik ganzzahliger Funktionswerte wesentlich unangenehmere Eigenschaften aufweist. Außerdem ist wohl auch die Natur der Elementarladungen noch weitgehend unbekannt. Auch die Beobachtung, daß die Gesamtladung des Universums verschwindet, hat in den Maxwell-Gleichungen keinen Niederschlag gefunden und muß allenfalls durch Nebenbedingungen berücksichtigt werden, wie dies z.B. bei der Berechnung von Kapazitäten der Fall ist. Oftmals besteht aber auch ein berechtigtes Interesse an der Berechnung von Modellen mit nichtverschwindender Gesamtladung. Dies ist dann der Fall, wenn die Ladungen, welche die betrachteten Ladungen kompensieren, sehr weit entfernt sind, so daß ihr Einfluß auf die Messungen vernachläßigbar klein wird.

Eine weitere, physikalisch grundlegende Größe, zu der ein Erhaltungssatz gehört, ist die Energie. Weder die Energie, noch die Energiedichte, noch der Energieerhaltungssatz sind direkt in den Maxwell-Gleichungen anzutreffen. Um nachzuprüfen, ob auch dieser Erhaltungssatz durch die Maxwell-Gleichungen gewährleistet ist, ist die Angabe der, zu den elektromagnetischen Feldern gehörigen Energiedichten nötig. Eine genauere Besprechung ist im Unterabschnitt 3.2.6 zu finden. Von der Energie weiß man außerdem, daß der gesamte Energieinhalt des Universums endlich sein muß. Diese Tatsache ist in den Maxwell-Gleichungen – mit guten Gründen – nicht enthalten. Zum einen kann sie nachträglich verwendet werden und führt dann im allgemeinen zu Restriktionen der Lösungen, zum andern sind aber gerade Lösungen der Maxwell-Gleichungen mit unendlichem Energieinhalt von besonderem Interesse und auch für die Behandlung praktischer Probleme sehr gut brauchbar. Dies gilt beispielsweise für die 'ebenen Wellen'.

Die, in der Elektrotechnik übliche Aufteilung des elektrischen Feldes in $\vec{D}$ und $\vec{E}$ sowie des magnetischen Feldes in $\vec{B}$ und $\vec{H}$ enthält eine Verbannung des Materialeinflusses aus den Maxwell-Gleichungen. Die Zusammenhänge zwischen $\vec{D}$ und $\vec{E}$, $\vec{B}$ und $\vec{H}$ und allenfalls zwischen $\vec{j}_L$ und $\vec{E}$, die 'Materialgleichungen' müssen dann notwendigerweise – neben den Maxwell-Gleichungen – angegeben werden.

Den bisher angesprochenen Hauptgruppen von Bedingungen, welche durch die Maxwell-Gleichungen nicht berücksichtigt werden (physikalische 'Tatsachen' und Materialgleichungen) ist eine weitere, sehr wichtige Gruppe anzufügen. Es sind dies idealisierende Annahmen, welche zwar nicht exakt zutreffen, aber zu brauchbaren Resultaten – bei verringertem Rechenaufwand – führen. Auch sie sollen hier nur angetönt werden, gibt es doch sehr viele solche Annahmen. Allgemein kann gesagt werden, daß hier 'der Erfolg die Mittel heiligt', ist es doch praktisch nie möglich, zum vorneherein abzuschätzen, wie groß der Einfluß dieser Annahmen auf die Genauigkeit der Resultate ist. Jede Modellierung einer Anordnung ist zudem immer eine Idealisierung und somit ein Schritt weg von der 'Realität'. Idealisierungen können aber auch weiterreichende Konsequenzen als die Reduktion von Rechenaufwand und Rechengenauigkeit haben: Sie führen auch zur Definition von Meßgrößen, welche in einem realistischeren Modell nicht oder nur mühsam definiert werden können. Zur Verdeutlichung sei ein Beispiel angefügt: Die 'untere Grenzfrequenz', bei welcher eine bestimmte Hohlleiterwelle gerade noch ausbreitungsfähig ist, kann – streng genommen – nur für verlustlose Hohlleiter mit zylindrischer Geometrie angegeben werden. Reale Hohlleiter sind stets verlustbehaftet und endlich lang. Trotzdem hat die 'untere Grenzfrequenz' auch einen praktischen Wert: Sie läßt sich an realen Hohlleitern 'messen'.

Die wichtigsten idealisierenden Annahmen sind folgende:

– *Idealisierung der Geometrie.* Diese ist unumgänglich, wird aber oft weiter getrieben als notwendig. Wie weit die Geometrie vereinfacht werden muß bzw. darf, hängt stark von Faktoren, wie der zur Verfügung stehenden Rechenleistung und der erforderlichen Rechengenauigkeit ab. Angestrebt werden Modelle mit möglichst hoher Symmetrie: Kugelsymmetrie, Zylindersymmetrie, Rotationssymmetrie, etc. Zur adäquaten Berücksichtigung von Symmetrien ist die Darstellungstheorie oft sehr hilfreich [H2],[S2].

– *Idealisierung des Zeitverlaufs.* Besondere Beachtung finden hier harmonische, Schritt- und Pulsfunktionen. Wichtig ist auch die Unterteilung in langsam und rasch veränderliche Felder. Die ersteren lassen sich mit Hilfe von statischen Methoden relativ bequem behandeln. Interessant ist, daß auch rasch veränderliche Felder – im harmonischen Fall, bei sehr hohen Frequenzen – oft 'statisch' gelöst werden können.

– *Idealisierung der Materialien.* Die bedeutendsten vereinfachenden Annahmen, welche die Materialeigenschaften betreffen, sind *Linearität, Homogenität und Isotropie.* Linearität besagt, daß zwischen $\vec{D}$ und $\vec{E}$, $\vec{j}$ und $\vec{E}$ sowie zwischen $\vec{B}$ und $\vec{H}$ lineare Zusammenhänge bestehen. Sind die Materialeigenschaften ortsunabhängig, so spricht man von homogenem Material, sind sie unabhängig von der Richtung der angelegten Feldstärken, so nennt man das Material isotrop. Es genügt meist, anzunehmen, das Material sei stückweise d.h. innerhalb gewisser Gebiete linear, homogen und isotrop, was für die meisten, technisch gebräuchlichen Materialien mit sehr guter Näherung zutrifft. Die wichtigste Ausnahme bildet wohl das Eisen, dessen Behandlung recht aufwendig ist. Außerdem werden oft 'verlustfreie' Rechnungen durchgeführt, bei welchen Materialien mit hoher Leitfähigkeit und solche mit niedriger Leitfähigkeit $\sigma$ unterschieden und idealisiert werden. Für die ersteren setzt man $\sigma = \infty$ und nennt sie 'ideale Leiter', für die letzteren setzt man $\sigma = 0$ und nennt sie 'ideale Isolatoren'.

### 3.1.4 Die Spezialfälle: Elektro- und Magnetostatik

Eine besonders interessante Idealisierung – im Sinne von Unterabschnitt 3.1.3 – ist die Annahme, daß die zeitlichen Veränderungen der Feldgrößen so klein seien, daß die zeitlichen Ableitungen in den Maxwell-Gleichungen vernachläßigt werden können. Dies hat zur Folge, daß die Maxwell-Gleichungen in Teile zerfallen, die separat behandelt werden können. Aus den Gleichungen (3.1.1.1-4) folgt zunächst:

$$\text{rot } \vec{E}(\vec{r},t) = 0\,, \tag{3.1.4.1}$$

$$\text{rot } \vec{H}(\vec{r},t) = \vec{j}(\vec{r},t)\,, \tag{3.1.4.2}$$

$$\text{div } \vec{D}(\vec{r},t) = \rho(\vec{r},t)\,, \tag{3.1.4.3}$$

$$\text{div } \vec{B}(\vec{r},t) = 0\,. \tag{3.1.4.4}$$

Nimmt man nun an, das betrachtete Feldgebiet sei so klein, daß allfällige Änderungen der Feldgrößen im ganzen Feldgebiet praktisch gleichzeitig registriert werden – d.h. die Wellenlängen aller Spektralanteile des Zeitverlaufs sind viel größer als die maximalen Gebietsabmessungen – so kann die Zeitabhängigkeit aller Feldgrößen im ganzen Feldgebiet separiert werden:

$$F(\vec{r},t) = F(\vec{r}) \cdot T(t)\,. \tag{3.1.4.5}$$

Dabei bezeichnet $F$ eine beliebige Feldgröße und $T$ die Zeitabhängigkeit, welche für alle Feldgrößen dieselbe ist. $T$ ist meist durch die 'Generatoren' vorgegeben und wird oft nicht explizite angegeben.

Die Gleichungen (3.1.4.1,3) bilden – zusammen mit der Materialgleichung (3.1.1.5) die Grundgleichungen der *Elektrostatik*:

$$\text{rot } \vec{E}(\vec{r}) = 0\,, \tag{3.1.4.6}$$

$$\text{div } \vec{D}(\vec{r}) = \rho(\vec{r})\,, \tag{3.1.4.7}$$

$$\vec{D}(\vec{r}) = \epsilon \vec{E}(\vec{r})\,. \tag{3.1.4.8}$$

Entsprechend gilt für die *Magnetostatik*:

$$\text{rot } \vec{H}(\vec{r}) = \vec{j}(\vec{r})\,, \tag{3.1.4.9}$$

$$\text{div } \vec{B}(\vec{r}) = 0\,, \tag{3.1.4.10}$$

$$\vec{B}(\vec{r}) = \mu \vec{H}(\vec{r})\,. \tag{3.1.4.11}$$

Oftmals wird vergessen, daß daneben noch ein drittes Gleichungssystem – passend zur dritten Materialgleichung (3.1.1.7) – existiert, welches der Berechnung der Stromverteilung dient und ein Bindeglied zwischen Elektro- und Magnetostatik darstellt:

$$\text{rot } \vec{E}(\vec{r}) = 0\,, \tag{3.1.4.12}$$

$$\text{div } \vec{j}(\vec{r}) = 0\,, \tag{3.1.4.13}$$

$$\vec{j}(\vec{r}) = \sigma \vec{E}(\vec{r})\,. \tag{3.1.4.14}$$

Die Gleichung (3.1.4.13) ist praktisch gleichwertig mit (3.1.4.9) und folgt mit der bekannten Identität (2.5.1.10) aus derselben. Sie besagt, daß die Stromlinien – wie auch die $\vec{B}$-Linien – stets geschlossen sind.

Interessant ist, daß statische Rechnungen auch zur Lösung von Problemen verwendet werden können, bei denen die oben genannten Voraussetzungen nicht erfüllt sind. Dies gilt insbesondere für die Leitungstheorie, wo bekanntlich zylindrische Feldgebiete betrachtet werden, welche notwendigerweise unendlich weit ausgedehnt sind. Dabei wird für die $z, t$-Abhängigkeit der harmonische Ansatz (3.1.1.17)* verwendet. In linear, homogen, isotropen Materialien – ohne eingeprägte Ströme und Ladungen – gelten dann die Maxwell-Gleichungen (3.1.1.18-21) zur Beschreibung der Ausbreitung der elektomagnetischen Felder. Bei Leitungswellen ist die Phasengeschwindigkeit $v_{ph} = \omega/\Re(\underline{\gamma})$ nahezu unabhängig von $\omega$, $\gamma$ nahezu proportional zu $\omega$. Aus den Maxwell-Gleichungen (3.1.1.18′, 19′) ist dann ersichtlich, daß bei tiefen Frequenzen die (transversalen) Gradienten der Longitudinalkomponenten klein werden. Die Longitutinalkomponenten selber sind deshalb ebenfalls klein oder konstant. Konstante, statische Longitudinalfelder tragen nicht zur Ausbreitung längs der Zylinderachse bei und werden hier außer Acht gelassen. Mit $\underline{E}_z = \underline{H}_z = 0$ folgt aus den Maxwell-Gleichungen (3.1.1.22-25)

$$\mathrm{div}_T\, \underline{\vec{E}}_T(\vec{r}_T) = 0\,, \tag{3.1.4.15}$$

$$\mathrm{div}_T\, \underline{\vec{H}}_T(\vec{r}_T) = 0\,, \tag{3.1.4.16}$$

$$\mathrm{div}_T\, \underline{\vec{E}}_T^{\circ}(\vec{r}_T) = 0\,, \tag{3.1.4.17}$$

$$\mathrm{div}_T\, \underline{\vec{H}}_T^{\circ}(\vec{r}_T) = 0 \tag{3.1.4.18}$$

für die Transversalkomponenten. Diese Gleichungen sind 'entkoppelt'**.

Die Gleichungen (3.1.4.15,17) sind die beiden elektrostatischen Maxwell-Gleichungen der Transversalebene, die Gleichungen (3.1.4.16,18) die entsprechenden magnetostatischen Maxwell-Gleichungen. Man erhält diese auch aus den dreidimensionalen, statischen Maxwell-Gleichungen (3.1.4.6-11) mit $\epsilon$, $\mu = const.$ und $\rho = \vec{j} = 0$ unter Verwendung von (3.1.1.15,16). Es ist klar, das die so erhaltenen Resultate nicht a priori als richtig angesehen werden können, sind doch bei der Herleitung Voraussetzungen gemacht worden, welche erst nachzuprüfen sind und von den numerischen Gegebenheiten (Werte von $\underline{\gamma}$, $\omega$, $\mu$, $\epsilon$.) abhangen. Dazu sind entweder Messungen oder Rechnungen nötig, welche ohne diese Voraussetzungen auskommen. Praktisch erweisen sich statische Rechnungen nicht nur bei tiefen Frequenzen oft als sehr hilfreich. Sie werden im Unterabschnitt 4.2.5 eingehender behandelt.

---

* Es sind auch andere Ansätze gebräuchlich, mit $e^{i(\omega t - \underline{\gamma} z)}$, $e^{\underline{\gamma} z - i\omega t}$etc. anstelle von $e^{i(\underline{\gamma} z - \omega t)}$, welche an einigen Stellen Vorzeichenwechsel und Multiplikationen mit $i$ zur Folge haben, jedoch keine prinzipiellen Änderungen mit sich bringen.

** Die erste und die dritte Gleichung enthalten nur noch die elektrische, die zweite und vierte nur noch die magnetische Feldstärke.

## 3.2 WEITERVERARBEITUNG DER MAXWELL-GLEICHUNGEN

Um Lösungen für konkrete Probleme zu erhalten, ist die Weiterverarbeitung der Maxwell-Gleichungen meist unumgänglich, handelt es sich dabei doch um 'gekoppelte' Differential- oder Integralgleichungen. Es existieren verschiedenartige Techniken mit unterschiedlichen Anwendungsmöglichkeiten. Die wichtigsten davon sollen in den folgenden Unterabschnitten kurz dargestellt werden.

### 3.2.1 Potentiale

Bereits im Abschnitt 2.5 wurden Potentiale eingeführt und zwar um der geometrischen Aussage: 'Der Rand eines Randes verschwindet.' Rechnung zu tragen. Auf die dort benützten Schemata angewendet, hieß dies: 'Zweifache Ableitungen in dieselbe Richtung verschwinden.' oder : 'Ketten von Pfeilen, welche in dieselbe Richtung zeigen, bestehen aus maximal zwei Pfeilen, und der zweite Pfeil zeigt immer auf eine Null.' Ist 'ein Pfeil, der auf Null zeigt' gegeben, so kann dieser – durch Einführung eines Potentials – zu einer 'vollständigen Pfeilkette' ausgebaut werden. Eine 'vollständige Pfeilkette' hat immer eine der folgenden Formen:

$$\begin{array}{ccccc} s & \longleftarrow & \cdot & & \\ 0 & \longleftarrow & \cdot & \longleftarrow & Pot \\ Pot & \longrightarrow & \cdot & \longrightarrow & 0 \\ & & \cdot & \longrightarrow & p \end{array} \qquad (3.2.1.1)$$

Dabei bezeichnet $s$ ein skalares, $p$ ein pseudoskalares Feld und $Pot$ ein (pseudo)skalares oder ein (pseudo)vektorielles Potentialfeld.

Will man die Maxwell-Gleichungen (3.1.1.1-4) in schematischer Form aufschreiben, so ist zuerst anzugeben, ob die Ladungen Skalare oder Pseudoskalare sind. Da bisher weder für das eine noch für das andere eine Bestätigung gefunden wurde, wird meist angenommen, Ladungen seien *skalare* Größen.* Aus den Maxwell-Gleichungen folgt dann sofort, daß $\vec{E}, \vec{D}, \vec{j}$ Vektoren und $\vec{H}, \vec{B}$ Pseudovektoren sind:

$$\begin{array}{ccccccc} & & \vec{E} & \xrightarrow{rot} & -\frac{\partial}{\partial t}\vec{B} & & \\ & & \vec{j}+\frac{\partial}{\partial t}\vec{D} & \xleftarrow{rot} & \vec{H} & & \\ \rho & \xleftarrow{div} & \vec{D} & & & & \\ & & & & \vec{B} & \xrightarrow{div} & 0 \end{array} \qquad (3.2.1.2)$$

* Nimmt man an, daß auch magnetische Ladungen existieren, so wäre es immerhin denkbar, daß nur 'positive' magnetische Ladungen, d.h. nur 'Nordpole' gefunden werden. In diesem Falle wäre es sinnvoll anzunehmen, diese seien Skalare, was zur Folge hätte, daß die elektrischen Ladungen Pseudoskalare sind. Die verwendeten Schemata müßten dann gespiegelt werden.

Die 'Vervollständigung der vierten Pfeilkette durch das Vektorpotential $\vec{A}$ liegt auf der Hand:

$$\vec{A} \quad \xrightarrow{rot} \quad \vec{B} \quad \xrightarrow{div} \quad 0$$

In konventioneller Schreibweise heißt dies, daß die vierte Maxwell-Gleichung (3.1.1.4) durch

$$\vec{B}(\vec{r},t) = \text{rot } \vec{A}(\vec{r},t) \tag{3.2.1.3}$$

erfüllt wird. Wie schon im Unterabschnitt 3.1.1 erwähnt, kann auch die erste Maxwell-Gleichung (3.1.1.1) als homogene Gleichung bezeichnet werden, die sich deshalb ebenfalls zur Definition eines Potentials eignen sollte. Daß dies hier nicht ganz offensichtlich ist, liegt an der dreidimensionalen Schreibweise, welche die zeitlichen Ableitungen von den räumlichen getrennt behandelt. Setzt man (3.2.1.3) in (3.1.1.1) ein so ergibt sich die homogene Gleichung:

$$\text{rot } (\vec{E}(\vec{r},t) + \frac{\partial}{\partial t}\vec{A}(\vec{r},t)) = 0 \tag{3.2.1.4}$$

oder in 'Pfeilschreibweise', vervollständigt*:

$$-\phi \quad \xrightarrow{grad} \quad \vec{E} + \frac{\partial}{\partial t}\vec{A} \quad \xrightarrow{rot} \quad 0\,.$$

Es gilt also für das skalare Potential $\phi$:

$$\text{grad } \phi(\vec{r},t) = -\vec{E}(\vec{r},t) - \frac{\partial}{\partial t}\vec{A}(\vec{r},t) \tag{3.2.1.5}$$

oder umgeschrieben, für das elektrische Feld:

$$\vec{E}(\vec{r},t) = -\text{grad } \phi(\vec{r},t) - \frac{\partial}{\partial t}\vec{A}(\vec{r},t)\,. \tag{3.2.1.5'}$$

Damit nimmt das Schema (3.2.1.2) folgende, vervollständigte Gestalt an:

$$\begin{array}{ccccccc}
\phi & \xrightarrow{grad} & -\vec{E} - \frac{\partial}{\partial t}\vec{A} & \xrightarrow{rot} & 0 & & \\
0 & \xleftarrow{div} & \vec{j} + \frac{\partial}{\partial t}\vec{D} & \xleftarrow{rot} & \vec{H} & & \\
\rho & \xleftarrow{div} & \vec{D} & & & & \\
 & & \vec{A} & \xrightarrow{rot} & \vec{B} & \xrightarrow{div} & 0
\end{array} \tag{3.2.1.6}$$

Die Erweiterung der zweiten Zeile nach links entspricht offensichtlich gerade der Formulierung des Ladungserhaltungssatzes (3.1.3.1) unter Berücksichtigung der

* Die Wahl des negativen Vorzeichens vor $\phi$ ist üblich und entspricht derjenigen im Unterabschnitt 2.5.1.

dritten Zeile. $\vec{H}$ kann also auch als eine Art Vektorpotential aufgefaßt werden. Die Frage ist nun, wie weit das Vektorpotential $\vec{A}$ und das Skalarpotential $\phi$ lediglich Hilfsgrößen sind und wie weit ihnen eine gewisse physikalische Bedeutung zukommt, wie dies für $\vec{H}$ der Fall ist. Diese Frage ist in der Quantenphysik sehr wichtig, da dort diesen Potentialen eine weit größere Bedeutung zukommt als in der Elektrotechnik, wo $\vec{A}, \phi$ lediglich die Rolle bequemer Hilfsmittel spielen.

Sind die elektrischen und magnetischen Feldstärken gegeben, so können die Gleichungen (3.2.1.3,5) als Bestimmungsgleichungen für die Potentiale angesehen werden. Man stellt sofort fest, daß dadurch weder $\vec{A}$ noch $\phi$ eindeutig festgelegt sind. Zunächst ändern räumlich konstante Größen, die zu $\vec{A}$ bzw. $\phi$ addiert werden nichts an den Gleichungen (3.2.1.3,5). Diese additiven Konstanten können durch eine *Normierung* festgelegt werden. Dabei werden in einem beliebigen (Normierungs)Punkt des Feldgebietes $\vec{A}$ und $\phi$ festgelegt:

$$\vec{A}(\vec{r}_N, t) = \vec{A}_N(t) \, , \tag{3.2.1.7}$$

$$\phi(\vec{r}_N, t) = \phi_N(t) \, . \tag{3.2.1.8}$$

Als Normierungspunkt wird oft ein Punkt im Unendlichen verwendet, die Normierungswerte $\vec{A}_N, \phi_N$, welche von der Zeit abhangen können, werden meist einfach Null gesetzt.

Mit der Normierung sind die Potentiale aber immer noch nicht eindeutig festgelegt. Dazu fehlt noch die Angabe der Divergenz von $\vec{A}$. Man nennt diese Festlegung *Eichung*. Die formal einfachste Eichung ist die *Coulomb-Eichung* mit

$$\operatorname{div} \vec{A}(\vec{r}, t) = 0 \, , \tag{3.2.1.9C}$$

welche vorallem in der Statik Verwendung findet. Solange die Potentiale reine Hilfsgrößen ohne physikalische Bedeutung sind, können Normierung und Eichung ganz nach Belieben vorgenommen werden. Dies geschieht vorzugsweise so, daß die Rechnung möglichst stark vereinfacht wird. Die Resultate für $\vec{A}$ und $\phi$ sind abhängig von diesen Wahlen, die daraus abgeleiteten Feldgrößen $\vec{E}$ und $\vec{B}$ jedoch nicht.

Sind die Materialgleichungen bekannt, so kann einerseits $\vec{B}$ durch $\vec{H}$ und andererseits $\vec{D}$ und $\vec{j}_L$ durch $\vec{E}$ ausgedrückt werden. Dies soll hier nur in linear, homogen, isotropen Gebieten ausgeführt werden, in denen die Maxwell-Gleichungen (3.1.1.1″ – 4″) gelten. (3.2.1.3,5) erfüllen (3.1.1.4″, 1″). Setzt man diese Gleichungen in die beiden restlichen Maxwell-Gleichungen ein, so findet man folgende Differentialgleichungen für die Potentiale:

$$\Delta\vec{A} - \operatorname{grad} \operatorname{div} \vec{A} = -\mu\vec{j}_0 + (\mu\sigma + \mu\epsilon\frac{\partial}{\partial t})(\operatorname{grad} \phi + \frac{\partial}{\partial t}\vec{A}) \, , \tag{3.2.1.10}$$

$$\Delta\phi + \operatorname{div} \frac{\partial}{\partial t}\vec{A} = -\rho/\epsilon \, . \tag{3.2.1.11}$$

Die Coulomb-Eichung (3.2.1.9$C$) bringt zwar eine gewisse Vereinfachung, jedoch bleiben die Gleichungen (3.2.1.10,11) gekoppelt*, was mathematisch unangenehm

---

* Die Gleichung (3.2.1.10) enthält sowohl $\vec{A}$ als auch $\phi$.

ist:

$$\Delta\vec{A} = -\mu\vec{j}_0 + (\mu\sigma + \mu\epsilon\frac{\partial}{\partial t})(\text{grad}\ \phi + \frac{\partial}{\partial t}\vec{A}) , \qquad (3.2.1.10C)$$

$$\Delta\phi = -\rho/\epsilon . \qquad (3.2.1.11C)$$

Interessant ist, daß $\phi$ eine Poisson-Gleichung erfüllt, welche keine Ableitungen nach der Zeit enthält und durch sogenannte Coulomb-Integrale gelöst werden kann. (Siehe Unterabschnitt 3.2.4.) Dieselbe Poisson-Gleichung erhält man in der Elektrostatik, wo die Gleichung (3.1.4.6) Anlaß zur Definition eines skalaren Potentials $\phi$ gibt. Dieser Fall wird weiter unten genauer beschrieben.

Eine Entkopplung erhält man durch Verwendung der Lorentz-Eichung:

$$\text{div}\ \vec{A} = -(\mu\sigma + \mu\epsilon\frac{\partial}{\partial t})\phi , \qquad (3.2.1.9L)$$

welche deshalb in der Elektrodynamik eine viel größere Bedeutung hat, als die Coulomb-Eichung. Nach einer kleineren Rechnung findet man für die Potentiale die folgenden, entkoppelten, inhomogenen Wellengleichungen:

$$(\Delta - \mu\sigma\frac{\partial}{\partial t} - \mu\epsilon\frac{\partial^2}{\partial t^2})\vec{A}(\vec{r},t) = -\mu\vec{j}_0(\vec{r},t) , \qquad (3.2.1.10L)$$

$$(\Delta - \mu\sigma\frac{\partial}{\partial t} - \mu\epsilon\frac{\partial^2}{\partial t^2})\phi(\vec{r},t) = -\rho(\vec{r},t)/\epsilon , \qquad (3.2.1.11L)$$

mit derselben Form für $\vec{A}$ und $\phi$.

Es stellt sich nun die Frage nach dem Zusammenhang unterschiedlich geeichter Potentiale. Dieser wird beschrieben durch sogenannte Eichtransformationen, welche leicht zu finden sind. Vergegenwärtigt man sich wieder die altbekannte Tatsache, daß die Rotation eines Gradientenfeldes verschwindet, so ist mit (3.2.1.3) sofort klar, daß jedes Vektorfeld

$$\vec{A}' = \vec{A} + \text{grad}\ \psi \qquad (3.2.1.12)$$

ebensogut als Vektorpotential bezeichnet werden kann, wie $\vec{A}$ selber. Mit Gleichung (3.2.1.5) folgt für das zugehörige Skalarpotential $\phi'$ die Eichtransformation:

$$\phi' = \phi - \frac{\partial}{\partial t}\psi . \qquad (3.2.1.13)$$

Benützt man die Lorentz-Eichung (3.2.1.9$L$), so ergibt sich, daß die Eichfunktion $\psi$ Lösung einer homogenen Wellengleichung

$$(\Delta - \mu\sigma\frac{\partial}{\partial t} - \mu\epsilon\frac{\partial^2}{\partial t^2})\psi(\vec{r},t) = 0 \qquad (3.2.1.14L)$$

ist und im Falle der Coulomb-Eichung (3.2.1.9$C$) eine Laplace-Gleichung, d.h. eine 'homogene Poisson-Gleichung'

$$\Delta\psi(\vec{r},t) = 0 \qquad (3.2.1.14C)$$

erfüllen muß.

Betrachtet man den quellenfreien Fall ($\vec{j}_0 = \rho = 0$) so ergibt die Lorentz-Eichung homogene Wellengleichungen für $\vec{A}$ und $\phi$, die Coulomb-Eichung jedoch zunächst eine Laplace-Gleichung für $\phi$ mit der Lösung $\phi = 0$*. Damit bleibt nur noch eine homogene Wellengleichung für $\vec{A}$:

$$(\Delta - \mu\sigma\frac{\partial}{\partial t} - \mu\epsilon\frac{\partial^2}{\partial t^2})\vec{A}(\vec{r},t) = 0\,. \tag{3.2.1.10Ch}$$

Die Feldvektoren $\vec{E}$ und $\vec{B}$ errechnen sich dann aus dem Vektorpotential $\vec{A}$:

$$\vec{B}(\vec{r},t) = \text{rot } \vec{A}(\vec{r},t)\,, \tag{3.2.1.3Ch}$$

$$\vec{E}(\vec{r},t) = -\frac{\partial}{\partial t}\vec{A}(\vec{r},t)\,. \tag{3.2.1.5Ch}$$

Betrachtet man einerseits die Lorentz-Eichung (3.2.1.9$L$) und andererseits den Ladungserhaltungssatz (3.1.3.1′), so fällt – nach einer kleinen Umformung, unter Beachtung von $\vec{j} = \vec{j}_0 + \sigma\vec{E}$ – auf, daß die Wellengleichung (3.2.1.11$L$) für $\phi$ nicht von derjenigen für $\vec{A}$ unabhängig ist. Es kann deshalb vermutet werden, daß die elektromagnetischen Felder auch in Anwesenheit von Quellen von einem einzigen Vektorfeld – dem sogenannten *Hertzschen Vektor* – abgeleitet werden können, was hier nicht gezeigt wird.**

Einer Betrachtung wert scheint aber die Tatsache, daß für die elektrische Feldstärke

$$\vec{E}(\vec{r},t) = \text{rot rot } \vec{Z}(\vec{r},t) \tag{3.2.1.15}$$

gilt, wobei $\vec{Z}$ den Hertzschen Vektor bezeichnet. In der schematischen Pfeilschreibweise bedeutet dies, daß $\vec{Z}$ einmal 'nach rechts' und danach einmal 'nach links' abgeleitet wird, was nach einem 'Sich-im-Kreis-drehen' aussieht. (Etwas passender kann man von einer spiralförmigen Bewegung sprechen.)

$$\begin{array}{ccc} \vec{Z} & \xrightarrow{rot} & \cdot \\ ?\uparrow & & \downarrow = \\ \vec{E} & \xleftarrow{rot} & \cdot \end{array} \tag{3.2.1.15'}$$

Es fragt sich deshalb, ob nicht besser Wellengleichungen direkt für $\vec{E}$ und auch für $\vec{B}$ – ohne Benützung irgenwelcher Potentiale – angegeben werden können. Wie im nächsten Unterabschnitt gezeigt wird, ist dies tatsächlich der Fall.***

* Falls $\phi$ im Unendlichen zu Null normiert wird.

** Beschreibungen finden sich in vielen Lehrbüchern wie z.B. [B2],[P1].

*** Bei harmonischer Zeitabhängigkeit (3.1.1.9) ergibt sich aus (3.2.1.5$Ch$) übrigens eine einfache Proportionalität zwischen dem elektrischen Feld und dem Vektorpotential.

Es wurde bereits darauf hingewiesen, daß in der Elektrostatik das skalare Potential $\phi$ zur Beschreibung genügt. Entsprechend benötigt man in der Magnetostatik nur das Vektorpotential $\vec{A}$. Die Grundgleichungen (3.1.4.6-11) der Elektro- und Magnetostatik lauten schematisch:

$$\begin{array}{ccccccc} & & \vec{E} & \xrightarrow{rot} & 0 & & \\ & & \downarrow \epsilon & & & & \\ \rho & \xleftarrow{div} & \vec{D} & & & & \\ & & & & & & \\ & & \vec{j} & \xleftarrow{rot} & \vec{H} & & \\ & & & & \downarrow \mu & & \\ & & & & \vec{B} & \xrightarrow{div} & 0 \end{array} \tag{3.2.1.16}$$

Die Vervollständigung dieser Pfeilketten durch Einführung der Potentiale liegt auf der Hand:

$$\begin{array}{ccccccc} -\phi & \xrightarrow{grad} & \vec{E} & \xrightarrow{rot} & 0 & & \\ & & \downarrow \epsilon & & & & \\ \rho & \xleftarrow{div} & \vec{D} & & & & \\ & & & & & & \\ 0 & \xleftarrow{div} & \vec{j} & \xleftarrow{rot} & \vec{H} & & \\ & & & & \downarrow \mu & & \\ & & \vec{A} & \xrightarrow{rot} & \vec{B} & \xrightarrow{div} & 0 \end{array} \tag{3.2.1.16'}$$

Damit findet man sofort die Zusammenhänge zwischen den Potentialen und den Quellen, welche in denselben Kolonnen zu finden sind:

$$\text{div grad } \phi(\vec{r}) = -\rho(\vec{r})/\epsilon \,, \tag{3.2.1.17}$$

$$\text{rot rot } \vec{A}(\vec{r}) = \mu\vec{j}(\vec{r}) \,. \tag{3.2.1.18}$$

Benützt man die Laplace-Operatoren (2.5.1.12,13) und die Coulomb-Eichung (3.2.1.9$C$) für $\vec{A}$, so ergeben sich zwei formal gleiche Poisson-Gleichungen für die Potentiale $\phi$ und $\vec{A}$:

$$\Delta\phi(\vec{r}) = -\rho(\vec{r})/\epsilon \,, \tag{3.2.1.17'}$$

$$\Delta\vec{A}(\vec{r}) = -\mu\vec{j}(\vec{r}) \,. \tag{3.2.1.18'}$$

Betrachtet man die verschiedenen Formen der Maxwell-Gleichungen für zweidimensionale bzw. zylindrische Probleme in quellenfreien, homogen, linear, isotropen Gebieten, so fällt auf, daß die Gleichungen (3.1.1.18$'$, 19$'$) die Einführung von Potentialen überflüssig machen bzw. daß die Longitudinalkomponenten $E_z, H_z$ selber als eine Art skalare Potentiale angesprochen werden können. Um zu Differentialgleichungen zweiter Ordnung für $E_z, H_z$ zu kommen, sind die Gleichungen (3.1.1.18$'$, 19$'$) so umzuformen und zu kombinieren, daß $\overset{o}{\underline{\vec{E}}}_T, \overset{o}{\underline{\vec{H}}}_T$ in Funktion dieser 'Potentiale' angegeben werden können. Eine kurze Rechnung ergibt:

$$\vec{\underline{E}}_T(\vec{r}_T) = \frac{i\gamma}{\underline{\kappa}^2}\mathrm{grad}_T\, \underline{E}_z(\vec{r}_T) - \frac{i\omega\mu}{\underline{\kappa}^2}\mathrm{grad}_T{}^o \underline{H}_z(\vec{r}_T)\,, \tag{3.2.1.19}$$

$$\vec{\underline{H}}_T(\vec{r}_T) = \frac{i\gamma}{\underline{\kappa}^2}\mathrm{grad}_T\, \underline{H}_z(\vec{r}_T) + \frac{i\omega\underline{\epsilon}'}{\underline{\kappa}^2}\mathrm{grad}_T{}^o \underline{E}_z(\vec{r}_T)\,, \tag{3.2.1.20}$$

$$\vec{\underline{E}}_T^o(\vec{r}_T) = \frac{i\gamma}{\underline{\kappa}^2}\mathrm{grad}_T{}^o \underline{E}_z(\vec{r}_T) + \frac{i\omega\mu}{\underline{\kappa}^2}\mathrm{grad}_T\, \underline{H}_z(\vec{r}_T)\,, \tag{3.2.1.19'}$$

$$\vec{\underline{H}}_T^o(\vec{r}_T) = \frac{i\gamma}{\underline{\kappa}^2}\mathrm{grad}_T{}^o \underline{H}_z(\vec{r}_T) - \frac{i\omega\underline{\epsilon}'}{\underline{\kappa}^2}\mathrm{grad}_T\, \underline{E}_z(\vec{r}_T)\,, \tag{3.2.1.20'}$$

wobei die Abkürzung

$$\underline{\kappa} = \pm\sqrt{\underline{k}^2 - \underline{\gamma}^2} = \pm\sqrt{\omega^2\mu\underline{\epsilon}' - \underline{\gamma}^2} = \pm\sqrt{\omega^2\mu\epsilon + i\omega\mu\sigma - \underline{\gamma}^2} \tag{3.2.1.21}$$

eingeführt wurde. Wie sich gleich zeigen wird, spielt $\underline{\kappa}$ die Rolle der Wellenzahl $\underline{k}$ in der Transversalebene und wird deshalb transversale Wellenzahl genannt. Das Vorzeichen von $\underline{\kappa}$ kann - ohne Einschränkung der Allgemeinheit - frei gewählt werden. Dies soll hier wiederum so getan werden, daß $\underline{\kappa}$ im ersten Quadranten der komplexen Ebene liegt. Sind die beiden 'Potentiale' $\underline{E}_z, \underline{H}_z$ bekannt, so lassen sich $\vec{\underline{E}}_T, \vec{\underline{H}}_T$ gemäß (3.2.1.19,20) berechnen, was durchaus mit der Berechnung von $\vec{E}, \vec{B}$ aus den Potentialen $\vec{A}, \phi$ gemäß (3.2.1.3,5) im dreidimensionalen Fall vergleichbar ist. Setzt man (3.2.1.19′, 20′) in die Maxwell-Gleichungen (3.1.1.20′, 21′) ein so ergeben sich zwei zweidimensionale, homogene Helmholtz-Gleichungen für $\underline{E}_z, \underline{H}_z$:

$$(\Delta_T + \underline{\kappa}^2)\underline{E}_z(\vec{r}_T) = 0\,, \tag{3.2.1.22}$$

$$(\Delta_T + \underline{\kappa}^2)\underline{H}_z(\vec{r}_T) = 0\,. \tag{3.2.1.23}$$

Es würde zu weit führen, die Möglichkeiten der Einführung von Potentialen bei den unterschiedlichen Formen der Maxwell-Gleichungen ausführlich zu diskutieren. Wie bereits erwähnt, ist die Verwendung von Potentialen nicht unumgänglich, sondern vielmehr eine spezielle Technik zur 'Lösung' der Maxwell-Gleichungen respektive zur Herleitung von Wellen-, Poisson- und anderen Differentialgleichungen zweiter Ordnung. Ein anderer, direkter Weg wird im nächsten Unterabschnitt beschrieben.

### 3.2.2 Entkopplung, Wellengleichungen

Der Einfachheit halber werden hier nur unbewegte, linear, homogen, isotrope Medien vorausgesetzt, deren Eigenschaften sich zeitlich nicht verändern und deshalb durch die drei skalaren Materialkonstanten $\mu$, $\epsilon$, $\sigma$ beschrieben werden können. Zur Beschreibung der elektromagnetischen Felder dienen deshalb die Maxwell-Gleichungen in der Form (3.1.1.1″ – 4″), in der $\vec{D}$ und $\vec{B}$ sowie $\vec{j}_L$ mit Hilfe der Materialgleichungen (3.1.1.5′ – 7′) eliminiert worden sind. Die ersten beiden Maxwell-Gleichungen sind gekoppelte Differentialgleichungen erster Ordnung, da sie sowohl $\vec{E}$ wie auch $\vec{H}$ enthalten. Betrachtet man die zugehörige schematische Pfeildarstellung:

$$
\begin{array}{ccccccc}
 & & \vec{E} & \xrightarrow{rot} & -\mu\frac{\partial}{\partial t}\vec{H} & & \\
 & & \vec{j}_0 + (\sigma + \epsilon\frac{\partial}{\partial t})\vec{E} & \xleftarrow{rot} & \vec{H} & & \\
\rho/\epsilon & \xleftarrow{div} & \vec{E} & & & & \\
 & & & & \vec{H} & \xrightarrow{div} & 0
\end{array}
\tag{3.2.2.1}
$$

so fällt auf, daß die Maxwell-Gleichungen 'horizontal' operieren, also niemals Elemente des Raumes mit gleicher Dimension miteinander verbinden, wie dies bei den Wellen- und Poissongleichungen für die Potentiale im Unterabschnitt 3.2.1 der Fall war. Will man derartige Gleichungen erhalten, muß man Gleichungen, welche 'nach links ableiten' mit solchen, welche 'nach rechts ableiten' in Verbindung bringen. Dazu eignen sich offenbar die ersten beiden Maxwell-Gleichungen. Wendet man beispielsweise die Rotation auf (3.1.1.1″) an, leitet (3.1.1.2″) nach der Zeit ab und setzt ein, so ergibt sich eine Differentialgleichung zweiter Ordnung für $\vec{E}$:

$$\text{rot rot } \vec{E}(\vec{r},t) = -\mu\frac{\partial}{\partial t}(\vec{j}_0 + (\sigma + \epsilon\frac{\partial}{\partial t})\vec{E}(\vec{r},t)) \, , \tag{3.2.2.2}$$

welche sich mit (2.5.1.13) und (3.1.1.3″) zu einer inhomogenen Wellengleichung umformen läßt:

$$(\Delta - \mu\sigma\frac{\partial}{\partial t} - \mu\epsilon\frac{\partial^2}{\partial t^2})\vec{E}(\vec{r},t) = \mu\frac{\partial}{\partial t}\vec{j}_0(\vec{r},t) + \text{grad } \rho(\vec{r},t)/\epsilon \, . \tag{3.2.2.2'}$$

Ganz analog findet man für $\vec{H}$ folgende inhomogene Wellengleichung:

$$(\Delta - \mu\sigma\frac{\partial}{\partial t} - \mu\epsilon\frac{\partial^2}{\partial t^2})\vec{H}(\vec{r},t) = -\text{rot } \vec{j}_0(\vec{r},t) \, . \tag{3.2.2.3'}$$

Die Gleichungen (3.2.2.2′, 3′) sind entkoppelt, was mathematisch angenehm ist und können weiterverarbeitet werden. Sie haben dieselbe Form, wie die Gleichung (3.2.1.10*L*) für das Vektorpotential. Ob also der 'Umweg' über des Potential beschritten wird oder direkt mit den Feldstärken gearbeitet wird, spielt nur eine untergeordnete Rolle: Beide Wege führen auf inhomogene Wellengleichungen. Die wichtigsten Möglichkeiten, diese Gleichungen zu vereinfachen und zu integrieren, werden in den folgenden Unterabschnitten besprochen. Beachtet man die Tatsache, daß sowohl $\vec{E}$ als auch $\vec{H}$ aus einem einzigen Vektorfeld, dem Hertzschen Vektor* abgeleitet werden können, so wird klar, daß die Wellengleichungen nicht völlig voneinander losgelöst sind, was sich auch darin bemerkbar macht, daß die beiden Inhomogenitäten durch den Ladungserhaltungssatz (3.1.3.1′) verknüpft sind. $\vec{E}$ und $\vec{H}$ sind eben über die Maxwell-Gleichungen gekoppelt. Es muß deshalb darauf geachtet werden, daß die mit (3.2.2.2′, 3′) gefundenen Lösungen die Maxwell-Gleichungen tatsächlich erfüllen.

In ganz ähnlicher Weise lassen sich beispielsweise auch die Maxwell-Gleichungen (3.1.1.10′ – 13′) entkoppeln. Die zeitlichen Ableitungen sind dann durch $-i\omega$ zu ersetzen. Die so erhaltenen Gleichungen für die komplexen Amplituden:

$$(\Delta + \underline{k}^2)\underline{\vec{E}}(\vec{r}) = -i\omega\mu\underline{\vec{j}}_0 + \operatorname{grad} \underline{\rho}(\vec{r})/\epsilon\,, \tag{3.2.2.4}$$

$$(\Delta + \underline{k}^2)\underline{\vec{H}}(\vec{r}) = -\operatorname{rot} \underline{\vec{j}}_0 \tag{3.2.2.5}$$

sind inhomogene Helmholtz-Gleichungen, wobei die *Wellenzahl*

$$\underline{k} = \pm\sqrt{\omega^2\mu\underline{\epsilon}'} = \pm\sqrt{\omega^2\mu\epsilon + i\omega\mu\sigma} \tag{3.2.2.6}$$

eine komplexe Größe ist, außer in idealen Isolatoren mit $\sigma = 0$. In den Helmholtz-Gleichungen treten nur die Quadrate von $\underline{k}$ auf, so daß das Vorzeichen vor der Wurzel in (3.2.2.6) nach Belieben gewählt werden kann. Es wird hier vereinbart, daß $\underline{k}$ im ersten Quadranten liegen soll, was im weiteren für alle komplexen Größen gelten soll, welche in einem einzigen Quadranten definiert werden können.

Die Entkopplung der zweidimensionalen Maxwell-Gleichungen (3.1.1.18-21) wurde bereits im vorangehenden Unterabschnitt 3.2.1 durchgefürt. Eine Unterscheidung der Herleitung von Differentialgleichungen zweiter Ordnung durch 'Entkopplung' einerseits und 'mit Hilfe von Potentialen' andererseits, ist in diesem Falle kaum möglich, da die longitudinalen Feldgrößen als 'Potentiale' interpretiert werden können.

Die Helmholtz-Gleichungen (3.2.2.4,5) und (3.2.1.22,23) enthalten die Zeit nicht mehr explizite. Im nächsten Unterabschnitt wird gezeigt, wie sich diese Gleichungen durch 'Separation der Zeit' aus den Wellengleichungen herleiten lassen, was eine weitere Rechtfertigung für den Ansatz (3.1.1.9) ergibt, welcher der oben verwendeten Form (3.1.1.10′ – 13′) der Maxwell-Gleichungen zugrunde liegt.

---

* Siehe Unterabschnitt 3.2.1.

### 3.2.3 Separation, Helmholtz-Gleichungen

Eine besonders einfache Methode zur Lösung von linearen Differentialgleichungen mehrerer Variablen:

$$L\,f(x_1,x_2,...,x_n) = g(x_1,x_2,...,x_n)\,, \tag{3.2.3.1}$$

wobei $L$ ein linearer Differentialoperator ist, besteht im wesentlichen im Versuch, durch einen Separations- oder Produkteansatz der Form

$$f(x_1,x_2,...,x_n) = f_1(x_1)\cdot f_2(x_2)...f_n(x_n) \tag{3.2.3.2}$$

$n$ Differentialgleichungen mit je einer Variablen zu erhalten. Diese Methode erweist sich zwar nur in wenigen, genügend einfachen Fällen als brauchbar und hat auch den Nachteil, daß nicht zum Vorneherein klar ist, ob so auch sämtliche Lösungen von (3.2.3.1) gefunden werden. Glücklicherweise lassen sich die Differentialgleichungen der Elektrodynamik oft mit einem Produktansatz vereinfachen und dadurch Systeme von Lösungen finden, welche für die untersuchten Probleme zwar manchmal - in einem genauer zu definierenden, mathematischen Sinne - unvollständig sind, zur technischen Lösung bzw. Approximation aber vollauf genügen.* Im Falle der komplexen, skalaren, homogenen Wellengleichung

$$(\Delta - \mu\sigma\frac{\partial}{\partial t} - \mu\epsilon\frac{\partial^2}{\partial t^2})\underline{Z}(\vec{r},t) = 0 \tag{3.2.3.3}$$

läßt sich die Zeitabhängigkeit leicht mit dem Ansatz

$$\underline{Z}(\vec{r},t) = \underline{Z}(\vec{r})\cdot\underline{T}(t) \tag{3.2.3.4}$$

separieren**. Dazu wird (3.2.3.4) in (3.2.3.3) eingesetzt und durch $\underline{Z}(\vec{r})\cdot\underline{T}(t)$ dividiert:

$$\frac{\Delta\underline{Z}(\vec{r})}{\underline{Z}(\vec{r})} + \frac{(-\mu\sigma\frac{\partial}{\partial t} - \mu\epsilon\frac{\partial^2}{\partial t^2})\underline{T}(t)}{\underline{T}(t)} = 0\,. \tag{3.2.3.5}$$

Soll (3.2.3.5) für beliebige Werte von $\vec{r}$ und $t$ gelten, so müssen die beiden Summanden je konstant und die beiden Konstanten entgegengesetzt gleich sein. Dies ergibt - nach einer Multiplikation mit $\underline{Z}(\vec{r})$ bzw. $\underline{T}(t)$:

$$(\Delta + \underline{k}^2)\underline{Z}(\vec{r}) = 0\,, \tag{3.2.3.6}$$

$$(\mu\epsilon\frac{\partial^2}{\partial t^2} + \mu\sigma\frac{\partial}{\partial t} + \underline{k}^2)\underline{T}(t) = 0\,. \tag{3.2.3.7}$$

---

* Seriösere Methoden und eine genauere Beschreibung dessen, was hier nur angetönt worden ist, sind in [V1] zu finden.

** Wie schon früher wird für die nur von $\vec{r}$ abhängige Funktion $\underline{Z}$ dasselbe Symbol verwendet, wie für die von $\vec{r}$ und $t$ abhängige Funktion, was zu keinen Verwechslungen Anlaß geben sollte.

(3.2.3.6) ist eine homogene, skalare Helmholtz-Gleichung, (3.2.3.7) eine Schwingungsdifferentialgleichung, welche bekanntlich Lösungen der Form

$$\underline{T}(t) = e^{\pm i\underline{\omega}t} \tag{3.2.3.8}$$

hat. Dabei sind $\underline{\omega}$ und die *Separationskonstante* $\underline{k}$ komplexe Größen, welche voneinander abhängig sind. Wie man durch Einsetzen von (3.2.3.8) in (3.2.3.7) leicht verifiziert, gilt:

$$\underline{k}^2 = \underline{\omega}^2 \mu\epsilon \mp i\underline{\omega}\mu\sigma \,. \tag{3.2.3.9}$$

Ist speziell $\underline{\omega} = \omega$ reell, so entspricht (3.2.3.9) offenbar gerade (3.2.2.6), falls das untere Vorzeichen benützt wird.

Lösungen der reellen, skalaren, homogenen Wellengleichung erhält man am einfachsten durch komplexe Erweiterung, d.h. Lösung der zugehörigen komplexen, skalaren, homogenen Wellengleichung mit abschließender Realteilbildung. Dasselbe gilt auch für vektorielle und inhomogene Gleichungen, so daß sich eine explizite Behandlung *reeller* Wellengleichungen erübrigt und im folgenden komplexe Werte vorausgesetzt werden.

Die Behandlung der skalaren, inhomogenen Wellengleichung

$$(\Delta - \mu\sigma\frac{\partial}{\partial t} - \mu\epsilon\frac{\partial^2}{\partial t^2})\underline{Z}(\vec{r},t) = \underline{Y}(\vec{r},t) \tag{3.2.3.10}$$

besteht bekanntlich in der Suche nach der allgemeinen Lösung der zugehörigen homogenen Gleichung (3.2.3.3) und einer speziellen Lösung der inhomogenen Gleichung selber. Die oben durchgeführte Zeitseparation bei der homogenen Gleichung legt eine passende Zerlegung der Inhomogenität $\underline{Y}(\vec{r},t)$ nahe. Dazu bieten sich die Fourier- und die Laplace-Transformation an. Welche von beiden verwendet wird, hängt in erster Linie vom (gegebenen) Zeitverlauf der Inhomogenität ab. Verschwindet diese für alle Zeiten $t < t_0$, so kann die Laplace-Transformation mit Vorteil zur Anwendung kommen. Gebräuchlicher ist aber die Fourier-Transformation (3.1.1.8). Wird der Zeitverlauf von $\underline{Z}(\vec{r},t)$ und $\underline{Y}(\vec{r},t)$ in gleicher Weise separiert und 'Laplace-' bzw. 'Fourier-zerlegt', so ergibt sich eine, zu (3.2.3.6) passende, inhomogene Helmholtz-Gleichung für jeden Wert von $\underline{\omega}$ bzw. $\omega$:

$$(\Delta + \underline{k}^2)\underline{Z}(\vec{r}) = \underline{Y}(\vec{r}) \,. \tag{3.2.3.11}$$

Die 'Konstante' $\underline{k}$ ist dabei gemäß (3.2.3.9) von $\underline{\omega}$ bzw. $\omega$ abhängig. Um diese Gleichung weiter zu separieren, ist die Einführung gewisser Koordinaten im Raum nötig. Dabei zeigt es sich, daß eine vollständige Separation dieser drei räumlichen Koordinaten nur in wenigen Spezialfällen möglich ist. Die einfachsten und auch technisch wichtigsten davon werden im Abschnitt 3.3 ausführlich besprochen*.

---

* Eine ausführliche Behandlung der möglichen Separationen in den verschiedensten Koordinatensystemen ist in [M3] zu finden.

Im Falle zylindrischer Anordnungen kann der Laplace-Operator gemäß (2.5.1.12$T$) in einen longitudinalen und einen transversalen Anteil aufgespaltet werden. Damit ergibt sich für (3.2.3.11)

$$(\Delta_T + \frac{\partial^2}{\partial z^2} + \underline{k}^2)\underline{Z}(\vec{r}_T, z) = \underline{Y}(\vec{r}_T, z) . \qquad (3.2.3.11')$$

Die Separation der $z$-Abhängigkeit kann ganz analog zur Separation der Zeitabhängigkeit bei (3.2.3.10) durchgeführt werden, was auf den Ansatz (3.1.1.17)* und eine passende, zweidimensionale Helmholtzgleichung

$$(\Delta_T + \underline{\kappa}^2)\underline{Z}(\vec{r}_T) = \underline{Y}(\vec{r}_T) \qquad (3.2.3.11T)$$

führt, wobei die transversale Wellenzahl $\underline{\kappa}$ gemäß (3.2.1.21) definiert ist.

Skalare Wellengleichungen sind bisher nur an einer Stelle – für das skalare Potential $\phi$ – aufgetreten. Die Zeitseparation für vektorielle Wellengleichungen geschieht in völlig gleicher Weise. Dabei sind lediglich $\underline{Z}$ und $\underline{Y}$ durch $\underline{\vec{Z}}$ und $\underline{\vec{Y}}$ zu ersetzen. Die Separation der Ortskoordinaten gestaltet sich sehr mühsam und ist nur in den einfachsten Fällen erfolgreich. Eine Möglichkeit, physikalisch brauchbare Lösungen derartiger, vektorieller Differentialgleichungen zu finden, besteht in der *Projektion* dieser Gleichungen auf geeignet gewählte Vektoren oder Vektorfelder $\vec{v}$. Gilt z.B.

$$L\,\vec{f}(x_1, x_2, ..., x_n) = \vec{g}(x_1, x_2, ..., x_n) \qquad (3.2.3.12)$$

und sind $\vec{v}$, $\vec{f}$ und $\vec{g}$ $n$-dimensionale Vektoren, so ergibt die Projektion von (3.2.3.12) auf $\vec{v}$:

$$\vec{v} \cdot (L\,\vec{f}) = \vec{v} \cdot \vec{g} \qquad (3.2.3.12')$$

skalare Differentialgleichungen für jede Wahl von $\vec{v}$. Unklar ist allerdings, ob diese skalaren Differentialgleichungen separierbar sind und ob sich aus den Lösungen von (3.2.3.12′) für $n$ unterschiedliche $\vec{v}$ die Lösungen von (3.2.3.12) zusammensetzen lassen.

Beim Arbeiten mit Gleichungen, welche den Laplace-Operator $\Delta$ enthalten, sind in diesem Zusammenhange die beiden folgenden Umformung von Bedeutung:

$$\vec{e} \cdot (\Delta\,\underline{\vec{Z}}(\vec{r})) = \Delta(\vec{e} \cdot \underline{\vec{Z}}(\vec{r})) , \qquad (3.2.3.13)$$

$$\vec{r} \cdot (\Delta\,\underline{\vec{Z}}(\vec{r})) = \Delta(\vec{r} \cdot \underline{\vec{Z}}(\vec{r})) - 2 \cdot \operatorname{div}\,\underline{\vec{Z}}(\vec{r}) . \qquad (3.2.3.14)$$

Im ersten Fall wird auf einen Einheitsvektor $\vec{e}$ bzw. ein homogenes Vektorfeld $\vec{e}$, im zweiten Fall auf den Ortsvektor $\vec{r}$, also auf ein kugelsymmetrisches Vektorfeld projiziert. Damit gelingt es offenbar, den vektoriellen Laplace-Operator durch den skalaren Laplace-Operator zu ersetzen. Im zweiten Falle tritt ein Zusatzterm auf, der bei divergenzfreien Vektorfeldern $\underline{\vec{Z}}$ verschwindet. Dieselben Gleichungen gelten übrigens auch im zweidimensionalen Fall für die entsprechenden Operatoren $\Delta_T$ und $\operatorname{div}_T$.

---

* $\omega$ ist allenfalls durch $\underline{\omega}$ zu ersetzen und die Realteilbildung wegzulassen.

### 3.2.4 Greensche Funktionen, retardierte Potentiale

Eine Methode zur formalen Integration von Differentialgleichungen vom Typ (3.2.3.1) besteht im wesentlichen darin, die Inhomogenität $g$ zu zerlegen – was wegen der Linearität von $L$ möglich ist – und zwar nicht in harmonische Funktionen, wie etwa bei der Fourier-Zerlegung, sondern in sogenannte Diracsche $\delta$-Funktionen, welche überall verschwinden, außer in einem Punkt $x'_1, x'_2 ... x'_n$, in dem sie einen unendlich großen Wert annehmen und zwar so, daß das Integral über den gesamten Raum über die $\delta$-Funktion den Wert 1 ergibt*.

Beschränken wir uns auf den dreidimensionalen Raum, so wird die lineare Differentialgleichung

$$L\, f(\vec{r}) = g(\vec{r}) \tag{3.2.4.1}$$

zunächst durch die ebenfalls lineare Differentialgleichung

$$L\, G(\vec{r}, \vec{r}\,') = \delta(\vec{r} - \vec{r}\,') \tag{3.2.4.2}$$

ersetzt. $G$ wird Greensche Funktion genannt. Ist $L$ speziell der Laplace-Operator, $f$ das skalare Potential der Elektrostatik, so liegt eine physikalische Interpretation der $\delta$-Funktion in (3.2.4.2) auf der Hand: $\delta$ repräsentiert dann – bis auf die maßsystemabhängige Dielektrizitätskonstante – eine Punktladung in einem beliebigen Punkt $\vec{r}\,'$. Das Potential dieser Punktladung ist dann eine spezielle Lösung von (3.2.4.2), also eine spezielle Greensche Funktion. Dazu läßt sich natürlich jede beliebige Lösung der zugehörigen homogenen Gleichung (der Laplace-Gleichung) addieren, was sich erübrigt, wenn diese Methode nur zum Auffinden einer speziellen Lösung der inhomogenen Gleichung herangezogen wird, wie dies im folgenden der Fall ist. Von besonderer Bedeutung sind spezielle Greensche Funktionen, welche – wie oben – eine einfache physikalische Bedeutung zulassen. Physikalisches Wissen hilft hier oft weiter.

Ist die (bzw. eine spezielle) Greensche Funktion für alle Werte von $\vec{r}$ und $\vec{r}\,'$ im Feldgebiet bekannt, so ergibt sich sofort eine spezielle Lösung von (3.2.4.1) durch Superposition. Es gilt:

$$g(\vec{r}) = \int \delta(\vec{r} - \vec{r}\,') g(\vec{r}\,')\, \mathrm{d}V' \tag{3.2.4.3}$$

und

$$f(\vec{r}) = \int G(\vec{r}, \vec{r}\,') g(\vec{r}\,')\, \mathrm{d}V'\,, \tag{3.2.4.4}$$

---

* Die $\delta$-Funktion verdient den Namen Funktion an sich nicht. (Die Integration im sonst üblichen Riemannschen Sinne ist z.B. nicht möglich.) Es handelt sich dabei um eine sogenannte Distribution, welche von Dirac in die Physik eingeführt wurde. Die dazu passenden mathematischen Grundlagen wurden erst später 'nachgeliefert'. Sie werden hier nicht weiter behandelt und sind beispielsweise in [G3] dargestellt. Eine ausführliche Behandlung der Greenschen Funktionen ohne Verwendung von Distributionen ist im Standardwerk der mathematischen Physik von R.Courant, D.Hilbert [C2] zu finden.

wobei über die gestrichenen Größen integriert wird.

In der Elektrostatik bildet die Poisson-Gleichung

$$\Delta\phi(\vec{r}) = -\rho(\vec{r})/\epsilon \tag{3.2.4.5}$$

den Ausgangspunkt (siehe auch (3.2.1.17′)). Ersetzt man $\rho$ durch eine Punktladung $Q$ am Orte $\vec{r}'$, so ergibt sich aus dem Gaußschen Satz mit Berücksichtigung der Kugelsymmetrie das Potential

$$\phi'(\vec{r}) = \frac{Q(\vec{r}')}{4\pi\epsilon|\vec{r} \quad \vec{r}'|} \tag{3.2.4.5}$$

und somit die Greensche Funktion

$$G(\vec{r},\vec{r}') = \frac{1}{-4\pi|\vec{r}-\vec{r}'|} \tag{3.2.4.6}$$

als Lösung von

$$\Delta G(\vec{r},\vec{r}') = \delta(\vec{r}-\vec{r}')\,. \tag{3.2.4.7}$$

Als spezielle Lösung der Poisson-Gleichung (3.2.4.5) findet man mit (3.2.4.4) sofort die 'Coulomb-Integrale'

$$\phi(\vec{r}) = \int \frac{\rho(\vec{r}')}{4\pi\epsilon|\vec{r}-\vec{r}'|}\,\mathrm{d}V'\,, \tag{3.2.4.8}$$

bei welchen über das gesamte Feldgebiet bzw. über das Gebiet mit $\rho \neq 0$ integriert wird.

Die entsprechende, vektorielle Poisson-Gleichung (3.2.1.18′) der Magnetostatik kann ganz analog integriert werden. Zunächst muß sie aber durch Projektionen der Form (3.2.3.13) auf drei linear unabhängige Einheitsvektoren $\vec{e}_i$, $i = 1,2,3$ in drei skalare Poisson-Gleichungen

$$\Delta\vec{A}_i(\vec{r}) = -\mu\vec{j}_i(\vec{r})\,, \quad i = 1,2,3 \tag{3.2.4.9}$$

mit den speziellen Lösungen

$$A_i(\vec{r}) = \int \frac{\mu j_i(\vec{r}')}{4\pi|\vec{r}-\vec{r}'|}\,\mathrm{d}V'\,, \quad i = 1,2,3 \tag{3.2.4.10}$$

zerlegt werden, wobei der tiefgestellte Index i die Vektorkomponenten bzw. die Projektionen der betreffenden Vektoren auf die Einheitsvektoren $\vec{e}_i$ bezeichnet. Setzt man die Vektoren $\vec{A}$ und $\vec{j}$ wieder aus ihren Komponenten zusammen, so findet man die vektoriellen Coulomb-Integrale:

$$\vec{A}(\vec{r}) = \int \frac{\mu\vec{j}(\vec{r}')}{4\pi|\vec{r}-\vec{r}'|}\,\mathrm{d}V'\,. \tag{3.2.4.10′}$$

Eine geringfügige Komplizierung ergibt die Behandlung der skalaren Helmholtz-Gleichung (3.2.3.11). Die zugehörige Greensche Funktion gehorcht der Differentialgleichung

$$(\Delta + \underline{k}^2)\underline{G}(\vec{r},\vec{r}\,') = \delta(R)\,, \tag{3.2.4.11}$$

wobei die Abkürzungen $\vec{R} = \vec{r} - \vec{r}\,'$ und $R = |\vec{R}|$ eingeführt wurden. Da nur eine spezielle Lösung von (3.2.4.11) gesucht wird und die Inhomogenität $\delta(\vec{R})$ bezüglich $\vec{r} = \vec{r}\,'$ kugelsymmetrisch ist, kann auch für $\underline{G}$ Kugelsymmetrie vorausgesetzt werden. (3.2.4.11) vereinfacht sich damit* beträchtlich:

$$\frac{1}{R}\left(\frac{\partial^2}{\partial R^2} + \underline{k}^2\right)(R\underline{G}) = \delta(R)\,. \tag{3.2.4.12}$$

Diese Gleichung besitzt die physikalisch interessanten Lösungen:

$$\underline{G}(\vec{r},\vec{r}\,') = \frac{e^{\pm i\underline{k}|\vec{r}-\vec{r}\,'|}}{-4\pi|\vec{r}-\vec{r}\,'|}\,. \tag{3.2.4.13}$$

Zusammen mit der harmonischen Zeitabhängigkeit (3.1.1.9) beschreibt die Greensche Funktion mit dem positiven Vorzeichen im Exponenten eine von $\vec{r}\,' = 0$ kugelsymmetrisch auslaufende Welle. Das negative Vorzeichen gehört entsprechend zu einer einlaufenden Welle. Integriert man wieder gemäß (3.2.4.4), so ergeben sich die Integrale:

$$\underline{Z}^{\pm}(\vec{r}) = \int \frac{\underline{Y}(\vec{r}\,')e^{\pm i\underline{k}|\vec{r}-\vec{r}\,'|}}{-4\pi|\vec{r}-\vec{r}\,'|}\,\mathrm{d}V'\,. \tag{3.2.4.14}$$

Für vektorielle Helmholz-Gleichungen läßt sich wieder die Projektionsmethode anwenden und es ergeben sich formal dieselben Integrale, wobei lediglich $\underline{Y}$ und $\underline{Z}$ durch $\vec{\underline{Y}}$ und $\vec{\underline{Z}}$ zu ersetzen sind.

Um schließlich eine Integration der skalaren, inhomogenen Wellengleichung (3.2.3.10) zu erreichen, benützt man Greensche Funktionen, welche der Gleichung

$$(\Delta - \mu\sigma\frac{\partial}{\partial t} - \mu\epsilon\frac{\partial^2}{\partial t^2})\underline{G}(\vec{r},\vec{r}\,',t,t') = \delta(\vec{r}-\vec{r}\,')\delta(t-t') \tag{3.2.4.15}$$

genügen und führt diese bequemerweise zunächst mit einer Fouriertransformation (3.1.1.8) in eine skalare, inhomogene Helmholtz-Gleichung über, welche im wesentlichen bereits untersucht wurde:

$$(\Delta + \underline{k}^2)\underline{G}(\vec{r},\vec{r}\,',\omega,t') = \frac{1}{\sqrt{2\pi}}\delta(R)e^{i\omega t'}\,. \tag{3.2.4.16}$$

Vergleicht man diese Gleichung mit (3.2.4.11), so ergibt sich aus (3.2.4.13):

$$\underline{G}(\vec{r},\vec{r}\,',\omega,t') = \frac{e^{i\omega t' \pm i\underline{k}|\vec{r}-\vec{r}\,'|}}{-4\pi\sqrt{2\pi}|\vec{r}-\vec{r}\,'|}\,. \tag{3.2.4.17}$$

---

* Die Beschreibung des Laplace-Operators in Kugelkoordinaten ist in Unterabschnitt 3.3.3 zu finden. Wegen der Kugelsymmetrie bleibt davon lediglich der radiale Anteil.

Die gemäß (3.1.1.8′) Rücktransformierte von (3.2.4.17):

$$\underline{G}(\vec{r},\vec{r}\,',t,t') = \int \frac{e^{i(\omega(t'-t)\pm\underline{k}|\vec{r}-\vec{r}\,'|)}}{-8\pi^2|\vec{r}-\vec{r}\,'|}\,\mathrm{d}\omega \tag{3.2.4.18}$$

läßt sich für verlustfreie Medien mit $\underline{k} = k = \omega\sqrt{\mu\epsilon}$ leicht vereinfachen zu:

$$\underline{G}(\vec{r},\vec{r}\,',t,t') = \frac{\delta(t'-t\pm\sqrt{\mu\epsilon}\cdot|\vec{r}-\vec{r}\,'|)}{-4\pi|\vec{r}-\vec{r}\,'|}\,. \tag{3.2.4.19}$$

Die Inhomogenität von (3.2.4.15) kann als Punktladung im Punkt $\vec{r}\,'$ interpretiert werden, welche zu allen Zeiten, außer $t = t'$ verschwindet. Die Greensche Funktion (3.2.4.18 bzw.19) ist dann das Potential dieser Punktladung am Ort $\vec{r}$ zur Zeit $t$. Betrachtet man (3.2.4.19) etwas genauer, so stellt man fest, daß das Potential zu einem Zeitpunkt $t > t'$ ungleich Null ist, falls das obere (positive) Vorzeichen in der Delta-Funktion gewählt wird, daß also die Wirkung der Inhomogenität – welche als Ursache für das Potential zu betrachten ist – mit Verspätung in einem von $\vec{r}\,'$ entfernten Punkt $\vec{r}$ eintrifft. Dies erklärt den hierfür gebräuchlichen Ausdruck 'retardiertes Potential'. Die Geschwindigkeit, mit der sich die Information vom plötzlichen Auftreten der Punktladung im Punkt $\vec{r}\,'$ kugelsymmetrisch ausbreitet, ist offenbar $v = 1/\sqrt{\mu\epsilon}$, die Lichtgeschwindigkeit im betreffenden Medium. Im Vakuum ist dies $c = 1/\sqrt{\mu_0\epsilon_0}$. Das untere (negative) Vorzeichen in (3.2.4.19) beschreibt ein 'avanciertes Potential', bei dem die Wirkung der Ursache mit Lichtgeschwindigkeit vorangeht. Diese Lösung wird – wegen der Verletzung der Kausalität – normalerweise ausgeschlossen. Die gesuchte, spezielle Lösung der inhomogenen Wellengleichung (3.2.3.10) erhält man wiederum durch Superposition, wobei hier über das Feldgebiet und über die Zeit integriert werden muß:

$$\underline{Z}(\vec{r},t) = \iint \underline{G}(\vec{r},\vec{r}\,',t,t')\underline{Y}(\vec{r}\,',t')\,\mathrm{d}V'\,\mathrm{d}t'\,. \tag{3.2.4.20}$$

Im Falle verlustfreier Medien kann die Integration über die Zeit mit (3.2.4.19) durchgeführt werden und es bleibt eine Integration über $\vec{r}\,'$, welche eine starke Ähnlichkeit mit (3.2.4.8) aufweist:

$$\underline{Z}(\vec{r},t) = \int \frac{\underline{Y}(\vec{r}\,',t')\Big|_{t'=t-\sqrt{\mu\epsilon}\cdot|\vec{r}-\vec{r}\,'|}}{-4\pi|\vec{r}-\vec{r}\,'|}\,\mathrm{d}V'\,. \tag{3.2.4.21}$$

Selbstverständlich läßt sich die Projektionsmethode auch im Falle vektorieller, inhomogener Wellengleichungen anwenden, so daß sich eine explizite Durchführung einer entsprechenden Rechnung erübrigt und lediglich $\underline{Y}$, $\underline{Z}$ durch $\underline{\vec{Y}}$, $\underline{\vec{Z}}$ zu ersetzen sind.

Die Behandlung zweidimensionaler Probleme mit Greenschen Funktionen kann in Anlehnung an das Bisherige durchgeführt werden. Da die unendlich lange, gerade, homogene Linienladung $\lambda$ die Rolle der Punktladung $Q$ übernimmt, ist klar, daß in den statischen Gleichungen im wesentlichen lediglich die Ausdrücke $1/(-4\pi|\vec{r} - \vec{r}'|)$ durch $2\pi \ell n(|\vec{r}_T - \vec{r}_T{}'|)$ ersetzt werden müssen. Anstelle der Gleichung (3.2.4.12) ergibt sich eine Besselsche Differentialgleichung nullter Ordnung, mit den speziellen Lösungen $H_0^{(1,2)}(\underline{\kappa}\vec{r}_T)/2\pi$, wobei $H$ die Hankelfunktionen (nullter Ordnung und erster bzw. zweiter Gattung) bezeichnen* und aus- bzw. einlaufende, rotationssymmetrische (Zylinder-)Wellen beschreiben, welche den Kugelwellen (3.2.4.13) entsprechen. Auf eine ausdrückliche Rechnung wird hier verzichtet.

Zusammenfassend kann gesagt werden, daß die Methode der Greenschen Funktionen es ermöglicht, spezielle Lösungen inhomogener Differentialgleichungen, insbesondere der hier besonders interessierenden Poisson-, Helmholtz- und Wellengleichungen in Form von Integralen (3.2.4.8,10,21) anzugeben. Daß diese Integrale in den meisten Fällen numerisch ausgewertet werden müssen und können, versteht sich. Als Hauptaufgabe bleibt nun noch die Suche nach der allgemeinen Lösung der zugehörigen homogenen Differentialgleichungen, was mathematisch sehr anspruchsvoll ist. Praktisch genügt es aber sehr oft, Approximationen einzelner, technisch interessanter Lösungen anzugeben, so daß Fragen nach der Vollständigkeit etc. von untergeordnetem Interesse sind. Ist das Feldgebiet begrenzt, so ergeben die obigen Integrale sofort gewisse Lösungen der homogenen Differentialgleichungen, sofern die Funktionen $g, \rho, \vec{j}, \underline{Y}$ etc. - also die Inhomogenitäten - *innerhalb* des Feldgebietes verschwinden, bei den entsprechenden Integralen also nicht über das Feldgebiet selber integriert wird. Damit steht eine beliebig große Auswahl an Lösungen der homogenen Gleichungen zur Verfügung und es stellt sich das Problem einer geeigneten Auswahl.

Eine andere Möglichkeit zur Herleitung von Lösungen der homogenen Gleichungen ergibt sich aus der Methode der Separation der Variablen, welche im letzten Unterabschnitt besprochen wurde, unter Verwendung geeigneter Koordinatensysteme. (Siehe auch Abschnitt 3.3)

Die Lösungsvielfalt wird eingeschränkt durch gewisse Bedingungen, denen die Feldgrößen auf dem Rand des Feldgebietes genügen müssen. Diese werden im folgenden Unterabschnitt hergeleitet und diskutiert.

---

* Beschreibungen der Hankelfunktionen und anderer spezieller Funktionen finden sich im Abschnitt 3.3 und in den verschiedensten mathematischen Nachschlagewerken. Empfehlenswert sind insbesondere [A1],[G2].

### 3.2.5 Stetigkeits- und Randbedingungen

Die Annahme der Homogenität d.h. der Ortsunabhängigkeit der Materialeigenschaften ist zwar sehr angenehm und nützlich bei der Weiterverarbeitung der Maxwell-Gleichungen, schränkt aber die Anwendungsmöglichkeiten sehr stark ein. Um nicht alles zu verlieren und von vorne beginnen zu müssen, wird diese Annahme in etwas gelockerter Form beibehalten: Es wird lediglich stück- bzw. gebietsweise Homogenität vorausgesezt, so daß alles bisher Gesagte - innerhalb gewisser Gebiete - weiterhin gilt. Damit erhöht sich die Anwendbarkeit sehr stark.

Zu untersuchen sind nun die Auswirkungen der Maxwell-Gleichungen auf die Ränder von Gebieten, auf denen die, von den Maxwell-Gleichungen abgeleiteten Gleichungen - wegen der Inhomogenität der Materialeigenschaften - nicht gelten. Dazu werden folgende Vereinbarungen getroffen:
- $G_i$ bezeichnet ein Gebiet mit den Materialkonstanten $\mu_i, \epsilon_i, \sigma_i$.
- $G_0$ bezeichnet ein Gebiet mit vorgegebener Feldverteilung. Im folgenden ist $G_0$ meist - als Spezialfall davon - feldfrei.
- $\partial G_{ij}$ bezeichnet die Grenze zwischen $G_i$ und $G_j$. Die *Grenzbedingungen* auf $\partial G_{ij}$ werden ***Stetigkeitsbedingungen*** genannt, falls $i \neq 0$ und $j \neq 0$. Andernfalls heißen sie ***Randbedingungen***.

Zur Herleitung der Grenzbedingungen benützt man die Maxwell-Gleichungen in Integralform und wählt geeignete Integrationsgebiete, welche den Rand umschließen. Figur 3.2.5.1 veranschaulicht dies.

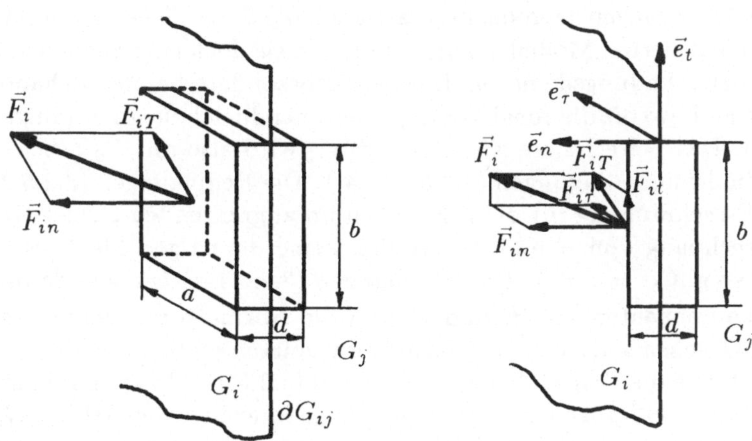


Figur 3.2.5.1

Die Integrationsgebiete werden so klein vorausgesetzt, daß die Feldgrößen innerhalb der Integrationsgebiete, in den Gebieten $G_i, G_j$ als konstant und der Rand $\partial G_{ij}$ als eben betrachtet werden können. Für die Volumina $V$ in (3.1.2.3,4) werden am einfachsten Quader mit zwei Seitenflächen parallel zur Trenn'ebene' $\partial G_{ij}$, für die Flächen $F$ in (3.1.2.1,2) Rechtecke mit zwei Seiten vertikal zur Trenn'ebene' verwendet. Läßt man die Dicke $d$ der Quader und die Höhen $h$ gegen Null streben, so ergeben sich aus den Maxwell-Gleichungen (3.1.2.1-4) folgende Grenzbedingungen:

$$E_{it} - E_{jt} = 0\,, \qquad \text{auf } \partial G_{ij}\,, \tag{3.2.5.1}$$
$$H_{it} - H_{jt} = \alpha_\tau\,, \qquad \text{auf } \partial G_{ij}\,, \tag{3.2.5.2}$$
$$D_{in} - D_{jn} = \varsigma\,, \qquad \text{auf } \partial G_{ij}\,, \tag{3.2.5.3}$$
$$B_{in} - B_{jn} = 0\,, \qquad \text{auf } \partial G_{ij}\,. \tag{3.2.5.4}$$

Die Indices $t$ und $\tau$ bezeichnen (zueinander orthogonale) tangentiale, der Index $n$ normale Feldkomponenten zum Rand $\partial G_{ij}$. $\vec{\alpha}$ ist die Oberflächenstromdichte, $\varsigma$ die Oberflächenladungsdichte auf dem Rand. Eine gewisse Vorsicht ist bei der Wahl von Vorzeichen und Richtungen geboten: Die Flächennormale $\vec{e}_n$ und das Vektorprodukt $\vec{e}_t \times \vec{e}_\tau$ der beiden Tangentenvektoren zeigen *in* das Gebiet $G_i$ hinein. Andernfalls ergäben sich umgekehrte Vorzeichen.

Die Randbedingungen auf der Grenze von $G_i$ zu einem feldfreien Gebiet $G_0$

$$E_{it} = 0\,, \qquad \text{auf } \partial G_{i0}\,, \tag{3.2.5.1'}$$
$$H_{it} = \alpha_\tau\,, \qquad \text{auf } \partial G_{i0}\,, \tag{3.2.5.2'}$$
$$D_{in} = \varsigma\,, \qquad \text{auf } \partial G_{i0}\,, \tag{3.2.5.3'}$$
$$B_{in} = 0\,, \qquad \text{auf } \partial G_{i0} \tag{3.2.5.4'}$$

sind mit den obigen Abmachungen in den Grenzbedingungen (3.2.5.1-4) mit $j = 0$ bereits enthalten und werden deshalb im folgenden nicht mehr explizite notiert.

Sowohl die Oberflächenstromdichte $\vec{\alpha}$ als auch die Oberflächenladungsdichte $\varsigma$ treten nur in idealisierten Modellen auf, beinhalten sie doch eine unendlich hohe Stromdichte $\vec{j}$ bzw. Ladungsdichte $\rho$. Dies ist insbesondere bei der Behandlung von Leitern der Fall, wo oft die Idealisierung einer unendlich hohen Leitfähigkeit $\sigma$ verwendet wird. Das Leiterinnere ist dann feldfrei (wird also mit $G_0$ bezeichnet) und es gelten die Randbedingungen (3.2.5.1′ − 4′). Die Bedingungen (3.2.5.2′, 3′) ergeben keine Einschränkung für die Feldgrößen im angrenzenden Gebiet $G_i$. Sie dienen zur Berechnung von $\vec{\alpha}$ und $\varsigma$. Werden keine derartigen Idealisierungen vorgenommen, so gilt $\vec{\alpha} = \varsigma = 0$. Die Gleichungen (3.2.5.1-4) besagen dann, daß die Tangentialkomponenten von $\vec{E}$ und $\vec{H}$ und die Normalkomponenten von $\vec{D}$ und $\vec{B}$ auf den Grenzen zwischen verschiedenen Gebieten stetig verlaufen.

Es stellt sich nun die Frage, ob die Gleichungen (3.2.5.1-4) linear unabhängige Bedingungen für die Feldgrößen darstellen, welche ja innerhalb der Gebiete $G_i, G_j$ den Maxwell-Gleichungen genügen. Verwendet man ein kartesisches Koordinatensystem mit der $x$-Achse senkrecht zum Rand, in einem beliebigen Randpunkt $P$, so lautet die Gleichung für die $x$-Komponente von (3.1.1.1)

$$E_{z,y} - E_{y,z} = -B_{x,t}\,, \tag{3.2.5.5}$$

wobei wieder die Schreibweise (2.5.1.4) benützt wurde. Da die Tangentialkomponenten $E_y, E_z$ von $\vec{E}$ gemäß (3.2.5.1) im Randpunkt $P$ und in dessen Umgebung auf der Tangentialebene stetig verlaufen, sind auch deren Ableitungen in Tangentenrichtung $(y, z)$ und - wegen (3.2.5.5) - die zeitliche Ableitung von $B_x = B_n$ stetig. (3.2.5.4) folgt demnach aus (3.2.5.1), sofern die Stetigkeit von $B_n$ für einen beliebigen Zeitpunkt garantiert ist. Bei Einschaltvorgängen - wo alle Feldgrößen für $t < t_0$ verschwinden und somit trivialerweise stetig sind - ist dies der Fall. Im übrigen kann eine Fourieranalyse durchgeführt werden. Für die einzelnen Fourierkomponenten kann dann die zeitliche Ableitung in (3.2.5.5) durch eine Multiplikation mit $-i\omega$ ersetzt werden, so daß die Stetigkeit von $B_n$ direkt folgt und zwar für alle Frequenzen außer $\omega = 0$. Daß (3.2.5.4) im statischen Fall $(\omega = 0)$ nicht aus (3.2.5.1) folgt, ist verständlich, sind doch dann $\vec{E}$ und $\vec{B}$ - gemäß Unterabschnitt 3.1.4 - nicht mehr gekoppelt. Entsprechend kann - wegen der zweiten Maxwell-Gleichung (3.1.1.2) - vermutet und gezeigt werden, daß (3.2.5.3) im wesentlichen aus (3.2.5.2) folgt, falls $\alpha_\tau = \varsigma = 0$ gilt. Ist $\alpha_\tau \neq 0$, so kompliziert sich die Sachlage, sind doch dann $\vec{\alpha}$ und $\varsigma$ dem Ladungserhaltungssatz unterworfen. Wie schon im oben besprochenen Fall idealer Leiter, stellen jedoch (3.2.5.2,3) bei nichtverschwindenden rechten Seiten keine Einschränkungen für $\vec{H}$ und $\vec{D}$ sondern Bestimmungsgleichungen für $\vec{\alpha}$ und $\varsigma$ dar, wenn $\vec{\alpha}$ und $\varsigma$ nicht vorgegeben sind.

Aus theoretischen Gründen können also die Bedingungen (3.2.5.3,4) - mit Ausnahme der Statik - weggelassen werden, wenn die Bedingungen (3.2.3.1,2) auf dem ganzen Rand und die Maxwell-Gleichungen in den angrenzenden Gebieten erfüllt sind. Bei der Diskussion der numerischen Methoden wird sich zeigen, daß dies von einiger Bedeutung ist. Im Hinblick auf die Numerik ist ein weiterer Umstand zu beachten: Wird - wie hier und in der technischen Literatur üblich - das MKSA-System verwendet, so sind die einzelnen Feldgrößen mit unterschiedlichen Maßeinheiten versehen und nehmen deshalb recht unterschiedliche numerische Werte an, was praktisch sehr unangenehme Folgen haben kann. Um derartige numerische Probleme zu vermeiden, empfiehlt es sich, ein einheitliches Maß für die Feldgrößen zu suchen. Ein solches ergibt sich aus der Energiedichte des Feldes, welche im nächsten Unterabschnitt angegeben wird. Zuvor sollen aber die Grenzbedingungen für einige wichtige Spezialfälle aufgelistet werden.

In homogen, linear, isotropen Medien werden $\vec{D}$ und $\vec{B}$ üblicherweise mit Hilfe der Materialgleichungen (3.1.1.5,6) eliminiert, so daß zwischen zwei solchen Gebieten die Grenzbedingungen

$$E_{it} - E_{jt} = 0\,, \qquad \text{auf } \partial G_{ij}\,, \qquad (3.2.5.1h)$$

$$H_{it} - H_{jt} = \alpha_\tau\,, \qquad \text{auf } \partial G_{ij}\,, \qquad (3.2.5.2h)$$

$$\epsilon_i E_{in} - \epsilon_j E_{jn} = \varsigma\,, \qquad \text{auf } \partial G_{ij}\,, \qquad (3.2.5.3h)$$

$$\mu_i H_{in} - \mu_j H_{jn} = 0\,, \qquad \text{auf } \partial G_{ij} \qquad (3.2.5.4h)$$

gelten.

Bei harmonischer Zeitabhängigkeit (3.1.1.9) gelten dieselben Grenzbedingungen für die (komplexen) Amplituden der Feldgrößen und brauchen nicht extra notiert zu werden. Interessant ist die Herleitung von Grenzbedingungen aus den Maxwell-Gleichungen (3.1.1.10″ – 13″) für quellenfreie, linear, homogen, isotrope

Gebiete bei harmonischer Zeitabhängigkeit: Die Gleichungen (3.1.1.12″, 13″) entsprechen zwar den Gleichungen (3.1.1.12,13), der Schluß, daß $\underline{E}_n$ und $\underline{H}_n$ stetig auf $\partial G_{ij}$ seien, erweist sich jedoch als falsch, da zur Herleitung von (3.1.1.12″, 13″) $\epsilon = const.$ und $\mu = const.$ benützt wurde. Es gelten hier wegen der Quellenfreiheit die folgenden, homogenen Grenzbedingungen:

$$\underline{E}_{it} - \underline{E}_{jt} = 0\,, \qquad \text{auf } \partial G_{ij}\,, \tag{3.2.5.1h'}$$

$$\underline{H}_{it} - \underline{H}_{jt} = 0\,, \qquad \text{auf } \partial G_{ij}\,, \tag{3.2.5.2h'}$$

$$\epsilon_i \underline{E}_{in} - \epsilon_j \underline{E}_{jn} = 0\,, \qquad \text{auf } \partial G_{ij}\,, \tag{3.2.5.3h'}$$

$$\mu_i \underline{H}_{in} - \mu_j \underline{H}_{jn} = 0\,, \qquad \text{auf } \partial G_{ij}\,. \tag{3.2.5.4h'}$$

Wendet man die Divergenz auf (3.1.1.11″) an, so folgt mit (2.5.1.10) und dem Gaußschen Satz (2.4.1.9″) eine Gleichung, welche (3.2.5.3$h'$) stark ähnlich ist:

$$\underline{\epsilon}'_i \underline{E}_{in} - \underline{\epsilon}'_j \underline{E}_{jn} = 0\,, \qquad \text{auf } \partial G_{ij}\,. \tag{3.2.5.3h''}$$

Die beiden Gleichungen unterscheiden sich im wesentlichen durch die Terme $\sigma \underline{E}_n$, also die Normalkomponenten des Leitungsstromes, welche deshalb ebenfalls stetig sein müssen, was auch direkt aus dem Ladungserhaltungssatz folgt, wenn beachtet wird, daß auf dem Rand keine Ladungen gespeichert werden können:

$$\sigma_i \underline{E}_{in} - \sigma_j \underline{E}_{jn} = 0\,, \qquad \text{auf } \partial G_{ij}\,. \tag{3.2.5.3hl}$$

Die Grenzbedingungen, welche den Maxwell-Gleichungen für zylindrische Probleme (3.1.1.18-21) angepaßt sind, liegen damit auf der Hand. Meist werden dabei die Tangentialkomponenten in $z$-Richtung und senkrecht dazu separat notiert, so daß $t$ nur die Tangentenrichtung in der Transversalebene bezeichnet:

$$\underline{E}_{iz} - \underline{E}_{jz} = 0\,, \qquad \text{auf } \partial G_{ij}\,, \tag{3.2.5.1z}$$

$$\underline{E}_{it} - \underline{E}_{jt} = 0\,, \qquad \text{auf } \partial G_{ij}\,, \tag{3.2.5.1t}$$

$$\underline{H}_{iz} - \underline{H}_{jz} = 0\,, \qquad \text{auf } \partial G_{ij}\,, \tag{3.2.5.2z}$$

$$\underline{H}_{it} - \underline{H}_{jt} = 0\,, \qquad \text{auf } \partial G_{ij}\,, \tag{3.2.5.2t}$$

$$\epsilon_i \underline{E}_{in} - \epsilon_j \underline{E}_{jn} = 0\,, \qquad \text{auf } \partial G_{ij}\,, \tag{3.2.5.3n}$$

$$\underline{\epsilon}'_i \underline{E}_{in} - \underline{\epsilon}'_j \underline{E}_{jn} = 0\,, \qquad \text{auf } \partial G_{ij}\,, \tag{3.2.5.3n'}$$

$$\sigma_i \underline{E}_{in} - \sigma_j \underline{E}_{jn} = 0\,, \qquad \text{auf } \partial G_{ij}\,, \tag{3.2.5.3n''}$$

$$\mu_i \underline{H}_{in} - \mu_j \underline{H}_{jn} = 0\,, \qquad \text{auf } \partial G_{ij}\,. \tag{3.2.5.4n}$$

### 3.2.6 Variationsintegrale, Energie

Im Abschnitt 3.1 wurde darauf hingewiesen, daß den Differential- und Integralformen der Maxwell-Gleichungen unterschiedliche physikalische Konzepte zu Grunde liegen. Beiden Formen ist aber eine starke Bindung zur Praxis gemein: Der Weg von den Maxwell-Gleichungen zur Erklärung und Berechnung elektrodynamischer Phänomene ist recht kurz. Von einem mehr philosophischen Standpunkt aus gesehen, scheint die Auswahl der Phänomene, die sich in den Maxwell-Gleichungen direkt manifestieren, allzu willkürlich. So bereitet es beispielsweise einige Mühe, das Induktionsgesetz, welches in der ersten Maxwell-Gleichung ausformuliert ist, als grundlegend zu akzeptieren. Andererseits sind – wie im Unterabschnitt 3.1.3 gezeigt wurde – verschiedenste Beobachtungen aus dem Bereich der Elektrodynamik, welche grundlegenden Charakter haben dürften, nicht (Quantisierung der Ladungen, Ladungsneutralität des Universums etc.) oder nur indirekt (Ladungserhaltungssatz, Energiesatz etc.) in den Maxwell-Gleichungen enthalten. Denkt man zunächst darüber nach, was überhaupt als 'grundlegender Begriff' und 'Gesetz' gelten kann, so tritt man offenbar nicht von einer pragmatischen, sondern vielmehr einer philosophisch-theologischen Sicht an die Natur und Physik heran. Beobachtungen bedeuten dann Suche nach Manifestationen von (durch Überlegung gefundenen) abstrakten Werten und Gesetzen in der Natur. Eine derartige Bedeutung ist meines Erachtens den Begriffen 'Energie' und 'Wirkung' sowie den verschiedenen 'Erhaltungssätzen' und dem 'Prinzip der kleinsten Wirkung' beizumessen.

Energie, als Manifestation des 'göttlichen Funkens', welcher die Welt in Bewegung hält, ist eine kaum faßbare Größe, welche die verschiedensten Formen annehmen kann. Erinnert man sich beispielsweise an das Einsteinsche Energie-Masse-Äquivalent, so kann man durchaus die Bedeutung des Energieerhaltungssatzes als übergeordete Idee erkennen, bereitet doch die Gleichheit von Energie und Masse dem 'gesunden Menschenverstand', d.h. dem 'praktisch' veranlagten Naturbeobachter, etwelche Mühe. Aus philosophisch-theologischer Sicht ist hingegen die Untersuchung der Wandelbarkeit der Energie weit mehr als nur praktisch motiviert, obwohl dies stets kaum absehbare (technische und technologische) Folgen hat.

Nimmt man das gewaltige philosophische Gewicht, welches auf dem Begriff Energie – ungeachtet dessen, was sich schließlich als Energie in der Natur auffinden läßt – lastet, als gegeben an, so wird klar, daß das Postulat der Unzerstörbarkeit, d.h. ein Erhaltungssatz nahe liegt und schließlich dogmatisch verfochten werden wird. Ebenfalls naheliegend erscheint ein 'Prinzip der kleinsten Energie', welches, theologisch gesprochen, aussagt, daß Gott die Welt ideal eingerichtet hat, so daß 'der göttliche Funke' die größtmögliche Wirkung zeigt, oder um der Elektrodynamik etwas näher zu kommen, die Kraftfelder sind so gestaltet, daß jede kleine Änderung dieser Felder eine Erhöhung der darin insgesamt enthaltenen Energie bedeutet. Diese Vermutung bestätigt sich zunächst in der Statik. Die Betrachtung von dynamischen Systemen ergibt hingegen, daß dieses Prinzip aufgegeben werden muß. An dessen Stelle tritt das 'Prinzip der kleinsten Wirkung'. Die

Einführung des abstrakten Begriffes der 'Wirkung' erlaubt gewissermaßen eine formale Beibehaltung des Prinzips und damit der Idee eines idealen Schöpfers. Tatsächlich besteht eine enge Verbindung zwischen Energie und Wirkung, jedoch im allgemeinen keine Einheit.

Historisch haben derartig begründete Theorien, insbesondere die sogenannte Hamiltonsche Mechanik, zu Beginn dieses Jahrhunderts mit der Entwicklung der Quantenmechanik enorm an Bedeutung zugenommen. Interessanterweise haben sie sich in neuerer Zeit aber auch gerade für die numerische Feldberechnung als sehr hilfreich erwiesen. Gründe, wie eine durch die numerische (Un-)Genauigkeit bedingte 'Unschärfe', 'gerechte' Gewichtung unterschiedlicher Bedingungen etc. spielen hier eine Rolle, wie der praktische Umgang mit numerischen Methoden zeigt.

Eine ausführliche Diskussion ist hier weder möglich noch wird sie angestrebt. Die gemachten 'Ausflüge' sollen lediglich auf Zusammenhänge hinweisen, welche die seriöse Behandlung des Energiebegriffes und des 'Prinzips der kleinsten Wirkung' praktisch verunmöglichen. Die Energie des elektromagnetischen Feldes, der zugehörige Erhaltungssatz, Wirkungsintegrale und einige daraus – ohne direkte Verwendung der Maxwell-Gleichungen – ableitbare Differentialgleichungen werden deshalb nur skizziert, die dazu passende Mathematik, die Variationsrechnung* wird vorausgesetzt und recht sorglos gehandhabt.

Die Untersuchung einiger fiktiv durchgeführter Experimente, bei welchen Ladungen und Ströme in elektrischen und magnetischen Feldern verschoben werden, was wiederum eine Arbeitsleistung erfordert, ergibt schließlich folgende Zusammenhänge der Arbeit bzw. Energie mit den Feldgrößen:

$$w_e(\vec{r},t) = \vec{E}(\vec{r},t) \cdot \vec{D}(\vec{r},t)/2\,, \tag{3.2.6.1}$$

$$w_m(\vec{r},t) = \vec{H}(\vec{r},t) \cdot \vec{B}(\vec{r},t)/2\,, \tag{3.2.6.2}$$

wobei $w_e$ die elektrische und $w_m$ die magnetische Energiedichte bezeichnet. Sind Leitungsströme vorhanden, so ergibt sich eine Umwandlung der Feldenergie in (Joulesche) Wärme mit der Verlustleistungsdichte

$$p_j(\vec{r},t) = \vec{E}(\vec{r},t) \cdot \vec{j}_L(\vec{r},t)\,. \tag{3.2.6.3}$$

Soll damit ein Energieerhaltungssatz formuliert werden, so wird man dies in Analogie zum Ladungserhaltungssatz tun. Dazu betrachtet man ein Volumen $V$ mit Rand $\partial V$. Die zeitliche Verminderung der gesamten Feldenergie in $V$ muß der Umwandlung in Wärme und einem Leistungsfluß durch $\partial V$ aus $V$ heraus gleich sein:

$$-\frac{\partial}{\partial t}\int\limits_V (w_e + w_m)\,\mathrm{d}V = \int\limits_V p_j\;\mathrm{d}V + \oint\limits_{\partial V} \vec{S}\;\mathrm{d}\vec{F}\,. \tag{3.2.6.4}$$

Eine Schwierigkeit, hier die Maxwell-Gleichungen ins Spiel zu bringen, besteht darin, daß in (3.1.1.1-4) die zeitlichen Ableitungen von $\vec{D}$ und $\vec{B}$ auftreten, nicht

* Eine ausführliche Beschreibung findet sich beispielsweise in [C2].

aber diejenigen von $\vec{E}$ und $\vec{H}$, welche hier implizite ebenfalls auftreten, gilt doch beispielsweise:

$$\frac{\partial}{\partial t} w_e = (\vec{E} \frac{\partial}{\partial t} \vec{D} + \vec{D} \frac{\partial}{\partial t} \vec{E})/2 \,.$$

Berücksichtigt man die Materialgleichungen (3.1.1.5′ – 7′), so findet man, daß vereinfacht

$$\frac{\partial}{\partial t} w_e = \vec{E} \frac{\partial}{\partial t} \vec{D} \,, \qquad (3.2.6.5)$$

$$\frac{\partial}{\partial t} w_m = \vec{H} \frac{\partial}{\partial t} \vec{B} \qquad (3.2.6.6)$$

geschrieben werden kann, wenn sich die Materialeigenschaften zeitlich nicht ändern. (Zur Veränderung der Materialeigenschaften ist eben auch eine Umwandlung von Energie nötig, was zu zusätzlichen Termen führt, welche hier außer Acht gelassen werden.) Damit lassen sich die Maxwell-Gleichungen in (3.2.6.5,6) und schließlich in (3.2.6.4) einsetzen und es ergibt sich – unter Berücksichtigung von (2.5.3.3)

$$\oint\limits_{\partial V} \vec{S}\, \mathrm{d}\vec{F} = \int\limits_V \mathrm{div}\, (\vec{E} \times \vec{H})\, \mathrm{d}V = -\int\limits_V (\vec{H} \frac{\partial}{\partial t} \vec{B} + \vec{E} \frac{\partial}{\partial t} \vec{D} + \vec{j}_L \vec{E})\, \mathrm{d}V \,. \qquad (3.2.6.7)$$

Beachtet man den Gaußschen Satz (2.4.1.9″), so ergibt sich

$$\vec{S}(\vec{r},t) = \vec{E}(\vec{r},t) \times \vec{H}(\vec{r},t) \,. \qquad (3.2.6.7')$$

$\vec{S}$ wird '*Poyntingvektor*' genannt. Offenbar sind hier keine eingeprägten Ströme vorhanden. Die Erzeugung solcher Ströme durch Generatoren würde eine zusätzliche Energieumwandlung mit entsprechenden Zusatztermen bedeuten. Die hier gezeigte Form des Energiesatzes beschränkt sich also auf den Energietransport im elektromagnetischen Feld und auf die elektrischen Verluste durch Umformung in Wärme, welche übrigens häufig vernachläßigt werden.*

Bei harmonischer Zeitabhängigkeit wird ein komplexer Poyntingvektor

$$\underline{\vec{S}}(\vec{r}) = (\underline{\vec{E}}(\vec{r}) \times \underline{\vec{H}}^*(\vec{r}))/2 \qquad (3.2.6.8)$$

definiert, dessen Realteil dem zeitlichen Mittel des Energieflusses entspricht.** Der Fluß des komplexen Poyntingvektors durch eine geschlossene Fläche $\partial V$ ergibt

* Ausführlichere Behandlungen der verschiedenen Energieformen und der Variationsrechnung, angewendet auf die Elektrodynamik, sind nachzulesen bei [L1],[A2].

** Bezeichnen $\underline{\vec{E}}$ und $\underline{\vec{H}}$ die Effektivwerte anstelle der Spitzenwerte, so entfällt die Division durch 2 in (3.2.6.8).

– in Abwesenheit eingeprägter Ströme und Ladungen – unter Verwendung der Maxwell-Gleichungen (3.1.1.10″ – 13″) in linear, isotropen Materialien*:

$$\oint_{\partial V} \underline{\vec{S}}\, \mathrm{d}\vec{F} = \frac{1}{2}\int_V \mathrm{div}\,(\underline{\vec{E}} \times \underline{\vec{H}}^*)\,\mathrm{d}V = \frac{1}{2}\int_V (i\omega\mu H^2 - i\omega\epsilon E^2 - \sigma E^2)\,\mathrm{d}V\,, \quad (3.2.6.9)$$

wobei $E^2 = \underline{\vec{E}}\underline{\vec{E}}^*$ und $H^2 = \underline{\vec{H}}\underline{\vec{H}}^*$ das Quadrat der Amplituden von $\vec{E}$ und $\vec{H}$ bezeichnet. Der Realteil der Gleichung (3.2.6.9) besagt, daß die im Zeitmittel in das Volumen $V$ hineinfließende Energie in Wärme ($\sigma E^2$) umgewandelt wird. Etwas schwieriger zu verstehen ist der Imaginärteil. In einem geschlossenen Gebiet $V$, bei dem kein Energieaustausch mit der Umgebung stattfindet, folgt:

$$\int_V (\mu H^2 - \epsilon E^2)\,\mathrm{d}V = 0\,, \quad (3.2.6.10)$$

was besagt, daß die mittlere elektrische und die mittlere magnetische Feldenergie einander gleich sind. Die Feldenergie wird also zwischen dem elektrischen und magnetischen Feld hin und her geschoben, wie dies bei einem Schwingkreis der Fall ist. (3.2.6.10) ist die *Resonanzbedingung* eines durch $\partial V$ berandeten Resonators. Daneben muß auch der Realteil und damit die Leitfähigkeit $\sigma$ in $V$ verschwinden. Dieses Modell ist also nur zur Beschreibung verlustfreier Resonatoren brauchbar.**

Betrachtet man ein zylindrisches Gebiet $V$ mit Querschnittsebene $F$, so lautet (3.2.6.9) mit dem Ansatz (3.1.1.17) für harmonische $z,t$-Abhängigkeit:

$$\int_F \underline{S}_z\,\mathrm{d}F\Big|_{z=z_1}^{z=z_2} - \int_{z_1}^{z_2}\oint_{\partial F} \underline{\vec{S}}_T\,\mathrm{d}\vec{\ell}^{\,o}\,\mathrm{d}z = \frac{i\omega}{2}\int_{z_1}^{z_2}\int_F (\mu H^2 - \epsilon E^2 - \frac{\sigma E^2}{i\omega})\,\mathrm{d}F\,\mathrm{d}z\,. \quad (3.2.6.11)$$

Wegen (3.1.1.17) haben die Größen $\underline{S}_z$, $\underline{\vec{S}}_T$, $E^2$ und $H^2$ dieselbe $z$-Abhängigkeit

$$e^{i\underline{\gamma}z}e^{-i\underline{\gamma}^*z} = e^{-2\alpha z}\,. \quad (3.2.6.12)$$

Damit gilt

$$\int_{z_1}^{z_2} \ldots\,\mathrm{d}z = \frac{1}{-2\alpha}\ldots\Big|_{z_1}^{z_2}\,, \quad (3.2.6.12i)$$

so daß sich (3.2.6.11) vereinfachen läßt:

$$-2\alpha\int_F \underline{S}_z\,\mathrm{d}F - \oint_{\partial F} \underline{\vec{S}}_T\,\mathrm{d}\vec{\ell}^{\,o} = \frac{i\omega}{2}\int_F (\mu H^2 - \epsilon E^2 - \frac{\sigma E^2}{i\omega})\,\mathrm{d}F\,. \quad (3.2.6.11')$$

---

* Die Annahme der Homogenität ist nicht nötig, solange $\mu, \epsilon$ und $\sigma$ als Ortsfunktionen unter den Integralen belassen werden.

** Für verlustbehaftete Resonatoren ist es notwendig, eine komplexe Frequenz anzusetzen, was hier nicht explizite gemacht wird.

Für die Longitudinal- und Transversalkomponenten des komplexen Poyntingvektors gilt:

$$\underline{S}_z = \frac{1}{2}\vec{\underline{E}}_T^{\,o} \cdot \vec{\underline{H}}_T^{\,*} = -\frac{1}{2}\vec{\underline{E}}_T \cdot \vec{\underline{H}}_T^{\,o*} , \tag{3.2.6.13z}$$

$$\vec{\underline{S}}_T = \frac{1}{2}(\underline{E}_z \vec{\underline{H}}_T^{\,o*} - \underline{H}_z^* \vec{\underline{E}}_T^{\,o}) , \tag{3.2.6.13T}$$

womit sich (3.2.6.11′) folgendermaßen präsentiert:

$$-\alpha \int\limits_F \vec{\underline{E}}_T^{\,o} \cdot \vec{\underline{H}}_T^{\,*} \,\mathrm{d}F - \frac{1}{2} \oint\limits_{\partial F} (\underline{E}_z \vec{\underline{H}}_T^{\,*} - \underline{H}_z^* \vec{\underline{E}}_T) \,\mathrm{d}\vec{\ell} = \frac{i\omega}{2} \int\limits_F (\mu H^2 - \epsilon E^2 - \frac{\sigma E^2}{i\omega}) \,\mathrm{d}F . \tag{3.2.6.11''}$$

Findet kein Energieaustausch durch den Zylindermantel $\partial F$ statt, so verschwindet das Linienintegral in (3.2.6.11″) und es ergibt sich aus dem Imaginärteil dieser Gleichung eine *Fortpflanzungsbedingung*, welche eine ähnliche Rolle für die geführte Wellenausbreitung spielt, wie die Resonanzbedingung (3.2.6.10) für Resonatoren:

$$\int\limits_F (\mu H^2 - \epsilon E^2) \,\mathrm{d}F = 0 . \tag{3.2.6.14i}$$

Allerdings spielt hier die komplexe Fortpflanzungskonstante $\underline{\gamma}$ die Rolle von $\omega$, während $\omega$ selber als (durch die Generatoren gegebener) Parameter behandelt wird. In verlustfreien Wellenleitern wird $\underline{\gamma} = \beta$ reell. Sind die Feldstärken in der ganzen Querschnittsebene $F$ bekannt, so kann die Dämpfungskonstante $\alpha$ verlustbehafteter Wellenleiter aus dem Realteil von (3.2.6.11″) explizite angegeben werden*:

$$\alpha = \frac{\frac{1}{2}\int\limits_F \sigma E^2 \,\mathrm{d}F}{\int\limits_F \vec{\underline{E}}_T^{\,o} \cdot \vec{\underline{H}}_T^{\,*} \,\mathrm{d}F} . \tag{3.2.6.14r}$$

Der Nenner von (3.2.6.14$r$) entspricht dem mittleren Energiefluß durch die Querschnittsebene $F$ längs der Zylinderachse und wird bequemerweise zu eins normiert. Dies ist möglich, weil über die Amplitude der untersuchten, geführten Welle frei verfügt werden kann. Für offene Wellenleiter, d.h. unberandete Querschnittsflächen $F$ kann zunächst ein künstlicher kreisförmiger Rand mit Radius $r$ eingeführt und der Grenzwert $r \to \infty$ durchgeführt werden, was auf eine sogenannte *Ausstrahlungsbedingung* führt, welche das Verhalten geführter Wellen für $r \to \infty$ eingrenzt.

Zusammenfassend kann gesagt werden, daß sich aus dem Energiesatz Integralgleichungen zur Bestimmung von Eigenwerten (z.B. Resonanzfrequenz und

---

* Es ist leicht einzusehen, daß bei verlustbehafteten Wellenleitern der Imaginärteil der komplexen Frequenz – welcher dort die Dämpfung angibt – aus einer ähnlichen Gleichung, die aus dem Realteil einer entsprechend modifizierten Gleichung (3.2.6.9) folgt, hergeleitet werden kann.

Fortpflanzungskonstante) bei Eigenwertproblemen (z.B. Resonatoren, Wellenleiter) herleiten lassen.

Aus den zu Beginn dieses Unterabschnitts gemachten Bemerkungen wird klar, daß die Energie nicht nur zur Bestimmung derartig charakteristischer Größen eines (abgeschlossenen*) Systems sondern viel weitergehend auch zur Herleitung der Feldgleichungen herangezogen werden soll. Betrachten wir der Einfachheit halber zuerst die Elektrostatik, so ergibt sich mit

$$\vec{E}(\vec{r}) = -\text{grad}\ \phi(\vec{r}) \tag{3.2.6.15}$$

und (3.2.6.1) die elektrische Feldenergie in einem linear, isotropen Gebiet $V$ zu

$$W_e = \frac{1}{2}\int_V \epsilon(\text{grad}\ \phi(\vec{r}))^2\,\mathrm{d}V\,. \tag{3.2.6.16}$$

In kartesischen Koordinaten gilt also:

$$W_e = \frac{1}{2}\int_V \epsilon((\phi_{,x})^2 + (\phi_{,y})^2 + (\phi_{,z})^2)\,\mathrm{d}V\,. \tag{3.2.6.16'}$$

Die Behauptung, daß die Felder sich so einstellen, daß die Gesamtenergie $W_e$ minimal wird, besagt, daß jede kleine Variation des Potentials $\phi$ im Gebiet $V$ eine Erhöhung von $W_e$ zur Folge hätte. Dies läßt sich mathematisch folgendermaßen formulieren:

$$\delta W_e = 0\,. \tag{3.2.6.17}$$

D.h. die Variation der Gesamtenergie verschwindet. Gilt allgemeiner

$$\delta I = \delta\int_V F(x,y,z,u,u_{,x},u_{,y},u_{,z})\,\mathrm{d}V = 0\,, \tag{3.2.6.18}$$

so folgt daraus bekanntlich die Eulersche Gleichung:

$$F_{,u} - \frac{\partial}{\partial x}F_{,u_{,x}} - \frac{\partial}{\partial y}F_{,u_{,y}} - \frac{\partial}{\partial z}F_{,u_{,z}} = 0 \tag{3.2.6.19}$$

oder ausgeschrieben:

$$\begin{aligned} &F_{,u} - F_{,u_{,x}u_{,x}}u_{,xx} - F_{,u_{,y}u_{,y}}u_{,yy} - F_{,u_{,z}u_{,z}}u_{,z} \\ &- 2(F_{,u_{,x}u_{,y}}u_{,xy} + F_{,u_{,x}u_{,z}}u_{,xz} + F_{,u_{,y}u_{,z}}u_{,yz}) \\ &- F_{,u_{,x}u}u_{,x} - F_{,u_{,y}u}u_{,y} - F_{,u_{,z}u}u_{,z} - F_{,u_{,x}x} - F_{,u_{,y}y} - F_{,u_{,z}z} = 0\,. \end{aligned} \tag{3.2.6.19'}$$

Setzt man (3.2.6.16′) ein, so ergibt sich sofort die Laplace-Gleichung in kartesischen Koordinaten als Eulersche Gleichung von (3.2.6.17). Daß sich nicht die

* Der Rand mag allenfalls ins Unendliche verschoben werden.

Poisson-Gleichung ergibt, ist nicht verwunderlich, sind doch eingeprägte Ladungen hier nicht in Betracht gezogen worden. Beachtenswert ist hingegen, daß sich nicht die Maxwell-Gleichungen der Elektrostatik (3.1.4.6,7) sondern die daraus abgeleitete Differentialgleichung zweiter Ordnung ergibt.

In der Elektrodynamik versagt das 'Prinzip der kleinsten Energie' und wird durch das allgemeinere 'Prinzip der kleinsten Wirkung' ersetzt. Dabei stellt sich heraus, daß das sogenannte Wirkungsintegral des Feldes nicht als Summe der elektrischen und der magnetischen Feldenergie, sondern als deren Differenz angegeben werden kann. Es verschwindet also die Variation

$$\delta I = \delta \int_V \int_t (\epsilon E^2 - \mu H^2)\, \mathrm{d}t\, \mathrm{d}V = 0 \tag{3.2.6.20}$$

im Falle linearer, isotroper Medien ohne eingeprägte Ströme und Ladungen. Für die Herleitung und Behandlung dieser Gleichung sei auf [L1] verwiesen. Hier soll zur Veranschaulichung lediglich noch der zweidimensionale Fall mit den Maxwell-Gleichungen (3.1.1.18-21) und den zwei - daraus abgeleiteten - skalaren Helmholtz-Gleichungen (3.2.1.22,23) kurz betrachtet werden und zwar - der Einfachheit halber - der verlustfreie Fall mit $\sigma = 0$. Das Wirkungsintegral lautet beispielsweise:

$$I = \int_F (\epsilon E^2 - \mu H^2)\, \mathrm{d}F\,. \tag{3.2.6.21}$$

Wie später gezeigt werden wird, kann man bei verlustlosen Wellenleitern ohne Einschränkung der Allgemeinheit annehmen, daß $\underline{E}_z$ und $\underline{H}_z$ reell seien. Wegen (3.2.1.19,20) werden die Transversalkomponenten imaginär, die Fortpflanzungskonstante $\underline{\gamma}$ reell und die transversale Wellenzahl $\underline{\kappa}$ entweder reell oder imaginär. Mit (3.2.1.19,20) ergibt sich aus (3.2.6.21) nach einer Rechnung, bei der sich leicht Vorzeichenfehler einschleichen:

$$\begin{aligned} I = \int_F \Big( & \frac{\epsilon \underline{\kappa}^2}{|\underline{\kappa}|^4} |\mathrm{grad}_T\, E_z|^2 - \frac{\mu \underline{\kappa}^2}{|\underline{\kappa}|^4} |\mathrm{grad}_T\, H_z|^2 + \epsilon E_z^2 - \mu H_z^2 \\ & + \frac{2k^2\gamma}{\omega |\underline{\kappa}|^4} (\mathrm{grad}_T\, E_z\, \mathrm{grad}_T{}^o H_z + \mathrm{grad}_T{}^o E_z\, \mathrm{grad}_T\, H_z)\Big)\, \mathrm{d}V\,. \end{aligned} \tag{3.2.6.21'}$$

Beachtet man die Regeln für die Operation $o$, so sieht man, daß sich die letzten beiden Summanden kompensieren, womit

$$I = \int_F \Big( \frac{\epsilon \underline{\kappa}^2}{|\underline{\kappa}|^4} |\mathrm{grad}_T\, E_z|^2 - \frac{\mu \underline{\kappa}^2}{|\underline{\kappa}|^4} |\mathrm{grad}_T\, H_z|^2 + \epsilon E_z^2 - \mu H_z^2 \Big)\, \mathrm{d}V \tag{3.2.6.21''}$$

gilt. In kartesischen Koordinaten haben diese Integrale die Form

$$I = \int F(x, y, u, u_{,x}, u_{,y}, v, v_{,x}, v_{,y})\, \mathrm{d}x\, \mathrm{d}y \tag{3.2.6.22}$$

mit den zugehörigen Eulerschen Gleichungen

$$F_{,u} - \frac{\partial}{\partial x} F_{,u_{,x}} - \frac{\partial}{\partial y} F_{,u_{,y}} = 0\,, \tag{3.2.6.23}$$

$$F_{,v} - \frac{\partial}{\partial x} F_{,v_{,x}} - \frac{\partial}{\partial y} F_{,v_{,y}} = 0\,. \tag{3.2.6.24}$$

Setzt man (3.2.6.21″) ein, so ergeben sich tatsächlich die Helmholtz-Gleichungen (3.2.1.22,23) als Eulersche Gleichungen.

Die hier gezeigten Variationsintegrale haben nicht nur theoretische Bedeutung. Bei der numerischen Feldberechnung erweist es sich oftmals als vorteilhaft, Differentialgleichungen, wie etwa die Laplace- und die Helmholtz-Gleichung durch passende Wirkungsintegrale $I$ zu ersetzen und dieselben auf numerischem Wege stationär zu machen, d.h. numerisch Lösungen von $\delta I = 0$ zu bestimmen.

Eine weitere wichtige Anwendung ergibt sich in der *Störungsrechnung.* Ist das Feld einer bestimmten Anordnung vollständig bekannt und werden gewisse charakteristische Größen, wie z.B. die Resonanzfrequenz für eine Anordnung gesucht, welche von der gegebenen Anordnung nur wenig abweicht, d.h. nur leicht 'gestört' ist, so kann dieses Problem mit Hilfe der Störungsrechnung gelöst werden. Ob geometrische Parameter 'gestört' sind (kleine 'Buckel', 'Rillen' in der Oberfläche eines Körpers etc.) oder andere Parameter, wie Materialeigenschaften, ist im Prinzip unerheblich.

Besonders wichtig ist die nachträgliche Berücksichtigung von Verlusten in Resonatoren und Wellenleitern, ausgehend von einer Berechnung, bei welcher die Verluste vernachläßigt wurden. Gehen wir von den Maxwell-Gleichungen (3.1.1.10′ – 13′) für linear, isotrope Materialien aus*, wobei wieder eingeprägte Ströme und Ladungen außer Acht gelassen werden, so ergibt die Variation der ersten beiden Maxwell-Gleichungen

$$\operatorname{rot} \delta \underline{\vec{E}} = i\delta(\omega\mu)\, \underline{\vec{H}} + i\omega\mu\, \delta \underline{\vec{H}}\,, \tag{3.1.1.10v}$$

$$\operatorname{rot} \delta \underline{\vec{H}} = i\delta(\omega\epsilon)\, \underline{\vec{E}} - i\omega\epsilon\, \delta \underline{\vec{E}}\,. \tag{3.1.1.11v}$$

Da eine 'verlustfreie' Rechnung den Ausgangspunkt bilden soll, wurde $\sigma = 0$ gesetzt. Damit sind Zusammenhänge zwischen den Variationen der Materialeigenschaften, der Frequenz und der Feldgrößen gegeben. Es wird nun eine Formulierung angestrebt, welche die Variationen der Feldgrößen nicht mehr enthält, so daß beispielsweise die Variation der Resonanzfrequenz in Abhängigkeit der Variationen der Materialeigenschaften und der Feldgrößen des ungestörten Problems angegeben werden kann. Dies gelingt durch Bildung eines Kreuzprodukts, welches an den komplexen Poyntingvektor erinnert:

$$\underline{\vec{S}}_\delta = \delta \underline{\vec{E}} \times \underline{\vec{H}}^* + \underline{\vec{E}}^* \times \delta \underline{\vec{H}}\,. \tag{3.2.6.25}$$

* Wie schon bei der Behandlung des Energiesatzes wird keine Homogenität vorausgesetzt. Die 'Materialkonstanten' sind also in der Folge Ortsfunktionen, was aber an der Form der Maxwell-Gleichungen nichts ändert. Auch das weitere Vorgehen erinnert stark an die obige Behandlung des Energiesatzes.

Die Anwendung der Divergenz auf dieses Kreuzprodukt, Umformung mit (2.5.3.3) und Einsetzen von (3.1.1.10,11$v$) ergibt auf der rechten Seite bereits die angestrebte Elimination der Variationen der Feldgrößen:

$$\operatorname{div} \underline{\vec{S}}_\delta = \delta(\omega\mu)H^2 + \delta(\omega\epsilon)E^2 . \qquad (3.2.6.26)$$

Integriert man – unter Berücksichtigung des Gaußschen Satzes – beidseits über ein Volumen $V$, so gilt

$$\oint_{\partial V} \underline{\vec{S}}_\delta \, \mathrm{d}\vec{F} = \int_V (\delta(\omega\mu)H^2 + \delta(\omega\epsilon)E^2)\,\mathrm{d}V . \qquad (3.2.6.26')$$

Ist das Integrationsgebiet so groß, daß die Feldstärken außerhalb verschwinden, so verschwindet das Oberflächenintegral links und das Ziel ist erreicht. Dies ist bei Resonatoren jedenfalls dann der Fall, wenn der gesamte Resonator in $V$ enthalten ist. Mit

$$\delta(a \cdot b) = a\,\delta b + b\,\delta a$$

folgt sofort

$$\delta\omega = -\frac{\omega \int_V (\delta\mu\, H^2 + \delta\epsilon\, E^2)\,\mathrm{d}V}{\int_V (\mu H^2 + \epsilon E^2)\,\mathrm{d}V} . \qquad (3.2.6.26'')$$

Sollen nun beispielsweise (kleine) Verluste berücksichtigt werden, so können eine komplexe Frequenz $\underline{\omega} = \omega - i\alpha_t$ und eine komplexe Dielektrizitätskonstante $\underline{\epsilon}' = \epsilon + i\sigma/\omega$ eingeführt werden. In (3.2.6.26″) kann dann $\delta\mu = 0$, $\delta\epsilon = i\sigma/\omega$ und $\delta\omega \approx -i\alpha_t$ gesetzt werden:

$$\alpha_t \approx \frac{\int_V \sigma\, E^2\,\mathrm{d}V}{\int_V (\mu H^2 + \epsilon E^2)\,\mathrm{d}V} . \qquad (3.2.6.26''')$$

Damit läßt sich die Dämpfungskonstante $\alpha_t$ aus den Feldstärken bestimmen, welche zuvor unter Vernachläßigung der Verluste berechnet wurden.

Der Übergang zu Problemen mit zylindrischer Geometrie kann in völliger Analogie zur Behandlung des Energiesatzes (Übergang von (3.2.6.9,10) zu (3.2.6.11-14)) durchgeführt werden. Dabei ist lediglich zu beachten, daß – wegen der $z$-Abhängigkeit $f(\vec{r}_T, z) = f(\vec{r}_T)e^{i\underline{\gamma}z}$ – für die Variation der Feldgrößen

$$\delta f(\vec{r}_T, z) = \big(\delta f(\vec{r}_T) + iz\delta\underline{\gamma}\, f(\vec{r}_T)\big)\, e^{i\underline{\gamma}z}$$

gilt. Wird wieder zunächst eine verlustfreie Rechnung vorausgesetzt, so ergibt sich

$$\delta\beta = \frac{\frac{1}{2}\int_F (\delta(\omega\mu)H^2 + \delta(\omega\epsilon)E^2)\,\mathrm{d}F}{\int_F \underline{\vec{E}}^o_T \cdot \underline{\vec{H}}^*_T\,\mathrm{d}F} \qquad (3.2.6.27)$$

und für die Dämpfungskonstante $\alpha$ die Approximation

$$\alpha \approx \frac{\frac{1}{2}\int\limits_F \sigma E^2 \, \mathrm{d}F}{\int\limits_F \underline{\vec{E}}_T^o \cdot \underline{\vec{H}}_T^* \, \mathrm{d}F} . \tag{3.2.6.27'}$$

Vergleicht man dieses Resultat mit der aus dem Energiesatz gewonnenen Formel (3.2.6.14r), so erstaunt die Tatsache, daß hier nur eine Approximation erreicht worden ist. Dies ist darauf zurückzuführen, daß in (3.2.6.14r) die Feldstärken des verlustbehafteten Problems, in (3.2.6.27′) jedoch diejenigen des zugehörigen verlustfreien Problems einzusetzen sind. Eine weitere interessante Anwendung ergibt sich bei der Berechnung der *Gruppengeschwindigkeit* $v_g$, welche in verlustfreien Wellenleitern als Ableitung von $\omega$ nach $\beta$ definiert ist. Mit $\delta\mu = \delta\epsilon = 0$ ergibt sich aus (3.2.6.27) sofort

$$v_g^{-1} = \frac{\delta\beta}{\delta\omega} = \frac{\frac{1}{2}\int\limits_F (\mu H^2 + \epsilon E^2) \, \mathrm{d}F}{\int\limits_F \underline{\vec{E}}_T^o \cdot \underline{\vec{H}}_T^* \, \mathrm{d}F} . \tag{3.2.6.27''}$$

## 3.3 HERLEITUNG SPEZIELLER LÖSUNGSSYSTEME

Spezielle Lösungen der, aus den Maxwell-Gleichungen hergeleiteten Laplace- und Helmholtz-Gleichungen wurden bisher lediglich im Unterabschnitt 3.2.4 explizite angegeben. Dabei wurde im dreidimensionalen Fall Kugelsymmetrie und im zweidimensionalen Fall Rotationssymmetrie vorausgesetzt und Kugel- bzw. Polarkoordinaten verwendet. In diesem Abschnitt sollen Lösungen der Laplace- und Helmholtz-Gleichung unter Verwendung der drei wichtigsten Koordinatensysteme (ohne Annahme irgendwelcher Symmetrien) angegeben werden. Die Methode der Separation der Variablen, die im Unterabschnitt 3.2.3 vorgestellt und auf die Zeit- und $z$-Abhängigkeit angewendet wurde, kann hier wieder erfolgreich eingesetzt werden. Die Frage, ob dadurch vollständige Lösungssysteme gefunden werden, kann hier nicht beantwortet werden, erweist sich aber im Zusammenhang mit numerischen Methoden als zweitrangig.*

### 3.3.1 Verwendung kartesischer Koordinaten

Wie schon aus der Metrik (2.2.1.2) kartesischer Koordinaten $x, y, z$ hervorgeht, ist dies die einfachst mögliche Form von Koordinaten. In diesen Koordinaten erhalten auch die Differentialoperatoren div, rot, grad und $\Delta$ die besonders einfache Gestalt (2.5.1.1′ – 3′, 12′, 13′). Wegen (2.5.1.13″) genügt es hier, lediglich die Lösungen der skalaren Laplace- und Helmholtz-Gleichungen anzugeben. Diese Gleichungen haben die einfache Form:

$$\underline{F}_{,xx} + \underline{F}_{,yy} + \underline{F}_{,zz} + \underline{k}^2 \underline{F} = 0 \,, \qquad (3.3.1.1)$$

wobei im Falle der Laplace-Gleichung $\underline{k} = 0$ gilt. Die drei Koordinaten sind hier offensichtlich völlig gleichgestellt und mit dem Separationsansatz

$$\underline{F}(x, y, z) = \underline{X}(x) \cdot \underline{Y}(y) \cdot \underline{Z}(z) \qquad (3.3.1.2)$$

ergeben sich drei identische Schwingungsdifferentialgleichungen der Form

$$(\frac{\partial^2}{\partial t^2} + \underline{k}_t^2)\underline{T}(t) = 0 \,; \qquad t = x, y, z \,; \qquad T = X, Y, Z \qquad (3.3.1.3)$$

mit den Lösungen

$$\underline{T}(t) = \underline{C}_t^{\pm}\, e^{\pm i \underline{k}_t t} \,; \qquad t = x, y, z \,; \qquad T = X, Y, Z \,, \qquad (3.3.1.4)$$

* Siehe Anmerkungen und Literaturhinweis im Unterabschnitt 3.2.3 sowie im Kapitel 5.

wobei $\underline{C}_t$ beliebige Konstanten sind und die Separationskonstanten $\underline{k}_t$ wegen (3.3.1.1) die Nebenbedingung

$$\underline{k}_x^2 + \underline{k}_y^2 + \underline{k}_z^2 = \underline{k}^2 \tag{3.3.1.4'}$$

erfüllen müssen, was – insbesondere im verlustfreien Fall mit reellem $\underline{k}$ – die Interpretation als kartesische Komponenten eines *Wellenvektors* $\underline{\vec{k}}$ nahelegt. Mit der Wellenzahl $\underline{k}$, die – gemäß (3.2.2.6) – von den Materialeigenschaften des betreffenden Mediums abhängt, ist die Länge des Wellenvektors vorgegeben, seine Richtung hingegen ist frei wählbar. Setzt man in (3.3.1.2) ein, so ergibt sich

$$\underline{F}(\vec{r}) = \underline{C}e^{i\underline{\vec{k}}\vec{r}} \,. \tag{3.3.1.5}$$

Das negative Vorzeichen im Exponenten von (3.3.1.4) ergibt sich aus einer Drehung des Wellenvektors um $\pi$. Wegen der Linearität von (3.3.1.1) sind auch sämtliche Linearkombinationen von Lösungen der Form (3.3.1.5) Lösungen von (3.3.1.1). Von besonderem Interesse sind daneben

$$\underline{F}(\vec{r}) = \underline{A}\cos(\underline{\vec{k}}\vec{r}) \,, \tag{3.3.1.6c}$$

$$\underline{F}(\vec{r}) = \underline{B}\sin(\underline{\vec{k}}\vec{r}) \,, \tag{3.3.1.6s}$$

welche bei reellen Wellenvektoren reellwertige Funktionen enthalten. Beachtet man die Tatsache, daß hier bereits überabzählbar viele Lösungen angegeben worden sind, so wird klar, daß für numerische Rechnungen die Frage nach einer geeigneten Auswahl d.h. Reduktion auf endlich viele solche 'Entwicklungsfunktionen' vorrangig ist.

Wie bereits im Abschnitt 3.2 gezeigt wurde, führen z.B. die Maxwell-Gleichungen (3.1.1.10$''$, 11$''$) auf Helmholtz-Gleichungen und zwar für die insgesamt sechs kartesischen Komponenten von $\underline{\vec{E}}$ und $\underline{\vec{H}}$. Es kann nun aber keineswegs für jede dieser Komponenten ein beliebiger Ansatz der Form (3.3.1.5) gemacht werden, da sich aus den Maxwell-Gleichungen Abhängigkeiten ergeben*. Als einfachste Lösungen der Maxwell-Gleichungen findet man *ebene Wellen* mit demselben Wellenvektor $\underline{\vec{k}}$ für alle Feldkomponenten und $\underline{\vec{E}} \perp \underline{\vec{k}}, \underline{\vec{H}} \perp \underline{\vec{k}}, \underline{\vec{E}} \perp \underline{\vec{H}}$ und $|\underline{\vec{E}}| = \underline{Z}_w|\underline{\vec{H}}| = \sqrt{\frac{\mu}{\epsilon'}}|\underline{\vec{H}}|$. Dabei sind $\underline{\vec{E}}$ und $\underline{\vec{H}}$ ortsunabhängig. Zur vollständigen Beschreibung einer ebenen Welle genügt also – neben der Frequenz – die Angabe der Ausbreitungsrichtung d.h. der Richtung des Wellenvektors $\underline{\vec{k}}$, der *Polarisationsrichtung* d.h. der Richtung des elektrischen Feldes in der Transversalebene (senkrecht zu $\underline{\vec{k}}$) und der Amplitude $\underline{E}_0$ des elektrischen Feldes. Wählt man ein kartesisches Koordinatensystem mit $\underline{\vec{k}}$ parallel zur $z$- und $\underline{\vec{E}}$ parallel zur $x$-Achse, so gilt:

$$\vec{E}(x,y,z,t) = \Re(\underline{E}_0 e^{i(\underline{k}z-\omega t)})\vec{e}_x \,, \tag{3.3.1.7}$$

$$\vec{H}(x,y,z,t) = \Re(\underline{Z}_w \underline{E}_0 e^{i(\underline{k}z-\omega t)})\vec{e}_y \,, \tag{3.3.1.8}$$

---

* Vgl. Abschnitt 3.2.

wobei

$$\underline{k} = \sqrt{\omega^2 \mu \underline{\epsilon}'}\,, \quad \underline{Z}_w = \sqrt{\frac{\mu}{\underline{\epsilon}'}} \tag{3.3.1.9}$$

material- und frequenzabhängige Größen sind. Vernachläßigt man im folgenden die Verluste ($\sigma = 0$), so werden $k$ und $Z_w$ reell.

Selbstverständlich sind auch die Überlagerungen beliebiger ebener Wellen wieder Lösungen der Maxwell-Gleichungen. Wegen der Verwandtschaft zwischen Orts- und Zeitabhängigkeit bietet sich eine *räumliche Fouriertransformation* an, welche es insbesondere ermöglicht, in Analogie zur Impulsfunktion im Zeitbereich, einen *Strahl* aus ebenen Wellen zusammenzusetzen, so daß das elektromagnetische Feld überall außerhalb dieses Strahls verschwindet. Um das Vorgehen zu verdeutlichen, drehen wir die ebene Welle (3.3.1.7,8), welche sich in $z$-Richtung ausbreitet, um die $x$-Achse, so daß der Wellenvektor $\vec{k}$ eine $y$-Komponente $k_y$ und eine, gegenüber (3.3.1.7,8) verkleinerte, aber immer noch positive $z$-Komponente $k_z = \sqrt{k^2 - k_y^2}$ erhält. Benützt man $k_y$ als Parameter, von dem auch die Amplitude abhängt, so gilt:

$$\vec{E}(k_y, x, y, z, t) = \Re(E_0(k_y) e^{i(k_y y + k_z z - \omega t)}) \vec{e}_x\,, \tag{3.3.1.10}$$

$$\vec{H}(k_y, x, y, z, t) = \Re(\frac{Z_w E_0(k_y)}{k} e^{i(k_y y + k_z z - \omega t)})(k_z \vec{e}_y - k_y \vec{e}_z)\,. \tag{3.3.1.11}$$

Betrachten wir nun zwei solche ebenen Wellen mit derselben Polarisation und Amplitude $E_0$, deren Wellenvektoren $\vec{k}_n$ mit $n = 1, 2$ entgegengesetzt gleiche $y$-Komponenten haben. Aus (3.3.1.10,11) ergibt die Überlagerung beider Wellen eine cosinusförmige Abhängigkeit der Feldgrößen in $y$-Richtung:

$$\vec{E}_{1+2}(x, y, z, t) = \Re(2E_0 e^{i(k_z z - \omega t)} \cos(k_y y)) \vec{e}_x\,, \tag{3.3.1.10'}$$

$$\vec{H}_{1+2}(x, y, z, t) = \Re(2 \frac{Z_w E_0}{k} e^{i(k_z z - \omega t)} \cos(k_y y)) k_z \vec{e}_y\,. \tag{3.3.1.11'}$$

Die Intensität der 'Beleuchtung' der $x, y$-Ebene entspricht der $z$-Komponente des Poyntingvektors in dieser Ebene und variiert demzufolge in $y$-Richtung mit $\cos^2(k_y y)$. Es ergeben sich Interferenzen d.h. ein 'Streifenmuster' mit Streifen parallel zur $x$-Achse*. Der Abstand dieser Streifen ist indirekt proportional zur Ausbreitungskonstante $k_y$ in $y$-Richtung. Durch geeignete Überlagerung ebener Wellen mit unterschiedlichem $k_y$

$$\vec{E}(x, y, z, t) = \Re\Big(\int_0^{q\cdot k} E_0(k_y) e^{i(k_y y + k_z z - \omega t)} \vec{e}_x \,\mathrm{d}k_y\Big)\,, \tag{3.3.1.10''}$$

$$\vec{H}(x, y, z, t) = \Re\Big(\int_0^{q\cdot k} \frac{Z_w E_0(k_y)}{k} e^{i(k_y y + k_z z - \omega t)} (k_z \vec{e}_y - k_y \vec{e}_z) \,\mathrm{d}k_y\Big) \tag{3.3.1.11''}$$

---

* Man kontrolliert rasch nach, daß die 'Beleuchtung' einer einzelnen ebenen Welle homogen ist.

kann – wie dies aus der Fouriertheorie bekannt ist – ein einzelner Streifen erzeugt werden. Da $k_y$ durch 0 und $q \cdot k$, $0 < q \leq 1$ begrenzt ist, muß dieser Streifen unendlich breit sein, wie ja auch ein streng bandbegrenztes Signal im Zeitbereich unendlich ausgedehnt sein muß. Der größte Teil der Energie kann jedoch auf einen Streifen mit einer Breite in der Größenordnung von $1/qk$ entfallen. Führt man den Grenzwert $\omega \to \infty$ durch, so ergibt sich mit $1/qk \to 0$ ein unendlich dünner Streifen, dessen Intensitätsverteilung in $y$-Richtung durch eine $\delta$-Funktion gegeben ist und zwar unabhängig davon, wie klein der Faktor $q$ der oberen Integrationsgrenze gewählt wird. Ist $q$ klein, so breiten sich alle in (3.3.1.10″, 11″) enthaltenen ebenen Teilwellen nahezu parallel zur $z$-Achse aus. Führt man denselben Prozeß auch in $x$-Richtung durch, so ergibt sich schließlich eine punktförmige Intensitätsverteilung in der $x,y$-Ebene, unabhängig von $z$, ein (Licht)strahl, welcher den Ausgangspunkt für die geometrische Optik* bildet. Wichtig ist die Bemerkung, daß dabei ein Grenzwert durchgeführt wurde, die so erhaltenen Resultate also umso besser stimmen, je kleiner die Wellenlänge $\lambda = 2\pi/k$ – verglichen mit den geometrischen Abmessungen der untersuchten Anordnung – bzw. je höher die Frequenz ist. In der 'integrierten Optik' (Siehe z.B. [K1],[T1].), bei der Untersuchung planarer Wellenleiter und optischer Fibern sind häufig 'Strahlenmodelle' anzutreffen, die auch bei Abmessungen in der Größenordnung der Wellenlänge richtige Resultate liefern. Dies gilt auch für die GTD-Methode, welche im Kapitel 5 besprochen wird.

### 3.3.2 Verwendung kreiszylindrischer Koordinaten

Kreiszylinderkoordinaten $r, \varphi, z$ spielen für Probleme mit zylindrischer Geometrie dieselbe Rolle wie die Kugelkoordinaten für allgemeine dreidimensionale Probleme. Wird lediglich in der, zur $z$-Achse transversalen Ebene gearbeitet, so sind $r, \varphi$ Polarkoordinaten dieser Ebene. Von größter Bedeutung ist die Singularität dieser Koordinaten bei $r = 0$. Wie schon im Unterabschnitt 3.3.1 betrachten wir hier lediglich die skalare Laplace- und Helmholtz-Gleichung. Mit der Metrik (2.2.1.10) erhalten diese Gleichungen die Form

$$\underline{F}_{,rr} + \frac{1}{r}\underline{F}_{,r} + \frac{1}{r^2}\underline{F}_{,\varphi\varphi} + \underline{F}_{,zz} + \underline{k}^2\underline{F} = 0\,, \tag{3.3.2.1}$$

mit $\underline{k} = 0$ für die Laplace-Gleichung. Der Separationsansatz

$$\underline{F}(r,\varphi,z) = \underline{R}(r) \cdot \underline{\Phi}(\varphi) \cdot \underline{Z}(z) \tag{3.3.2.2}$$

* Für eine ausführliche Behandlung sei auf die Literatur verwiesen, so z.B. [B4].

führt auf zwei Schwingungsdifferentialgleichungen vom Typus (3.3.1.3) für $\underline{\Phi}$ und $\underline{Z}$:

$$(\frac{\partial^2}{\partial\varphi^2} + \underline{n}^2)\underline{\Phi}(\varphi) = 0\,, \qquad (3.3.2.3)$$

$$(\frac{\partial^2}{\partial z^2} + \underline{\gamma}^2)\underline{Z}(z) = 0\,. \qquad (3.3.2.4)$$

Die Lösungen dieser Gleichungen haben die Form (3.3.1.4):

$$\underline{\Phi}(\varphi) = \underline{C}_{\varphi}^{\pm}\, e^{\pm i\underline{n}\varphi}\,, \qquad \underline{Z}(z) = \underline{C}_{z}^{\pm}\, e^{\pm i\underline{\gamma} z}\,. \qquad (3.3.2.5)$$

Eine Spezialität der Polarkoordinaten ist die Periodizität der Winkelkoordinate: $(r, \varphi + 2\pi, z)$ bezeichnet denselben Punkt, wie $(r, \varphi, z)$. Kann der Ursprung $O(r = 0)$ des Koordinatensystems auf einem geschlossenen Weg im betrachteten Feldgebiet umlaufen werden, so muß gefordert werden, daß $\Phi(\varphi + 2\pi) = \Phi(\varphi)$ gilt, damit die Lösung eindeutig ist. Daraus ergibt sich sofort, daß die Separationskonstante $\underline{n}$ ganzzahlig sein muß. Um reelle Funktionen für die Winkelabhängigkeit $\Phi$ zu erhalten, werden oft anstelle von (3.3.2.5) die Linearkombinationen

$$\cos(n\varphi) = (e^{in\varphi} + e^{-in\varphi})/2\,, \qquad \sin(n\varphi) = (e^{in\varphi} - e^{-in\varphi})/2i \qquad (3.3.2.6)$$

benützt.

Ein neuer Typus von Differentialgleichungen, welcher jedoch eine gewisse Verwandtschaft zu den Schwingungsdifferentialgleichungen aufweist, ergibt sich für die Radialabhängigkeit:

$$(\frac{\partial^2}{\partial r^2} + \frac{1}{r}\frac{\partial}{\partial r} + \underline{\kappa}^2 - \frac{n^2}{r^2})\underline{R}(r) = 0\,. \qquad (3.3.2.7)$$

Dabei gilt die Nebenbedingung $\underline{k}^2 = \underline{\kappa}^2 + \underline{\gamma}^2$, welche schon von früher bekannt ist. Die Lösungen dieser *Besselschen Differentialgleichung* lauten*:

$$\underline{R}(r) = \underline{C}_r^1\, H_n^{(1)}(\underline{\kappa} r) + \underline{C}_r^2\, H_n^{(2)}(\underline{\kappa} r)\,, \qquad (3.3.2.8)$$

wobei $H$ die *Hankelfunktionen* erster bzw. zweiter Gattung der Ordnung $n$ bezeichnen. Analog zur Bildung (3.3.2.6), welche einer Drehung der Basis in der komplexen Ebene um 45° entspricht, verwendet man oft die *Besselfunktionen* $J$ und die *Neumannfunktionen* $N$, welche bei reellen Argumenten reellwertig sind:

$$J_n = (H_n^{(1)} + H_n^{(2)})/2\,, \qquad N_n = (H_n^{(1)} - H_n^{(2)})/2i\,. \qquad (3.3.2.9)$$

Tatsächlich verhalten sich $J$ und $N$ für große, reelle Argumente ganz ähnlich wie cos und sin. Mit zunehmendem Imaginärteil der Argumente wachsen sie jedoch

* Man konsultiere dazu die verschiedenen, früher zitierten Mathematik- und Physikbücher.

– ähnlich wie die hyperbolischen Funktionen cosh und sinh – im wesentlichen exponentiell. Da auch die Hankelfunktionen zweiter Gattung bei positivem Imaginärteil* exponentiell anwachsen, müssen alle diese Lösungen – mit Ausnahme von $H_n^{(1)}$ – aus physikalischen Gründen ausgeschlossen werden, wenn das betrachtete Feldgebiet Punkte im Unendlichen ($r \leq \infty$) enthält. Ein anderes Verhalten zeigen die *Zylinderfunktionen* $H$, $J$ und $N$ für kleine Argumente d.h. für $\underline{\kappa} \to 0$. Dieser Grenzübergang ist auch wichtig für die Lösungen der Laplace-Gleichung mit $\underline{\kappa} = 0$. Sowohl die Hankel- als auch die Neumannfunktionen weisen dann einen Pol $n$-ter Ordnung und für $n = 0$ einen logarithmischen Pol auf, während sich die Besselfunktionen im wesentlichen wie Potenzen $r^n$ verhalten. Für die Laplace-Gleichungen ist also (3.3.2.8,9) durch

$$\underline{R}(r) = \underline{A}\, r^n + \underline{B}\, r^{-n}\,, \qquad n = 1, 2, \ldots \tag{3.3.2.10}$$

und für $n = 0$ durch

$$\underline{R}(r) = \underline{A} + \underline{B} \ln(r) \tag{3.3.2.10'}$$

zu ersetzen. Wegen des Pols bei $r = 0$ müssen $H$ und $N$ bzw. $r^{-n}$ und $\ln(r)$ ausgeschlossen werden, wenn das Feldgebiet den Ursprung $O(r = 0)$ des Koordinatensystems enthält.

Setzt man die obigen Lösungen im Produkteansatz (3.3.2.2) ein und betrachtet mit $\underline{k}^2 = \underline{\kappa}^2 + \underline{\gamma}^2$ sowohl $\underline{\kappa}$ als auch $\underline{\gamma}$ als vorgegeben, so ergibt die Superposition aller Lösungen mit unterschiedlichem $n$

$$\begin{aligned}\underline{F}(r, \varphi, z) = \int \Big( & A_n Z_n^{(1)}(\underline{\kappa} r) \cos(n\varphi) + B_n Z_n^{(1)}(\underline{\kappa} r) \sin(n\varphi) \\ & + a_n Z_n^{(2)}(\underline{\kappa} r) \cos(n\varphi) + b_n Z_n^{(2)}(\underline{\kappa} r) \sin(n\varphi)\Big)\, dn\, e^{i\underline{\gamma} z}\,,\end{aligned} \tag{3.3.2.11}$$

wobei $Z$ eine der Zylinderfunktionen $H$, $N$ oder $J$ bezeichnet. Ist $n$ ganzzahlig, so kann die obige Integration durch eine Summation ersetzt werden. Die einzelnen Summanden in (3.3.2.11) werden *Multipole* genannt, wenn $Z$ eine Zylinderfunktion $H, N$ mit einem Pol $n$-ter Ordnung für $r \to 0$ ist. Wie schon früher, kann man die Lösungen mit $e^{-i\underline{\gamma} z}$ außer Acht lassen, da diese nichts wesentlich Neues bringen. (Bei zylindrischer Wellenausbreitung mit harmonischer Zeitabhängigkeit (3.1.1.9) beschreibt $e^{-i\underline{\gamma} z}$ Wellen, die sich in negative $z$-Richtung ausbreiten, im Gegensatz zu den hier betrachteten, nach $+z$ fortlaufenden Wellen.)

Im Falle der kartesischen Koordinaten spielte die Wahl des Nullpunktes und der Lage des Koordinatensystems im Raum keine wesentliche Rolle, während hier offenbar der Wahl des Ursprungs $O$ einige Bedeutung zukommt: Wird $O$ innerhalb des Feldgebietes gewählt, so müssen gewisse Lösungen ausgeschlossen werden, was für $O$ außerhalb des Feldgebietes nicht der Fall ist. Es stellt sich deshalb sofort die Frage nach der Vollständigkeit der hier gefundenen Lösungen, die jedoch nicht

* Wie früher abgemacht, ist $\underline{\kappa}$ in diesem Buch auf den ersten Quadranten der komplexen Ebene beschränkt.

leicht zu beantworten ist und – im Hinblick auf numerische Verfahren – auch zu streng ist. Nützlich ist in diesem Zusammenhang der folgende Satz*:

Jede, in einem mehrfach zusammenhängenden, zweidimensionalen Gebiet G (mit den 'Löchern' $L_\ell$) reguläre Lösung der Helmholtz-Gleichung läßt sich durch

$$\underline{F}_0(r,\varphi) = \sum_{n=0}^{N_0} (A_n J_n(\underline{\kappa} r_0)\cos(n\varphi_0) + B_n J_n(\underline{\kappa} r_0)\sin(n\varphi_0))$$

$$+ \sum_{\ell=1}^{l} \sum_{n=0}^{N_\ell} (a_{n\ell} Z_n(\underline{\kappa} r_\ell)\cos(n\varphi_\ell) + b_{n\ell} Z_n(\underline{\kappa} r_\ell)\sin(n\varphi_\ell)) \,, \quad (3.3.2.12)$$

beliebig genau approximieren, wenn nur die oberen Grenzen $N_0, N_\ell$ der Summationen genügend hoch sind und die Parameter $A, B, a, b$ geeignet gewählt werden. Dabei ist pro Loch ein Polarkoordinatensystem $(r_\ell, \varphi_\ell)$ zu verwenden, mit Ursprung $O_\ell(r_\ell = 0)$ innerhalb des Loches $L_\ell$. Die Wahl des Polarkoordinatensystems $(r_0, \varphi_0)$ ist beliebig. $Z$ bezeichnet eine der Zylinerfunktionen $H$ oder $N$ mit Pol bei verschwindendem Argument. Die Summation über die Besselfunktionen entfällt, wenn $G$ Punkte im Unendlichen enthält und der Imaginärteil von $\underline{\kappa}$ nicht verschwindet. Im Falle $\underline{\kappa} = 0$ sind die Besselfunktionen $J_n$ durch $r_0^n$, $Z_0$ durch $\ln(r_\ell)$ und $Z_n$ durch $r_\ell^{-n}$ zu ersetzen.

Dabei ist allerdings nichts darüber ausgesagt, wie hoch die oberen Grenzen der Summationen – bei einem bestimmten, zugelassenen Fehler – sein müssen und wie die Parameter $A, B, a, b$ zu wählen sind. Tatsächlich findet man in der Praxis meist eine schlechte Konvergenz, so daß der 'einfache' Multipolansatz (3.3.2.12) die Erwartungen nicht erfüllt. Dasselbe gilt sinngemäß für dreidimensionale Gebiete mit zylindrischer Symmetrie, wobei jeweils die Faktoren $e^{i\underline{\gamma}z}$ hinzuzufügen sind. Sollen in nicht zylindrischen, dreidimensionalen Gebieten derartige Lösungen unter Verwendung von Kreiszylinderkoordinaten benützt werden, so ist über die Fortpflanzungskonstante zu integrieren, ähnlich, wie dies im Unterabschnitt 3.3.1 für $k_y$ gemacht wurde.

* Beweisführung, Herleitung und genauere Formulierung siehe [V1].

### 3.3.3 Verwendung sphärischer Koordinaten

Sphärische Koordinaten – auch Kugelkoordinaten genannt – spielen im dreidimensionalen Raum dieselbe Rolle, wie die Polarkoordinaten in der Ebene. Sie weisen einen Pol im Ursprung $O(r=0)$ des Koordinatensystems auf. Da in diesem Buch hauptsächlich zylindrische Probleme untersucht werden, wird auf eine ausführliche Behandlung sphärischer Koordinaten und der zugehörigen Lösungen der Laplace- und Helmholtz-Gleichung verzichtet*. Die Metrik der Kugelkoordinaten $r, \varphi, \vartheta$ ist durch (2.2.1.9) gegeben. Die Helmholtz-Gleichung erhält damit die Form

$$\underline{F}_{,rr} + \frac{2}{r}\underline{F}_{,r} + \frac{1}{r^2}\underline{F}_{,\vartheta\vartheta} + \frac{\cot\vartheta}{r^2}\underline{F}_{,\vartheta} + \frac{1}{r^2\sin^2\vartheta}\underline{F}_{,\varphi\varphi} + \underline{k}^2\underline{F} = 0 \qquad (3.3.3.1)$$

wobei sich wieder für $\underline{k}=0$ die Laplace-Gleichung ergibt. Der Separationsansatz

$$\underline{F}(r,\varphi,\vartheta) = \underline{R}(r)\cdot\underline{\Phi}(\varphi)\cdot\underline{\Theta}(\vartheta) \qquad (3.3.3.2)$$

führt lediglich noch für die Winkelkoordinate $\varphi$ auf eine Schwingungsdifferentialgleichung. Für die radiale Koordinate $r$ ergibt sich eine zu (3.3.2.7) verwandte Gleichung:

$$\left(\frac{\partial^2}{\partial r^2} + \frac{2}{r}\frac{\partial}{\partial r} + \underline{k}^2 - \frac{\underline{l}(\underline{l}+1)}{r^2}\right)\underline{R}(r) = 0\,, \qquad (3.3.3.3)$$

$$\left(\frac{\partial^2}{\partial\varphi^2} + \underline{m}^2\right)\underline{\Phi}(\varphi) = 0\,, \qquad (3.3.3.4)$$

$$\left(\frac{\partial^2}{\partial\vartheta^2} + \cot\vartheta\frac{\partial}{\partial\vartheta} + \underline{l}(\underline{l}+1) - \frac{\underline{m}^2}{\sin^2\vartheta}\right)\underline{\Theta}(\vartheta) = 0\,. \qquad (3.3.3.5)$$

Die Lösungen dieser Differentialgleichungen haben folgende Form:

$$\underline{R}(r) = \frac{\underline{C}_r^1}{\sqrt{r}}H^1_{\underline{l}+1/2}(\underline{k}r) + \frac{\underline{C}_r^2}{\sqrt{r}}H^2_{\underline{l}+1/2}(\underline{k}r)\,, \qquad (3.3.3.6)$$

$$\underline{\Phi}(\varphi) = \underline{C}_\varphi^+\,e^{+i\underline{m}\varphi} + \underline{C}_\varphi^-\,e^{-i\underline{m}\varphi}\,, \qquad (3.3.3.7)$$

$$\underline{\Theta}(\vartheta) = \underline{C}_\vartheta^Q\,P_{\underline{l}}^{\underline{m}}(\cos\vartheta) + \underline{C}_\vartheta^Q\,Q_{\underline{l}}^{\underline{m}}(\cos\vartheta)\,. \qquad (3.3.3.8)$$

Dabei bezeichnet $H$ die, aus Unterabschnitt 3.3.2 bekannten Hankelfunktionen, welche gemäß (3.3.2.9) durch Bessel- und Neumannfunktionen ersetzt werden können, ebenso wie die Exponentialfunktionen gemäß (3.3.2.6) durch cos und sin ersetzt werden können. Wegen der Eindeutigkeitsforderung kann analog zum Unterabschnitt 3.3.2 gefolgert werden, daß $\underline{m}$ ganzzahlig sein muß, wenn der Ursprung $O(r=0)$ des Koordinatensystems auf einem geschlossenen Weg im Feldgebiet umfahren werden kann. Neu sind die assoziierten Legendrefunktionen P und

---

* Die meisten Bücher der Physik geben darüber ausführlich Auskunft, da Kugelkoordinaten und Kugelfunktionen zur Beschreibung von Atomen eine wichtige Rolle spielen. Für die Verwendung der Kugelfunktionen im Zusammenhang mit der MMP-Methode sei auf [K3] verwiesen.

$Q$. Ist $\underline{m}$ ganz, so haben diese bei $\vartheta = 0$ und $\vartheta = \pi$ einen Pol, außer die Funktionen $P$ bei ganzzahligem $\underline{l}$. Wird das Koordinatensystem so orientiert, daß Punkte mit $\vartheta = 0$ oder $\vartheta = \pi$ im Feldgebiet liegen, so muß demzufolge auch $\underline{l}$ ganzzahlig sein und $Q$ weggelassen werden.

Die Frage nach der Vollständigkeit der so erhaltenen Lösungen kann ganz analog zum Unterabschnitt 3.3.2 beantwortet werden. In mehrfach zusammenhängenden Feldgebieten müssen wieder mehrere Koordinatensysteme verwendet werden und zwar pro 'Loch' mindestens eines. Daraus resultiert ein ähnlicher Lösungsansatz wie (3.3.2.12), wobei jedoch nicht über $n$ sondern über $m$ und $l$ summiert wird und die Zylinderfunktionen halbzahlige Ordnungen aufweisen.

### 3.3.4 Verwendung anderer Koordinaten

Neben den hier explizite angegebenen Koordinatensystemen existiert noch eine Anzahl von komplizierteren Koordinatensystemen, in denen Lösungen der Laplace- und Helmholtz-Gleichung mittels Separationsansätzen gefunden werden können. Die so gefundenen Funktionensysteme haben für numerische Berechnungen jedoch den schwerwiegenden Nachteil, daß ihre Berechnung relativ aufwendig ist und üblicherweise speziell implementiert werden muß. Beispielsweise führen elliptische Zylinderkoordinaten auf Mathieu-Funktionen, die in Reihen von Zylinderfunktionen entwickelt werden können. Einen Lösungsansatz in Form einer Reihe von Mathieu-Funktionen zu machen, welche ihrerseits als Reihen von Zylinderfunktionen berechnet werden, scheint eine numerisch wenig verheißungsvolle Alternative zu einem Lösungsansatz in Form einer Reihe von Zylinderfunktionen sein. Daß der numerische Aufwand zur Berechnung derartiger Funktionen umso größer wird, je komplizierter die Metrik des Koordinatensystems ist, welches den Funktionen zu Grunde liegt, ist verständlich. Dieser Mehraufwand kann nur gerechtfertigt sein, wenn damit eine raschere Konvergenz der Reihen erreicht wird. Ein Beispiel dafür ist in [K3] zu finden: Bei dreidimensionalen, rotationssymmetrischen Problemen kann es problematisch sein, unter ausschließlicher Verwendung von Kugelfunktionen einen rasch konvergierenden, symmetriegerechten Lösungsansatz zu finden. Dies ist bei einem linsenförmigen Körper der Fall. Rotationselliptische Koordinaten helfen hier weiter.

# 4 TYPISCHE AUFGABENSTELLUNGEN

In diesem Kapitel werden die vorangegangenen mathematischen und physikalischen Anstrengungen durch typische Probleme der Elektrotechnik motiviert. Diese Probleme werden dargestellt, geordnet und die zugehörigen Lösungswege beschrieben. Selbstverständlich kann hierbei keinerlei Anspruch auf Vollständigkeit erhoben werden. Der Schwerpunkt wird deshalb auf die zur Zeit wichtigsten technischen Aufgabenstellungen im Bereich der Elektrodynamik gelegt. Ganz ähnliche Probleme, welche mit denselben Methoden gelöst werden können, sind auch in andern Bereichen der Physik anzutreffen. Die hier vorgestellten Verfahren sind also auch in der Mechanik, Thermodynamik usw. dienlich. Andererseits können Verfahren, welche in der Mechanik etc. angewendet werden - mit gewissen Modifikationen - auch zur Lösung elektrodynamischer Aufgaben brauchbar sein.

Um nicht in eine uferlose Aufreihung von verschiedenartigsten Beispielen zu verfallen, wie dies in älteren Lehrbüchern oft der Fall ist, wird eine grobe Einteilung vorgenommen, bei der Probleme, welche historisch den unterschiedlichsten Disziplinen der Elektrotechnik zugeordnet wurden, auf einen gemeinsamen Nenner gebracht werden. Daß dies möglich ist, liegt in der Natur der Sache: Das methodische Vorgehen und die mathematische Formulierung ist immer wieder gleich. Die Unterschiede, welche früher - und zum Teil auch heute noch - zur Einteilung gebraucht wurden, erweisen sich bei näherer Betrachtung nicht als prinzipiell. Dies sei an folgendem Beispiel veranschaulicht: Im Bereich der Leitungstheorie wird meist zwischen Niederfrequenz (NF) und Hochfrequenz (HF) unterschieden, wobei NF-Lösungen hauptsächlich den Energietechniker, HF-Lösungen den Nachrichtentechniker interessieren. Das Vorgehen wird meist durch die speziellen Annahmen von vorneherein dominiert, da sich dadurch gewisse Erleichterungen der Rechnung ergeben. Bei tiefen Frequenzen ist die Stromverteilung in den Leitern nahezu homogen, außerhalb der Leiter können Verschiebungsströme vernachläßigt werden und die Felder sind bei zylindrischen Strukturen praktisch transversal. Mit diesen Voraussetzungen wird eine statische Rechnung mit bekannter Stromverteilung möglich, welche recht gut brauchbare Resultate liefert. Der 'Skineffekt', d.h. die Verdrängung des Stromes gegen die Leiteroberfläche, welche bei höheren Frequenzen zu beobachten ist, wird allenfalls nachträglich als erster Nebeneffekt und der 'Proximityeffekt', d.h. die gegenseitige Beeinflussung der Stromverteilung benachbarter Leiter als zweiter Nebeneffekt in Rechnung genommen. Bei hohen Frequenzen wird hingegen - wegen des ausgeprägten Skineffekts - davon ausgegangen, daß Ladungen und Ströme nur auf der Leiteroberfläche beobachtet werden und das Leiterinnere feldfrei ist. Werden Verschiebungsströme vernachläßigt und transversale Felder vorausgesetzt, so kann wieder eine statische Rechnung, jedoch mit unbekannter Stromverteilung durchgeführt werden. Problematisch ist die Tatsache, daß keinerlei Angaben über die Zuverläßigkeit der so gefundenen Resultate gemacht werden können, wenn nicht genauere Rechnungen oder Messungen zur Verfügung stehen. Außerdem existiert ein Zwischenbereich mittlerer Frequenzen, für den sowohl NF- als auch HF-Lösungen zu ungenau sind. Werden Computer zu Hilfe genommen, so können die genannten Annahmen fallengelassen werden. Mit einem einzigen Programm können dann Leitungen in beliebigen Frequenzbereichen untersucht werden. Das im Unterabschnitt 4.2.4 gezeigte Vorgehen ermöglicht zudem auch die Lösung von Problemen wie Hohlleiter und optische Fasern, welche nicht in den Bereich der klassischen Leitungstheorie fallen.

Die hier gewählte Einteilung folgt dem üblichen analytischen Vorgehen, bei welchem komplexe Zusammenhänge in überschaubarere Teile zerlegt werden. Zur Veranschaulichung betrachten wir eine (bereits stark vereinfachte) Funkübertragung mit einem Sender S und einem Empfänger E, die in der folgenden Figur schematisch dargestellt ist:

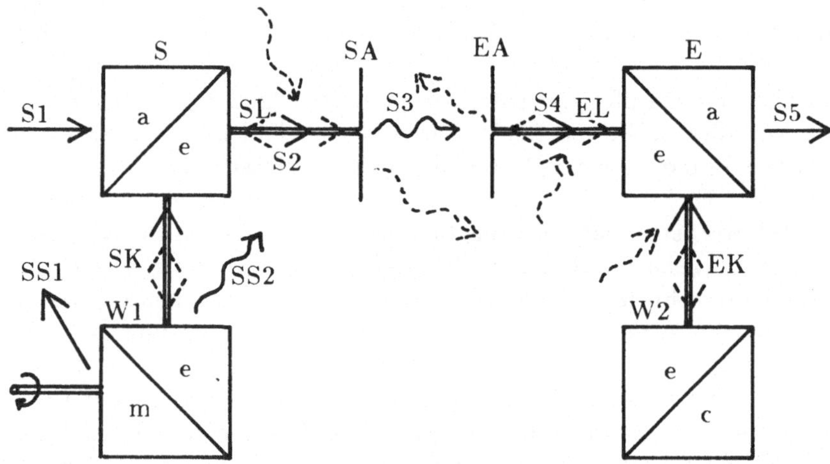


Figur 4.1

Die elektrische Versorgung des Senders wird über ein Kabel SK durch einen mechanisch-elektrischen Wandler W1, diejenige des Empfängers über ein Kabel EK durch einen chemisch-elektrischen Wandler W2 gewährleistet. Der Sender selber ist ein akustisch-elektrischer Wandler, der dem akustischen Signal S1 ein elektrisches Signal S2 zuordnet, welches von einer Leitung SL der Sendeantenne SA zugeführt wird. Diese kann als elektrisch-elektrischer Wandler betrachtet werden, welcher das geführte (elektrische) Signal S2 in eine ungeführte (elektromagnetische) Welle, das Signal S3 umformt. S3 - bzw. ein 'Teil' dieser Welle - wird von der Empfangsantenne EA in ein, auf der Leitung EL geführtes Signal S4 umgewandelt und dem Empfänger zugeführt, welcher daraus - als elektrisch-akustischer Wandler - das akustische Signal S5 erzeugt. Die Übertragung kann als erfolgreich bezeichnet werden, wenn die in S1 enthaltene Information in S5 möglichst unverfälscht und ungestört zu finden ist.

Bei der obigen Beschreibung ist das gesamte Geschehen bereits in einzelne Teile zerlegt. Außerdem sind nur die 'Haupteffekte' angegeben, welche hier ausgenützt werden. Daneben treten unterschiedlichste 'Nebeneffekte' auf, welche meist nur dann untersucht werden, wenn die Übertragung nicht nach Wunsch verläuft, sondern 'gestört' ist. Einige dieser Nebeneffekte sind in Figur 4.1 angedeutet: Der mechanisch-elektrische Wandler W1 erzeugt auf der mechanischen Seite ein akustisches Störsignal, 'Lärm' SS1, welches sich mit S1 überlagert und auf gleiche Weise wie S1 zum Empfänger gelangt, so daß S5 Information von S1 und SS1 enthält. Auf der elektrischen Seite des Wandlers W1 entsteht z.B. durch Funken ein elektromagnetisches Störsignal SS2, welches in den verschiedensten Teilen des elektrischen Systems Störungen erzeugt, insbesondere in den Kabeln SK und EK, den Antennenzuleitungen SL und EL, den Antennen SA und EA sowie den elektrischen Teilen der übrigen Wandler. Dasselbe gilt auch für das von der Sendeantenne SA abgegebene Signal, das sich mit SS2 und ähnlichen, freien Wellen überlagert, welche durch die verschiedenen Teile des elektrischen Systyems erzeugt werden und in Figur 4.1 gestrichelt eingezeichnet sind. Durch Fehlanpassungen an den Enden der Kabel bzw. Leitungen sowie durch Strahlungseinkopplung entstehen des weiteren auf SK, EK, SL, EL hin- und zurücklaufende, geführte Wellen, die ebenfalls gestichelt dargestellt sind. Betrachtet man nur die elektrische Seite dieses 'einfachen' Systems für sich, so findet man schon ein unentwirrbares Durcheinander von physikalischen Vorgängen, welches umso komplizierter wird, je länger und je genauer man es betrachtet*.

Der analytische Weg - der übrigens schon in der Art der verwendeten Formulierungen zum Ausdruck kommt - besteht darin, eine Entwirrung gewaltsam durch Analyse, d.h. Zerlegung des Gesamten herbeizuführen und für die Einzelteile Modelle zu generieren, welche auf weiteren, vereinfachenden Annahmen basieren und mit den zur Verfügung stehenden Hilfsmitteln (Mathematik, Geometrie, Computer usw.) behandelt werden können. Derartige Modelle sind hier beispielsweise:

1.) Die Sendeantenne im freien Raum ohne Zuleitung, Sender etc. Dabei wird meist die Stromverteilung auf der Antenne als bekannt vorausgesetzt und die dadurch erzeugte Strahlung berechnet. Dieses Problem kann dem Abschnitt 4.1 zugeordnet werden. Die vorgegebene (eingeprägte) Stromverteilung ergibt inhomogene Feldgleichungen.

2.) Die Empfangsantenne als inverses Problem der Sendeantenne, welches gemäß Unterabschnitt 4.2.1 behandelt wird. Wie bei der Sendeantenne wird auch hier die 'Umgebung' weggelassen. Da damit auch die Stromverteilung der Sendeanordnung weggelassen wird, sind die Feldgleichungen homogen. Die vorgegebene, empfangene Welle hat jedoch inhomogene Grenzbedingungen (Rand- bzw. Stetigkeitsbedingungen) zur Folge.

---

* In Figur 4.1 sind bei weitem nicht alle Zusammenhänge dargestellt. Eine grobe Vereinfachung ergibt sich schon durch Zeichnung von Kästchen und damit Ausschluß der 'inneren Struktur' der verschiedenen Wandler.

3.) Ist der Empfänger beispielsweise in ein metallisches Gehäuse eingeschlossen, welches der Abschirmung von Störungen dienen soll, so kann es sein, daß Störungen mit bestimmten Frequenzen besonders große Wirkungen zeigen. Ist dies der Fall, so wird man zunächst das Gehäuse allein, ohne Inhalt und Umgebung untersuchen, was ein Modell mit homogenen Feldgleichungen und homogenen Grenzbedingungen ergibt. Derartige 'Resonanzprobleme' sind in Unterabschnitt 4.2.3 beschrieben.
4.) Die Strahlungseinwirkung auf die verschiedenen Kabel bzw. Leitungen wird ähnlich behandelt, wie die Empfangsantenne. Dabei werden jedoch meist Modelle mit zylindrischer Geometrie – wie in Unterabschnitt 4.2.2 – verwendet, was die Rechnung vereinfacht. Wie bei 2.) werden die Feldgleichungen homogen, die Grenzbedingungen inhomogen.
5.) Zur Untersuchung der geführten Wellenausbreitung auf den Leitungen SL, EL wird wieder zylindrische Symmetrie vorausgesetzt. Im Gegensatz zu 4.) wird aber hier die von außen einfallende Strahlung nicht berücksichtigt, was homogene Grenzbedingungen ergibt. Die Feldgleichungen sind selbstverständlich ebenfalls homogen, da keine eingeprägten Ströme (und Ladungen) in Betracht gezogen werden. Damit fällt eine gewisse Verwandtschaft mit 3.) auf. Wegen ihrer besonderen technischen Bedeutung wird den geführten Wellen auf zylindrischen Strukturen jedoch ein separater Unterabschnitt (4.2.4) gewidmet.
6.) Die Kabel SK, EK werden in dieser Anwendung in erster Linie zur Energieübertragung und nicht zur Informationsübertragung – wie SL, EL – eingesetzt. Dies ist feldtheoretisch irrelevant, so daß im Prinzip dasselbe, wie in 5.) gilt. Praktisch kann sich dadurch ein Unterschied ergeben, daß die elektromagnetischen Wellen auf den Kabeln SK und EK so niederfrequent sind, daß eine vereinfachte – quasistatische – Lösung möglich ist, welche im Unterabschnitt 4.2.5 beschrieben wird. (N.B. Dies kann auch für SL und EL der Fall sein.)

Die Felderzeugung, d.h. die Suche nach geeigneten, speziellen Lösungen der inhomogenen Feldgleichungen wird im Abschnitt 4.1 nur skizziert, da die Berechnung von Wandlern meist Kenntnisse von andern Teilgebieten der Physik erfordern, welche hier nicht behandelt werden. Außerdem kann die elektrische Seite dieser Probleme mit der Angabe der Coulombschen Integrale und der retardierten Potentiale in Kapitel 3 als weitgehend gelöst und numerisch wenig ergiebig angesehen werden.

Die Feldausbreitung wird im Abschnitt 4.2 eingehender behandelt. Dabei wird eine Einteilung vorgenommen, welche auf der Form der Grenzbedingungen und der Geometrie beruht: In den Unterabschnitten 4.2.1 und 4.2.3 werden Probleme mit allgemeiner Geometrie in breiter Form diskutiert. Dieselben Probleme mit zylindrischer Geometrie werden in den Unterabschnitten 4.2.2,4 etwas konkreter beschrieben. Bei tiefen Frequenzen können Modelle verwendet werden, welche eine weitere Zerlegung und damit eine Analyse komplizierterer Anordnungen mit 'statischen' Methoden ermöglichen (Unterabschnitt 4.2.5). Bei sehr hohen Frequenzen stößt die Maxwellsche Theorie rasch an praktisch unüberwindliche Schranken. Die geometrische Optik ist hier oft hilfreich. Sie wird in Unterabschnitt 4.2.6 skizziert. Tabelle 4.1 gibt eine Übersicht.

| Tabelle 4.1 | | | | | |
|---|---|---|---|---|---|
| Feldgleichungen | inhom. | homogen | | | |
| Grenzbedingungen | — | inhomogen | | homogen | |
| Geometrie | — | allgemein | zylindrisch | allgemein | zylindrisch |
| Beispiele | 1.) | 2.) | 4.) | 3.) | 5.)+6.) |
| Anwendungen | Wandler | Streufelder | zyl.Streuf. | Resonator | Wellenleiter |
| Abschnitt | 4.1 | 4.2.1,6 | 4.2.2,6 | 4.2.3,6 | 4.2.4-6 |

Mathematisch lassen sich alle diese Aufgabenstellungen folgendermaßen beschreiben: Der Raum ist unterteilt in einzelne Feldgebiete $G_i$, die sich gegenseitig berühren. In jedem Feldgebiet $G_i$ gelten $M_F$ Feldgleichungen vom Typus

$$L_{im}(F_{i1}, ... F_{in}, ... F_{iN}) = H_{im} , \quad m = 1, 2, ... M_F , \quad \text{in } G_i , \tag{4.1}$$

wobei der Einfachheit halber angenommen wird, in jedem Gebiet $G_i$ gelten gleich viele Feldgleichungen und in jeder Feldgleichung seien gleich viele Feldgrößen $F_{in}$ enthalten. Wäre dies nicht der Fall, so müßten für jedes Gebiet unterschiedliche Anzahlen $N_i$, $M_{F_i}$ anstelle von $N$ und $M_F$ gesetzt werden, was eine Komplizierung der Schreibweise ergibt.

Treten *feldfreie** Gebiete oder Gebiete mit bekannter Feldverteilung auf, so werden diese mit dem Index 0 versehen**. Die dazu gehörigen Feldgleichungen werden meist nicht notiert. Die Anzahl der Gebiete $G_i$ mit $i \neq 0$ sei $I$.

Ist der Operator $L$ in (4.1) linear, so sind die Feldgleichungen linear und – bei nicht verschwindender rechter Seite ($H \neq 0$) – inhomogen. Linearität von Operatoren hat stets eine beträchtliche Vereinfachung der weiteren Rechnung zur Folge und wird hier vorausgesetzt, wenn nichts anderes gesagt wird. Eine weitere

---

* Der Begriff 'feldfrei' bezieht sich hier nur auf elektrische und magnetische Feldstärken und nicht etwa auch auf Potentiale, die im übrigen ebenfalls als Feldgrößen bezeichnet werden. Feldfreie Gebiete sind also konkret ideale Leiter.

** Man vergleiche dazu auch Unterabschnitt 3.2.5.

Vereinfachung ergibt sich, wenn sich die Feldgleichungen (4.1) auf die Form

$$\sum_{n=1}^{N} L_{imn}(F_{in}) = H_{im} , \quad m = 1,2,...M_F , \quad \text{in } G_i \tag{4.1'}$$

oder gar

$$L_{imn}(F_{in}) = H_{im} , \quad m = 1,2,...M_F , \quad \text{in } G_i \tag{4.1''}$$

bringen lassen. Gleichungssysteme der Form (4.1″) sind ***entkoppelt***.

Die, in den verwendeten Feldgleichungen enthaltenen Feldgrößen $F_{in}$ werden *primäre* Feldgrößen genannt. Von ihnen lassen sich $M_S$ ***sekundäre*** Feldgrößen $f_{im}$ 'ableiten', gemäß

$$f_{im} = \mathrm{L}_{im}(F_{i1},...F_{in},...F_{iN}) , \quad m = 1,2,...M_S , \quad \text{in } G_i . \tag{4.2}$$

Dabei ist die Form dieselbe, wie diejenige von (4.1). Auch hier gilt oft vereinfacht

$$f_{im} = \sum_{n=1}^{N} \mathrm{L}_{imn}(F_{in}) , \quad m = 1,2,...M_S , \quad \text{in } G_i \tag{4.2'}$$

oder gar

$$f_{im} = \mathrm{L}_{imn}(F_{in}) , \quad m = 1,2,...M_S , \quad \text{in } G_i . \tag{4.2''}$$

Neben den Feldgleichungen gelten auf der Grenze $\partial G_{ij}$ zwischen zwei benachbarten Gebieten $G_i$ und $G_j$ $M_G$ Grenzbedingungen, welche sich wieder formal gleich wie (4.1) schreiben lassen:

$$\mathcal{L}_{ijm}(...F_{in}...F_{jn}...) = \mathcal{H}_{ijm} , \quad m = 1,2,...M_G , \quad \text{auf } \partial G_{ij} . \tag{4.3}$$

Oft gilt hier wiederum einfacher

$$\sum_{n=1}^{N} (\mathcal{L}_{imn}(F_{in}) - \mathcal{L}_{jmn}(F_{jn})) = \mathcal{H}_{ijm} , \quad m = 1,2,...M_G , \quad \text{auf } \partial G_{ij} \tag{4.3'}$$

oder 'entkoppelt'

$$\mathcal{L}_{imn}(F_{in}) - \mathcal{L}_{jmn}(F_{jn}) = \mathcal{H}_{ijm} , \quad m = 1,2,...M_G , \quad \text{auf } \partial G_{ij} . \tag{4.3''}$$

Mit $j = 0$ (oder $i = 0$) ergeben sich weitere Vereinfachungen. Man spricht dann von Randbedingungen und läßt den Index 0 meist weg. Da die Grenzbedingungen (4.3) in der Praxis oft die Stetigkeit gewisser primärer und sekundärer Feldgrößen beinhalten, nennt man sie auch Stetigkeitsbedingungen. In den folgenden Abschnitten werden die hier gemachten Aussagen verdeutlicht und konkretisiert.

## 4.1 FELDERZEUGUNG, INHOMOGENE FELDGLEICHUNGEN

Physikalisch grundlegend für die Erzeugung elektromagnetischer Felder sind die Beobachtungen, wonach erstens elektrische Ladungen elektrische Felder*, zweitens elektrische Ströme (welche sich aus bewegten, elektrischen Ladungen konstituieren) magnetische Felder erzeugen und drittens die zeitliche Veränderung elektrischer Felder magnetische bewirkt und umgekehrt. Der dritte Punkt beinhaltet die elektromagnetische Wellenausbreitung, die ersten beiden Punkte die eigentliche Felderzeugung. Dazu gehören die verschiedenartigsten Wandler, welche irgendwelche Energieformen in elektrische bzw. magnetische Energie umformen. Von der elektro-magnetischen Seite des Wandlers her gesehen, bewirken mechanische, thermische, chemische etc. Prozesse immer nur 'eingeprägte' Strom- und Ladungsverteilungen, welche den Ausgangspunkt für die Berechnungen bilden und als gegeben betrachtet werden.

Untersucht man beispielsweise mechanisch-elektrische Wandler, so werden darin Ladungen und Ströme durch mechanische Krafteinwirkung bewegt. Selbstverständlich ergeben sich dadurch elektrische Kräfte, welche auf das mechanische System zurückwirken, so daß sich nicht nur eine mechanisch-elektrische sondern auch eine elektrisch-mechanische Kopplung ergibt. Die Behandlung des elektromechanischen Gesamtsystems ist jedoch überflüssig, wenn die 'Rückwirkung' vernachläßigbar klein ist, was praktisch meist der Fall ist. Damit kann die Ladungs- und Stromverteilung als bekannt (bzw. durch das mechanische System allein bestimmt) vorausgesetzt werden. Ähnliches gilt auch für chemisch-elektrische und elektrisch-elektrische Wandler, wie z.B. Antennen. Im Falle einer Sendeantenne wird üblicherweise die Stromverteilung als bekannt vorausgesetzt und die Rückwirkung durch allfällig vorhandene Empfangsantennen und Streukörper vernachläßigt. Dies ist zumindest dann der Fall, wenn sich die 'Empfänger' nicht in unmittelbarer Nähe der Sendeantennen befinden. Um die 'Rückwirkung' in Rechnung zu nehmen, können iterative Methoden benützt werden, welche es ermöglichen, die verschiedenen beteiligten Systeme weiterhin separat zu behandeln.

Sind nichtverschwindende Ladungs- und Stromverteilungen vorgegeben, so werden die Maxwell-Gleichungen inhomogen, was vorallem die Schreibweise ($3.1.1.1 - 4i + h$) deutlich macht. Wie im Kapitel 3 gezeigt worden ist, ergeben sich bei der Weiterverarbeitung inhomogene Wellen-, Helmholtz- und allenfalls Poissongleichungen und zwar unabhängig davon, ob Potentiale eingeführt werden, oder ob direkt mit den elektrischen und magnetischen Feldstärken gearbeitet wird. Das Auffinden spezieller Lösungen all dieser inhomogenen Differentialgleichungen kann mit Greenschen Funktionen bewerkstelligt werden und führt auf die 'retardierten Potentiale' (3.2.4.21) bzw. auf die Coulomb-Integrale (3.2.4.8,10). Die allenfalls verbleibende, numerische Integration dieser Gleichungen bedarf keiner weiteren Erläuterung.

Eine, bereits im Kapitel 3 erwähnte Eigenheit der speziellen Lösungen der

* Dies ist vielleicht weniger eine Beobachtung als eine grundlegende Hypothese.

inhomogenen Gleichungen soll hier nochmals betont werden: Die Superposition einer speziellen Lösung mit einer beliebigen Lösung der zugehörigen homogenen Gleichung ergibt stets wieder eine spezielle Lösung der inhomogenen Gleichung. Vom mathematischen Standpunkt aus gesehen, sind alle diese Lösungen gleichwertig. Physikalisch sind jedoch die, durch (3.2.4.8,10,21) angegebenen Lösungen besonders wichtig, da sie die 'natürlichen' Randbedingungen im Unendlichen erfüllen: Verschwinden die Ladungs- und Stromverteilungen außerhalb eines endlichen Quellgebietes, so sollte der Energieinhalt der elektromagnetischen Felder zumindest außerhalb dieses Quellgebietes* endlich bleiben, was nur dann möglich ist, wenn die Feldstärken im Unendlichen genügend rasch verschwinden.

Ist die Ladungs- und Stromverteilung im ganzen Raum, zu jeder Zeit vorgegeben – was auch impliziert, daß keine Materialien mit den darin enthaltenen, unbekannten Ladungsträgern vorhanden sind – so ergeben die Gleichungen (3.2.4.8,10,21) schließlich *die* physikalisch relevante Lösung des Problems. Anders wird das, wenn neben der gegebenen Ladungs- und Stromverteilung auch noch Körper mit unbekannter bzw. 'freier' Ladungs- und Stromverteilung vorhanden sind. Ein typisches Beispiel dafür ist beispielsweise eine Antenne über der Erde: Die Stromverteilung der Antenne kann als bekannt betrachtet werden, diejenige der Erde jedoch nicht. Dieses Problem wird üblicherweise in zwei Teilprobleme zerlegt: 1.) Die Antenne erzeugt ein Strahlungsfeld, welches mit Hilfe von (3.2.4.8.21) berechnet werden kann. 2.) Dieses Strahlungsfeld wird an der Erde gestreut. Zur Berechnung des Streufeldes kann die Antenne, deren Strahlungsfeld als bekannt vorausgesetzt wird, außer Acht gelassen werden. Damit ergeben sich homogene Feldgleichungen. Die Behandlung derartiger Probleme ist Aufgabe des folgenden Abschnitts.

---

* Diese vorsichtige Formulierung erlaubt auch die Behandlung von idealisierten Gebilden, wie Fadenströmen, bei welchen die Energiedichte innerhalb des Quellgebietes unendlich hoch sein kann.

## 4.2 FELDAUSBREITUNG, HOMOGENE FELDGLEICHUNGEN

Sind keine eigentlichen Quellen des Feldes vorhanden, so werden die Feldgleichungen (4.1) homogen. D.h. es gilt $H_{im} = 0$. Eine derartige Fragenstellung scheint auf den ersten Blick unsinnig, die Antwort trivial: Sind keine Quellen vorhanden, sind auch keine Felder vorhanden. Aus dem Beispiel am Schluß des vorangegangenen Abschnitts wird aber deutlich, daß hier die künstliche Aufteilung einer komplizierteren Problemstellung in einfachere Teilprobleme, also das analytisch-zerlegende Vorgehen zu Grunde liegt, daß also im Prinzip die folgende, strengere Aufgabenstellung gemeint ist: Gesucht ist die Feldverteilung einer gegebenen Anordnung, wenn alle Quellen *außerhalb* des betrachteten Feldgebietes und Zeitraums liegen. Als Ursache für die Feldgrößen kommen hier die Quellen nur mittelbar in Frage. Als unmittelbare Ursache wird das von den Quellen erzeugte Feld bzw. die auf dem Gebietsrand vorgegebene Feldverteilung angesehen.

Nun besteht des weiteren die Möglichkeit anzunehmen, daß sowohl die Feldgleichungen als auch die Grenzbedingungen homogen seien, was zunächst ebenso unsinnig zu sein scheint, wie der oben vorgenommene Ausschluß der Quellen, ist doch nun keine Anregung der Feldgrößen mehr vorhanden. Eine ähnliche Problemstellung ist dem Elektroingenieur aus der Schaltungstechnik geläufig: Bei Schwingkreisen werden Berechnungen unter Ausschluß von Strom- und Spannungsquellen angestellt. Bei diesen Aufgaben wird angenommen, daß die beobachteten Feldgrößen angeregt wurden, *bevor* die Beobachtung einsetzt. Dies führt auf Eigenwertprobleme, welche mehrere Lösungen haben können. Die Eigenwerte, wie die Resonanzfrequenzen, sind stets charakteristische Größen für die gegebene Anordnung. Sie sind unabhängig von einer Anregung d.h. von Quellen und abhängig von Geometrie und Materialeigenschaften.

In der technischen Elektrodynamik spielt die Behandlung von Feldausbreitungsproblemen eine zentrale Rolle. Um dies zu verdeutlichen, seien einige Themengruppen aufgezählt, welche sich allerdings nicht streng trennen lassen und verschiedene Gemeinsamkeiten aufweisen:

– In der Antennentechnik und der drahtlosen Übertragung wird die 'nutzbringende' Erzeugung, Ausbreitung und Detektion elektromagnetischer Wellen untersucht und praktisch ausgewertet. Dazu ist auch die Radartechnik zu zählen.

– Bei EMC- (ElectroMagnetic Compatibility) bzw. EMV- (ElektroMagnetische Verträglichkeit) sowie EMP- (ElektroMagnetischer Puls) und NEMP- (Nuklearer EMP) Problemen geht es um die Störung elektronischer Schaltungen und Anlagen durch Einstrahlung elektromagnetischer Wellen, welche durch andere elektrische Geräte, Funken, Blitze, atomare Explosionen etc. verursacht werden, sowie um die Abschirmung der Schaltungen bzw. Verhinderung von solchen Störungen.

– Die Leitungstheorie und -technik bemüht sich um die, durch metallische Drähte geführte Ausbreitung elektromagnetischer Wellen zur Energie- oder Nachrichtenübertragung. Dabei geht es sowohl um die nutzbringende Anwendung, als auch um Störungen, Übersprechen etc. Modernere Formen davon sind Hohlleiter, dielektrische Wellenleiter und – als Spezialfall davon – optische Fasern.

– Da Licht als elektromagnetische Welle behandelt werden kann, gehört die gesamte Optik zu den Anwendungsgebieten und insbesondere die moderne Technik der integrierten Optik, bei der es um die Entwicklung integrierter, optischer 'Schaltungen' geht, welche sich aus verschiedensten Bauelementen, wie Lichtleitern, Filtern, Modulatoren, Kopplern und Wandlern zusammensetzen.

### 4.2.1 Streufeldprobleme, Randwertaufgaben

Mit dem Begriff Streufelder werden hier elektrodynamische Wellenfelder bezeichnet, welche durch Streuung einer 'einfallenden' Welle an einem oder mehreren Streukörpern entstehen und nicht etwa die aus der Transformatortechnik bekannten, magnetischen Streufelder, welche außerhalb des magnetischen Kreises verlaufen. An die Streukörper müssen dabei an sich keinerlei Anforderungen gestellt werden, welche die Geometrie und Materialeigenschaften einschränken. Der Einfachheit halber wird aber im folgenden vorausgesetzt, daß alle Materialien stückweise linear, homogen und isotrop seien. Ein inhomogener Streukörper kann in einzelne, homogene Bereiche unterteilt werden. Diese Teilbereiche werden dann als separate Streukörper behandelt. Die Geometrie der einzelnen Streukörper soll hingegen keinen Einschränkungen unterworfen werden. Insbesondere sollen mehrfach zusammenhängende Gebiete $G_i$, welche unendlich ausgedehnt sein können, erlaubt sein. Im Prinzip können mehrere Anregungen, d.h. mehrere einfallende Wellen gleichzeitig vorhanden sein. Wegen der Linearität der Maxwell-Gleichungen und der vorausgesetzten Linearität der Materialgleichungen gilt das Superpositionsprinzip. Es genügt deshalb, die Streufelder einer einzigen einfallenden Welle zu untersuchen. Diese muß aus einem bestimmten Feldgebiet $G_j$ stammen, welches wie die Gebiete $G_i$ der Streukörper linear, homogen und isotrop sein soll, geometrisch jedoch keinen Einschränkungen unterworfen wird. Die Gebiete $G_i$ und $G_j$ werden deshalb nicht explizite unterschieden. Für das Gebiet, aus dem die einfallende Welle stammt, wird der Index $j = 1$ gesetzt. Im übrigen gelten die früher getroffenen Vereinbarungen für die Bezeichnungen von Gebieten und Rändern. Figur 4.2.1.1 veranschaulicht das Gesagte.

Es ist sicher sinnvoll, zunächst alle primären (und sekundären) Feldgrößen $F$ auf die entsprechenden Feldgebiete $G_i$ zu beschränken und mit demselben Index $i$ zu versehen. Da die einfallende Welle bekannt ist, werden die Feldgrößen $F_1$ im Gebiet $G_1$ in einen bekannten, 'einfallenden' und einen zu berechnenden, 'gestreuten' Anteil zerlegt:

$$F_1 = F_1^e + F_1^s \,. \tag{4.2.1.1}$$

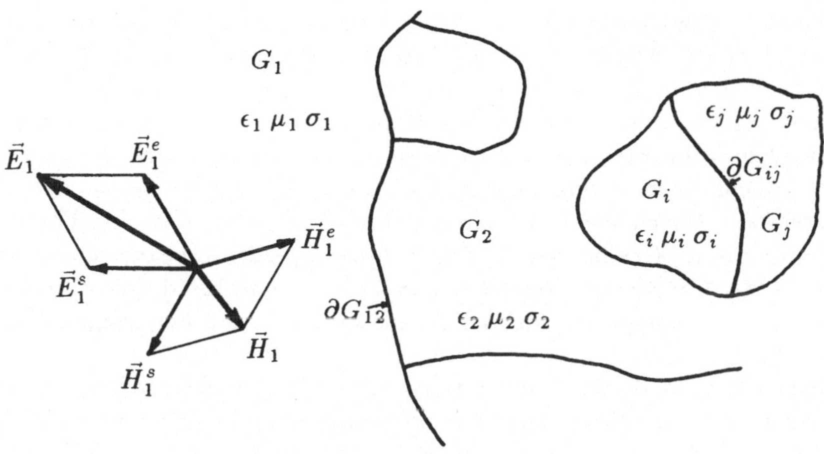


Figur 4.2.1.1

Die Stetigkeitsbedingungen auf $\partial G_{i1}$ zwischen $G_1$ und einem Nachbargebiet $G_i$ (3.2.5.1-4) werden entsprechend modifiziert. Dies sei hier nur für den Fall harmonischer Zeitabhängigkeit, für die komplexen Amplituden von $\vec{E}$ und $\vec{H}$ explizite durchgeführt, da das Vorgehen auf der Hand liegt. Anstelle von (3.2.5.1 – $4h'$) ergibt sich beispielsweise:

$$\underline{E}_{it} - \underline{E}_{1t}^s = \underline{E}_{1t}^e\,, \qquad \text{auf } \partial G_{i1}\,, \tag{4.2.1.2}$$

$$\underline{H}_{it} - \underline{H}_{1t}^s = \underline{H}_{1t}^e\,, \qquad \text{auf } \partial G_{i1}\,, \tag{4.2.1.3}$$

$$\epsilon_i\underline{E}_{in} - \epsilon_1\underline{E}_{1n}^s = \epsilon_1\underline{E}_{1n}^e\,, \qquad \text{auf } \partial G_{i1}\,, \tag{4.2.1.4}$$

$$\mu_i\underline{H}_{in} - \mu_1\underline{H}_{1n}^s = \mu_1\underline{H}_{1n}^e\,, \qquad \text{auf } \partial G_{i1}\,. \tag{4.2.1.5}$$

Die Feldstärken der einfallenden Welle wurden rechts vom Gleichheitszeichen notiert, da sie bekannt sind. Dies betont den inhomogenen Charakter dieser Stetigkeitsbedingungen. Die Stetigkeitsbedingungen zwischen allen übrigen Feldgebieten sind durch (3.2.5.1 – $4h'$) etc. gegeben und homogen.

Streng genommen müssen Stetigkeitsbedingungen von Randbedingungen – bei welchen gewisse Feldgrößen und nicht nur Anteile dieser Feldgrößen gegeben sind – unterschieden werden. Die skizzierten Streufeldprobleme sind keine eigentlichen Randwertaufgaben, werden aber ganz ähnlich behandelt und deshalb oft unter diese subsummiert. Sind speziell *alle* Streukörper ideal leitend, so wird das Innere all dieser Körper mit $G_0$ bezeichnet und feldfrei. Das Äußere ist das Gebiet $G_1$ und es ergeben sich aus (4.2.1.2-5) die Bedingungen

$$-\underline{E}_{1t}^s = \underline{E}_{1t}^e\,, \qquad \text{auf } \partial G_{01}\,, \tag{4.2.1.2'}$$

$$-\underline{H}_{1n}^s = \underline{H}_{1n}^e\,, \qquad \text{auf } \partial G_{01}\,. \tag{4.2.1.5'}$$

Wie schon im Unterabschnitt 3.2.5 erwähnt, gelten die Bedingungen (3.2.5.2, $3h'$) und demzufolge auch (4.2.1.3, $4'$) auf idealen Leitern nicht und zwar wegen des

Auftretens von Oberflächenströmen und -ladungen, welche sich aus (3.2.5.2, $3h$) berechnen lassen. Die Gleichungen (4.2.1.2, $5'$) sind eigentliche Randbedingungen für die Streufelder $F^s$. Allgemeine Streufeldprobleme können deshalb als verallgemeinerte Randwertaufgaben betrachtet werden. Andererseits muß beachtet werden, daß der mathematische Begriff der Randwertaufgaben sich nicht nur auf Streufeldprobleme der Elektrodynamik beschränkt, sondern viel weiter gefaßt wird. Er schließt auch Probleme der Elektrostatik ein, bei denen das elektrische Potential (*Dirichletsche Randbedingung*), die Ableitung des Potentials in Normalenrichtung (*Neumannsche Randbedingung*) oder Linearkombinationen davon (*gemischte, Cauchysche Randbedingungen*) auf dem Rand des Feldgebietes gegeben sind, sowie entsprechende Aufgabenstellungen aus der Magnetostatik, Mechanik usw.

Die Behandlung all dieser Randwertaufgaben und Streufeldprobleme verläuft im Prinzip immer gleich. Ihre allgemeine mathematische Beschreibung wurde zu Beginn dieses Kapitels, mit den Gleichungen (4.1-3) gegeben, wobei die Feldgleichungen (4.1) hier homogen ($H_{im} = 0$) sind. Dabei ist zu beachten, daß sich konkrete Probleme oft unterschiedlich formulieren lassen. Die Auswahl der primären Feldgrößen, der Feldgleichungen und Grenzbedingungen ist eine Frage der Modellierung des gegebenen Problems. Ob Potentiale, Ladungs- und Stromverteilungen oder einzelne Komponenten der Feldstärken als primäre Feldgrößen verwendet werden, ist eine Frage der Technik und des Geschmacks, beeinflußt den Lösungsgang jedoch nicht wesentlich. Dabei wird in jedem Feldgebiet $G_i$ für alle primären Feldgrößen $F_{in}$ ein Lösungsansatz der Form

$$F_{in} = \sum_{k=1}^{\infty} A_{ink} F_{ink} \tag{4.2.1.6}$$

gemacht, wobei die $F_{ink}$ in $G_i$ definierte Funktionen sind, welche eine *Basis* zur Entwicklung der gesuchten Funktion $F_{in}$ bilden. (4.2.1.6) erinnert stark an die Zerlegung von Vektoren in Komponenten. Im dreidimensionalen Raum gilt beispielsweise

$$\vec{v} = \sum_{k=1}^{3} A_k \vec{e}_k \,.$$

Die Vektoren entsprechen hier offenbar den Funktionen in (4.2.1.6), die Basisvektoren $\vec{e}_k$ den Basisfunktionen $F_{ink}$ und die Komponenten $A_k$ den Parametern $A_{ink}$. Die Dimension $K$ des Funktionenraumes in (4.2.1.6) ist allerdings unendlich. Trotzdem ergibt sich durch diese Verwandtschaft eine oft hilfreiche Möglichkeit zur Veranschaulichung dessen, was in abstrakten Funktionenräumen gemacht wird.

Die Beantwortung der sich hier stellenden Fragen – Wie findet man die Basisfunktionen $F_{ink}$? Reichen tatsächlich abzählbar unendlich viele Basisfunktionen aus, so daß $F_{in}$ gemäß (4.2.1.6) entwickelt werden kann? Ist die Basis *vollständig,* so daß jede Lösung der Feldgleichungen entwickelt werden kann? usw. – ist eine nicht leicht zu bewältigende Aufgabe.

Wird eine numerische (Näherungs)lösung angestrebt, so können die genannten Fragen meist unbesorgt beiseite gelassen werden. Dies hat verschiedene Gründe: Die Anzahl $K_{in}$ der zu verwendenden Basisfunktionen muß notgedrungen endlich sein. Anstelle der Gleichheit in (4.2.1.6) ist man mit einer *Approximation*

$$F_{in} \approx F_{in}^{0} = \sum_{k=1}^{K_{in}} A_{ink} F_{ink} \tag{4.2.1.6'}$$

zufrieden. Es genügt also, wenn die $F_{ink}$ eine Approximationsbasis bilden, so daß $F_{in}$ durch (4.2.1.6′) mit der gewünschten Genauigkeit angenähert werden kann. Es ist nicht einmal nötig, daß mit (4.2.1.6′) *jede* Lösung der Feldgleichungen in $G_i$ approximiert werden kann. Wie allerdings eine Approximationsbasis gefunden werden kann, welche der gesuchten, unbekannten Lösung angepaßt ist, läßt sich nicht allgemein sagen. Tatsächlich ist aber in vielen Fällen die Funktion $F_{in}$ nicht völlig unbekannt, liegen doch praktische Erfahrungswerte und einschränkende Aussagen vor, welche aus theoretischen Überlegungen folgen. Beispielsweise sind die Feldfunktionen meist sehr 'brav', weisen also keine abrupten Änderungen auf, außer in der Nähe von Ecken, Kanten etc. Wird – durch die Wahl der Basisfunktionen – von praktischen Erfahrungen und physikalischem Wissen Gebrauch gemacht, so kann im allgemeinen die Effizienz der Programme wesentlich gesteigert werden. Bei komplizierteren Aufgaben ist dies unerläßlich, macht man doch die Erfahrung, daß nur auf mathematischen Überlegungen basierende Programme praktisch selten gut funktionieren.

Da die Entwicklungsfunktionen $F_{ink}$ meist für sehr viele verschiedene Argumente und sehr oft berechnet werden müssen, wird die Forderung nach 'einfachen' Funktionen, welche numerisch 'billig' zu bestimmen sind, bedeutungsvoll. Von Vorteil sind deshalb Funktionen, welche sich durch einfache Rekursionen oder rasch konvergierender Reihen berechnen lassen.

Die Grenzbedingungen dienen nun – ebenso wie die Feldgleichungen selber – dazu, die Basisfunktionen $F_{ink}$ einzuschränken und die Parameter $A_{ink}$ festzulegen. Bei numerischen Methoden geht es darum, die $F_{ink}$ und die $A_{ink}$ so zu bestimmen, daß die Feldgleichungen und die Grenzbedingungen 'möglichst gut' erfüllt werden. Was damit gemeint ist, hängt von den Anforderungen des Anwenders ab und kann beispielsweise heißen, daß der, über das Feldgebiet gemittelte, absolute Fehler, der mittlere quadratische Fehler oder der maximale Fehler möglichst klein sein soll. Sind gewisse Bereiche des Feldgebietes von besonderem Interesse, so kann dort ein kleinerer Fehler wünschenswert sein, was durch eine geeignete Gewicktung erreicht werden kann. Diese Fragen werden in Kapitel 5 ausführlicher zu behandeln sein, stellen sie sich doch für die Feldberechnungsmethoden ganz allgemein.

Unklar ist nun noch, ob auf diese Weise genau eine Lösung gefunden wird. Diese Frage nach der *Eindeutigkeit* bereitet dem Theoretiker oft viel Kopfzerbrechen, läßt den Praktiker indessen unberührt, welcher sich sagt, daß 'die Natur' ja schon wisse, was sie tue, so daß eine eindeutige Lösung die einzig sinnvolle Möglichkeit darstellt. Ein Gegenbeispiel dazu liefern allerdings die im nächsten

Unterabschnitt behandelten Eigenwertprobleme. Die Eindeutigkeit der Lösung hat eben mit der Problemstellung, d.h. mit dem verwendeten Modell zu tun und dieses braucht keineswegs ein getreues Bild der 'Natur' zu sein. Wann ein Problem 'gut gestellt' (*well posed*) ist und wann nicht, ob keine, eine oder mehrere Lösungen existieren etc. kann wiederum nicht allgemein gesagt werden und ist von Fall zu Fall in der mathematischen Literatur nachzulesen. Im Falle von Streufeld- und Randwertproblemen ergibt sich üblicherweise eine eindeutige Lösung, was hier jedoch nicht bewiesen wird.

### 4.2.2 Zylindrische Streufeldprobleme

Unter zylindrischen Streufeldproblemen verstehen wir einen Spezialfall der im Unterabschnitt 4.2.1 behandelten dreidimensionalen Streufelder*, bei dem die *Geometrie der Anordnung* zylindersymmetrisch sein soll. Die Annahme, daß neben der Geometrie auch die Felder selbst zylindrisch seien, ist recht häufig anzutreffen und ermöglicht starke Vereinfachungen. Gleichzeitig ergibt sich damit aber auch eine Einschränkung auf senkrecht zur Achse einfallende Wellen, also auf eine sehr spezielle Anregung, bei der längs der Zylinderachse keine Energie transportiert werden kann. Gerade der longitudinale Energietransport ist aber bei der Behandlung der Störungseinkopplung von besonderem Interesse. Der vertikale Einfall wird hier deshalb lediglich als Spezialfall verstanden.

Wie im Kapitel 3 erwähnt wurde, kann jede beliebige Lösung der Maxwell-Gleichungen bzw. der Wellengleichung in einem linear, homogen, isotropen Medium durch eine räumliche und zeitliche Fourieranalyse in ebene Wellen mit harmonischer Zeitabhängigkeit zerlegt werden. Um konkreter zu werden, beschränken wir uns deshalb auf ebene, elektromagnetische Wellen mit harmonischem Zeitverlauf als Anregung. Jede solche kann weiter in zwei linear polarisierte Teilwellen zerlegt werden und zwar so, daß die erste keine $\vec{E}$-Feldkomponente längs der $z$-Achse aufweist und TE-Welle (auch H-Welle) genannt wird, während die zweite – mit $H_z = 0$, $E_z \neq 0$ – TM- bzw. E-Welle heißt**. Werden alle Vektoren $\vec{v}$ in transversale und longitudinale Komponenten gemäß

$$\vec{v} = \vec{v}_T + v_z \vec{e}_z \tag{4.2.2.1}$$

zerlegt, so gilt für den Wellenvektor in einem linear, homogen, isotropen Medium:

$$\underline{\vec{k}} = \underline{\vec{k}}_T + \underline{k}_z \vec{e}_z = \underline{\vec{\kappa}} + \underline{\gamma} \vec{e}_z \,. \tag{4.2.2.2}$$

---

* Alle dort gemachten Aussagen gelten also auch hier.

** Vorsicht: In Artikeln über zylindrische Probleme mit vertikalem Einfall der ebenen Wellen werden zum Teil dieselben Bezeichnungen mit andersartiger Definition und umgekehrter Bedeutung verwendet, was zu Verwirrungen Anlaß geben kann.

Im folgenden wird vorausgesetzt, daß das Gebiet $G_1$, in dem die anregende Welle gegeben ist, verlustfrei ($\sigma_1 = 0$) sei*. Damit werden die (longitudinale) Fortpflanzungskonstante $\underline{\gamma} = \gamma = \beta$, der Wellenvektor $\vec{\underline{k}}_1 = \vec{k}_1$ und der transversale Wellenvektor $\vec{\underline{\kappa}}_1 = \vec{\kappa}_1$ reell. Mit den Abkürzungen

$$k_1^2 = k_{1x}^2 + k_{1y}^2 + k_{1z}^2\,, \quad \kappa_1^2 = k_{1x}^2 + k_{1y}^2\,, \quad \gamma = k_{1z} \tag{4.2.2.3}$$

lauten die Feldstärken der einfallenden (ebenen) E-Welle:

$$\vec{E}_1^e = \vec{E}_{T1}^e + E_{z1}^e \vec{e}_z = \Re\Big(\underline{E}_0\big(\frac{\gamma}{k_1} \cdot \frac{\vec{\kappa}_1}{\kappa_1} - \frac{\kappa_1}{k_1}\vec{e}_z\big) \cdot e^{i(k_{1x}x + k_{1y}y + \gamma z - \omega t)}\Big)\,, \tag{4.2.2.4}$$

$$\vec{H}_1^e = \vec{H}_{T1}^e = \Re\Big(\underline{E}_0 Z_{w1} \frac{\vec{\kappa}_1^o}{\kappa_1} \cdot e^{i(k_{1x}x + k_{1y}y + \gamma z - \omega t)}\Big) \tag{4.2.2.5}$$

und diejenigen der H-Welle

$$\vec{E}_1^e = \vec{E}_{T1}^e = \Re\Big(\underline{E}_0 \frac{\vec{\kappa}_1^o}{\kappa_1} \cdot e^{i(k_{1x}x + k_{1y}y + \gamma z - \omega t)}\Big)\,, \tag{4.2.2.6}$$

$$\vec{H}_1^e = \vec{H}_{T1}^e + H_{z1}^e \vec{e}_z = \Re\Big(\underline{E}_0 Z_{w1}\big(\frac{-\gamma}{k_1} \cdot \frac{\vec{\kappa}_1}{\kappa_1} + \frac{\kappa_1}{k_1}\vec{e}_z\big) \cdot e^{i(k_{1x}x + k_{1y}y + \gamma z - \omega t)}\Big)\,. \tag{4.2.2.7}$$

Frei wähl- bzw. vorgebbar sind die Amplituden $\underline{E}_0$ des elektrischen Feldes der $E$- bzw. $H$-Welle sowie die Einfallsrichtung der Welle, d.h. die Richtung des Wellenvektors $\vec{k}_1$, dessen Länge $k_1$ durch die Frequenz $\omega$ und die Materialparameter $\mu_1$, $\epsilon_1$ und $\sigma_1 = 0$ gegeben ist. Zu beachten ist, daß damit die Fortpflanzungskonstante $\underline{\gamma} = k_{1z}$ für *alle* Feldgebiete $G_i$ festgelegt ist, da die Grenzbedingunugen nur dann für *alle* Werte von $z$ erfüllt werden können, wenn *alle* Feldgrößen in *allen* Feldgebieten dieselbe $z$-Abhängigkeit und damit dieselbe Fortpflanzungskonstante aufweisen. Die Amplituden $\underline{E}_0$ können ohne Einschränkung der Allgemeinheit reell vorausgesetzt werden. In Figur 4.2.2.1 sind die genannten Vektoren skizziert, wobei $\vec{\kappa}_1$ in die Zeichenebene gelegt wurde.

Es ist nun möglich, verschiedenartigste Feldgleichungen der Form (4.1) zu verwenden. Dies können unterschiedliche Formen der Maxwell-Gleichungen selbst, Wellen-, Helmholtz-Gleichungen usw. sein. Neben den Feldgleichungen können auch unterschiedliche Feldgrößen $F$ (Feldstärken, Potentiale, Energiedichten etc.) gewählt werden. Hier soll jedoch nur die 'einfachste' Variante angegeben werden: Wie in Unterabschnitt 3.2.1 gezeigt wurde, können bei linearen, quellenfreien, zylindrischen Problemen, wie dem vorliegenden, die Transversalkomponenten der

---

* Die Angaben und Konventionen von Unterabschnitt 4.2.1 werden hier selbstverständlich weiter benützt, handelt es sich doch hier um einen Spezialfall der dort besprochenen Streufeldprobleme. Insbesondere wird die einfallende Welle mit dem hochgestellten Index $e$ und dem tiefgestellten Index 1 versehen, welcher die Nummer des Feldgebietes bezeichnet.

elektrischen und magnetischen Feldstärke aus den Longitudinalkomponenten – gemäß (3.2.1.19,20) – 'abgeleitet' werden. Die Longitudinalkomponenten selber sind je einer zweidimensionalen Helmholtzgleichung (3.2.1.22,23) unterworfen und spielen in gewisser Hinsicht die Rolle von zwei skalaren Potentialen. Damit wird die Problemstellung recht einfach: Gesucht sind zwei skalare Feldfunktionen $\underline{E}_z$ und $\underline{H}_z$, welche in jedem linear, homogen, isotropen Feldgebiet $G_i$ den entkoppelten Feldgleichungen (3.2.1.22,23) genügen.

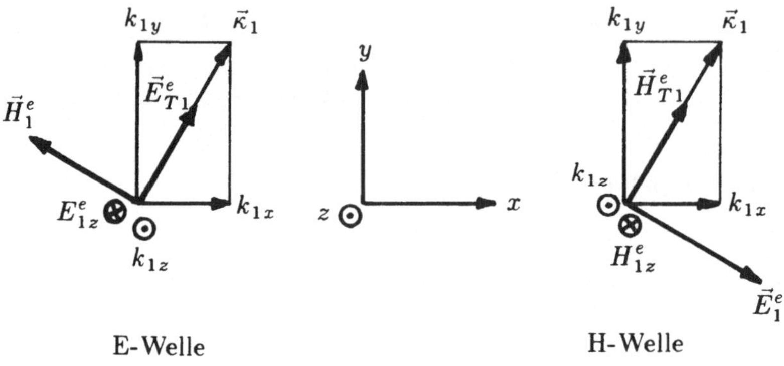


Figur 4.2.2.1

Im Feldgebiet $G_1$, in welchem die Anregung z.B. gemäß (4.2.2.4,5) oder (4.2.2.6,7) gegeben ist, wird eine Aufspaltung (4.2.1.1) in einfallende und gestreute Wellen vorgenommen, wobei die Longitudinalkomponenten der gestreuten Wellen $\underline{E}^s_{1z}$ und $\underline{H}^s_{1z}$ ebenfalls die skalaren Helmholtz-Gleichungen (3.2.1.22,23) erfüllen. Auf den Gebietsrändern $\partial G_{ij}$ müssen die Stetigkeitsbedingungen (3.2.5.1 – $4h'$) gelten. Spaltet man dabei die tangentialen Komponenten, welche durch den Index $t$ gekennzeichnet sind, in eine longitudinale (mit Index $z$) und eine, in der Transversalebene tangentiale Komponente (mit Index $\tau$) und setzt (3.2.1.19,20) ein, so findet man die folgenden, *gekoppelten* Stetigkeitsbedingungen auf $\partial G_{ij}$, wenn $i \neq 1$ und $j \neq 1$ ist:

$$\underline{E}_{iz} - \underline{E}_{jz} = 0 \,, \tag{4.2.2.8}$$

$$\underline{H}_{iz} - \underline{H}_{jz} = 0 \,, \tag{4.2.2.9}$$

$$\Big(\frac{i\gamma}{\underline{\kappa}_i^2}\operatorname{grad}_T \underline{E}_{iz} - \frac{i\omega\mu_i}{\underline{\kappa}_i^2}\operatorname{grad}_T{}^o \underline{H}_{iz} - \frac{i\gamma}{\underline{\kappa}_j^2}\operatorname{grad}_T \underline{E}_{jz} + \frac{i\omega\mu_j}{\underline{\kappa}_j^2}\operatorname{grad}_T{}^o \underline{H}_{jz}\Big)\cdot \vec{e}_\tau = 0 \,, \tag{4.2.2.10}$$

$$\Big(\frac{i\gamma}{\underline{\kappa}_i^2}\operatorname{grad}_T \underline{H}_{iz} + \frac{i\omega\underline{\epsilon}'_i}{\underline{\kappa}_i^2}\operatorname{grad}_T{}^o \underline{E}_{iz} - \frac{i\gamma}{\underline{\kappa}_j^2}\operatorname{grad}_T \underline{H}_{jz} - \frac{i\omega\underline{\epsilon}'_j}{\underline{\kappa}_j^2}\operatorname{grad}_T{}^o \underline{E}_{jz}\Big)\cdot \vec{e}_\tau = 0 \,, \tag{4.2.2.11}$$

$$\Big(\epsilon_i\big(\frac{i\gamma}{\underline{\kappa}_i^2}\mathrm{grad}_T\,\underline{E}_{iz} - \frac{i\omega\mu_i}{\underline{\kappa}_i^2}\mathrm{grad}_T{}^o\underline{H}_{iz}\big)$$

$$-\epsilon_j\big(\frac{i\gamma}{\underline{\kappa}_j^2}\mathrm{grad}_T\,\underline{E}_{jz} - \frac{i\omega\mu_j}{\underline{\kappa}_j^2}\mathrm{grad}_T{}^o\underline{H}_{jz}\big)\Big)\cdot\vec{e}_\nu = 0\,, \qquad (4.2.2.12)$$

$$\Big(\mu_i\big(\frac{i\gamma}{\underline{\kappa}_i^2}\mathrm{grad}_T\,\underline{H}_{iz} + \frac{i\omega\underline{\epsilon}_i'}{\underline{\kappa}_i^2}\mathrm{grad}_T{}^o\underline{E}_{iz}\big)$$

$$-\mu_j\big(\frac{i\gamma}{\underline{\kappa}_j^2}\mathrm{grad}_T\,\underline{H}_{jz} + \frac{i\omega\underline{\epsilon}_j'}{\underline{\kappa}_j^2}\mathrm{grad}_T{}^o\underline{E}_{jz}\big)\Big)\cdot\vec{e}_\nu = 0\,, \qquad (4.2.2.13)$$

wobei $\vec{e}_\tau$ der tangentiale und $\vec{e}_\nu$ der normale Einheitsvektor zu $\partial G_{ij}$ in der Transversalebene ist. Die Gleichungen (4.2.2.8,9) haben die Form (4.3″), sind also entkoppelt, während die Gleichungen (4.2.2.10-13) gekoppelt sind und die 'vereinfachte' Form (4.3′) aufweisen. Auf der Grenze $\partial G_{i1}$ zwischen dem ersten Feldgebiet – in dem die Anregung gegeben ist – und einem Nachbargebiet $G_i$ findet man mit (4.2.1.2-5) die entsprechenden, inhomogenen Stetigkeitsbedingungen:

$$\underline{E}_{iz} - \underline{E}_{1z}^s = \underline{E}_{1z}^e\,, \qquad (4.2.2.8')$$

$$\underline{H}_{iz} - \underline{H}_{1z}^s = \underline{H}_{1z}^e\,, \qquad (4.2.2.9')$$

$$\Big(\frac{i\gamma}{\underline{\kappa}_i^2}\mathrm{grad}_T\,\underline{E}_{iz} - \frac{i\omega\mu_i}{\underline{\kappa}_i^2}\mathrm{grad}_T{}^o\underline{H}_{iz}$$

$$-\frac{i\gamma}{\underline{\kappa}_1^2}\mathrm{grad}_T\,\underline{E}_{1z}^s + \frac{i\omega\mu_1}{\underline{\kappa}_1^2}\mathrm{grad}_T{}^o\underline{H}_{1z}^s\Big)\cdot\vec{e}_\tau = \underline{E}_{1\tau}^e\,, \qquad (4.2.2.10')$$

$$\Big(\frac{i\gamma}{\underline{\kappa}_i^2}\mathrm{grad}_T\,\underline{H}_{iz} + \frac{i\omega\underline{\epsilon}_i'}{\underline{\kappa}_i^2}\mathrm{grad}_T{}^o\underline{E}_{iz}$$

$$-\frac{i\gamma}{\underline{\kappa}_1^2}\mathrm{grad}_T\,\underline{H}_{1z}^s - \frac{i\omega\underline{\epsilon}_1'}{\underline{\kappa}_1^2}\mathrm{grad}_T{}^o\underline{E}_{1z}^s\Big)\cdot\vec{e}_\tau = \underline{H}_{1\tau}^e\,, \qquad (4.2.2.11')$$

$$\Big(\epsilon_i\big(\frac{i\gamma}{\underline{\kappa}_i^2}\mathrm{grad}_T\,\underline{E}_{iz} - \frac{i\omega\mu_i}{\underline{\kappa}_i^2}\mathrm{grad}_T{}^o\underline{H}_{iz}\big)$$

$$-\epsilon_1\big(\frac{i\gamma}{\underline{\kappa}_1^2}\mathrm{grad}_T\,\underline{E}_{1z}^s - \frac{i\omega\mu_1}{\underline{\kappa}_1^2}\mathrm{grad}_T{}^o\underline{H}_{1z}^s\big)\Big)\cdot\vec{e}_\nu = \epsilon_1\underline{E}_{1\nu}^e\,, \qquad (4.2.2.12')$$

$$\Big(\mu_i\big(\frac{i\gamma}{\underline{\kappa}_i^2}\mathrm{grad}_T\,\underline{H}_{iz} + \frac{i\omega\underline{\epsilon}_i'}{\underline{\kappa}_i^2}\mathrm{grad}_T{}^o\underline{E}_{iz}\big)$$

$$-\mu_1\big(\frac{i\gamma}{\underline{\kappa}_1^2}\mathrm{grad}_T\,\underline{H}_{1z}^s + \frac{i\omega\underline{\epsilon}_1'}{\underline{\kappa}_1^2}\mathrm{grad}_T{}^o\underline{E}_{1z}^s\big)\Big)\cdot\vec{e}_\nu = \mu_1\underline{H}_{1\nu}^e\,. \qquad (4.2.2.13')$$

Da die Fortpflanzungskonstante durch die, im Gebiet $G_1$ einfallende Welle vorgegeben ist, bleibt $\gamma$ auch dann reell, wenn Gebiete $G_i$ mit $\sigma_i \neq 0$ vorhanden sind, solange die Verluste in $G_1$ vernachläßigbar klein sind ($\sigma_1 = 0$). Ist $\sigma_1 \neq 0$, so ist die einfallende Welle gedämpft und die Gleichungen (4.2.2.4-7) sind entsprechend zu modifizieren. Um ein Gebiet $G_0$ mit idealer Leitfähigkeit $\sigma \to \infty$ – was zu keinen Verlusten führt – in Rechnung zu nehmen, ist das in Unterabschnitt 4.2.1 Gesagte zu beachten, was die Gleichungen um einiges vereinfacht.

Trotzdem bleiben auch dann noch die Randbedingungen relativ kompliziert und *gekoppelt*.

Die Zerlegung der einfallenden, ebenen Welle in einen TE- und einen TM-Anteil suggeriert, daß z.B. die, durch eine TE-Welle hervorgerufenen Streufelder ebenfalls transversal-elektrisch (mit $E_z = 0$) seien, so daß dann lediglich *eine* unabhängige, skalare Feldgröße $H_z$ auftritt, welche der Helmholtz-Gleichung (3.2.2.5) genügt. Dies hätte auch eine starke Vereinfachung der Stetigkeitsbedingungen (4.2.2.10-13) zur Folge, ist jedoch nur bei speziellen Problemen (ideal leitende Streukörper und/oder vertikaler Einfall der ebenen Welle) wirklich der Fall. Oft ergeben aber derartige TE- bzw. TM-Rechnungen wenigstens gute Näherungen.

### 4.2.3 Resonatoren, Eigenwertprobleme

Resonatoren werden meist an Hand von Modellen berechnet, bei denen das Feldgebiet endlich und abgeschlossen ist. Die Wände des Resonators sind also für die elektromagnetischen Felder undurchläßig. Praktisch ist ein solches Gebilde nutzlos, da keine Verbindung zur 'Umwelt' möglich ist oder umgekehrt ausgedrückt: Praktische Resonatoren sind nie völlig geschlossen, ihre Wände weisen 'Löcher' auf, welche zur Kopplung mit einem angeschlossenen System dienen.

Ist das elektromagnetische Feld streng auf ein Gebiet $G$ beschränkt und wird außerdem angenommen, daß die Feldenergie weder in Wärme noch in eine andere Energieform umgewandelt wird*, findet also weder ein Energie*austausch* noch eine Energie*umformung* statt, so spricht man von einem verlustfreien, 'idealen' Resonator. Im mathematischen Modell hat dies zur Folge, daß erstens die Randbedingungen auf dem Rand $\partial G$ von $G$ und zweitens die Feldgleichungen in $G$ homogen sind. Die homogenen Feldgleichungen beschreiben die Ausbreitung elektromagnetischer Wellen in $G$, welche auf dem (undurchläßigen!) Rand $\partial G$ vollständig reflektiert werden, was mathematisch aus den homogenen Randbedingungen folgt. Ähnlich, wie durch die Überlagerung der hin- und zurücklaufenden Wellen auf einer Saite eine mechanische Schwingung entsteht, ergeben sich im idealen Resonator elektromagnetische Schwingungen, bei denen elektrische in magnetische Feldenergie umgewandelt wird und umgekehrt. Wegen der Verlustfreiheit müssen diese Schwingungen ungedämpft verlaufen. Die Separation der Zeitabhängigkeit führt – wie in Kapitel 3 gezeigt – auf harmonische Funktionen. Wie ebenfalls im Kapitel 3 gezeigt wurde, folgt aus dem Energieerhaltungssatz die 'Resonanzbedingung' (3.2.6.10), welche besagt, daß elektrische und magnetische Feldenergie einander im Zeitmittel gleich sind. Charakteristische Größen für die verschiedenen, möglichen (harmonischen) Schwingungen sind die Resonanzfrequenzen $\omega$.

---

* Auch die Umformung irgendeiner Energieform in elektromagnetische Energie sei damit ausgeschlossen. Der ideale Resonator enthält keine eingeprägten Ladungen und Ströme.

Um das Gesagte zu veranschaulichen, betrachten wir einen Hohlraumresonator, der in der Mikrowellentechnik gebräuchlich ist. Werden Kopplungsschlitze vernachläßigt und die verwendeten Materialien dahingehend idealisiert, daß das Innere $G$ des Resonators homogen, linear, isotrop und nichtleitend ($\sigma = 0$) und der Rand $\partial G$ ideal leitend ($\sigma \to \infty$) ist, so gelten in $G$ die Maxwell-Gleichungen (3.1.1.1 – 4′) mit $\vec{j}_0 = 0$, $\rho = 0$ sowie $\sigma = 0$ und – als Folge davon – homogene Wellengleichungen vom Typus (3.2.3.3) für die elektrische und die magnetische Feldstärke*. Daneben gelten auf $\partial G$ die Randbedingungen (3.2.5.1 – 4$h$) mit $\vec{E}_j = \vec{H}_j = 0$. (Da nur ein einziges Feldgebiet $G$ vorhanden ist, können die Indices $i = 1$ und $j = 0$ weggelassen werden.) Wegen der idealen Leitfähigkeit des Randes sind Oberflächenladungen $\varsigma$ und -ströme $\vec{\alpha}$ vorhanden, die aus den Gleichungen (3.2.5.2, 3$h$) berechnet werden können. Damit verbleiben die Randbedingungen

$$E_t = 0\,, \qquad \text{auf } \partial G\,, \tag{4.2.3.1}$$

$$H_n = 0\,, \qquad \text{auf } \partial G\,, \tag{4.2.3.2}$$

wobei die zweite automatisch erfüllt ist, wenn (4.2.3.1) auf dem ganzen Rand $\partial G$ und die Feldgleichungen (3.1.1.1 – 4′) bzw. (3.2.3.3) im ganzen Feldgebiet $G$ erfüllt sind. Die Separation der Zeit führt auf Maxwell-Gleichungen der Form (3.1.1.10 – 13″) bzw. auf Helmholtz-Gleichungen vom Typus (3.2.3.6). Für die Zeitabhängigkeit ergibt sich indessen (3.2.3.7) mit $\sigma = 0$ und somit die harmonische Funktion (3.2.3.8). Da der Energieinhalt des Resonators sich zeitlich nicht ändert (weder Energieumwandlung in $G$ noch Energieaustausch durch $\partial G$), muß $\underline{\omega} = \omega$ reell sein. Wie in Kapitel 3 gezeigt wurde, können verschiedene Potentiale eingeführt und entsprechende Wellen- oder Helmholtzgleichungen formuliert werden. Diese Differentialgleichungen lassen sich mit Hilfe der Variationsrechnung, den Sätzen von Gauß und Stokes etc. durch gleichwertige Integralgleichungen ersetzen usw. Durch Verwendung bestimmter Koordinatensysteme erhalten die genannten Feldgleichungen außerdem recht unterschiedliche Gestalt. Trotzdem wird durch sie ein und dasselbe Eigenwertproblem beschrieben, bei dem die Eigenwerte, d.h. die Resonanzfrequenzen $\omega$ und die zugehörigen Feld- bzw. Eigenfunktionen zu bestimmen sind. Welche Feldfunktionen und -gleichungen schließlich benützt werden, ist eine Frage der Technik und des Geschmacks.

Da $\omega$ in den Feldgleichungen implizite enthalten ist, ergibt sich ein nichtlineares Eigenwertproblem, bei dem $\omega$ numerisch iterativ gesucht werden kann. Die Feldgleichungen und Grenzbedingungen in jedem Feldgebiet $G_i$ haben im wesentlichen wieder die Form (4.1,3) mit $H = \mathcal{H} = 0$. Die Feldgrössen und die Operatoren sind dabei von $\omega$ abhängig, was schon in den vorangehenden Abschnitten der Fall war. Nun ist aber $\omega$ kein bekannter Parameter mehr sondern eine Unbekannte. Die Operatoren $L$ und $\mathcal{L}$ sind fast immer bezüglich $\omega$ nichtlinear. Es handelt sich damit um nichtlineare Eigenwertprobleme, die nur in

* $\underline{Z}$ ist in (3.2.3.3) durch $\vec{E}$ bzw. $\vec{H}$ zu ersetzen. Wie in Abschnitt 3.2 angegeben, gelten dieselben (skalaren) Wellengleichungen auch für sämtliche kartesischen Feldkomponenten.

den seltensten Fällen analytisch gelöst werden können, obwohl die Gleichungen (4.1,3) im oben genannten Beispiel von Hohlraumresonatoren relativ einfach werden können, wenn geeignete Feldgleichungen und -funktionen zu Grunde gelegt werden. Im Minimum ergeben sich – wie im Kapitel 3 erwähnt – zwei skalare Feldfunktionen, welche in $G$ je eine Helmholtz-Gleichung erfüllen (die beiden Feldgleichungen sind also entkoppelt). Verwendet man Kugelkoordinaten, so findet man aus den vektoriellen Helmholtz-Gleichungen (3.2.2.4,5) mit den Maxwell-Gleichungen (3.1.1.12, 13″) und der Beziehung (3.2.3.14), daß die beiden skalaren Größen $F_1 = r \cdot \underline{E}_r$ und $F_2 = r \cdot \underline{H}_r$ je eine skalare Helmholtz-Gleichung in $G$ erfüllen. Aus den Maxwell-Gleichungen (3.1.1.10, 11″) folgt schließlich, daß sich die restlichen Komponenten der elektrischen und magnetischen Feldstärke aus den beiden Radialkomponenten bzw. $F_1$ und $F_2$ 'ableiten' lassen, was mit (4.2.3.1,2) relativ einfache Randbedingungen ergibt. Auf eine Herleitung* wird hier verzichtet. Einen Eindruck vom Vorgehen vermittelt die ausführlichere Behandlung zylindrischer Wellenausbreitung im Unterabschnitt 4.2.4, welche im Prinzip gleich – wenn auch etwas einfacher – verläuft.

Der iterative Prozeß zur Bestimmung der Resonanzfrequenzen $\omega$ und der Feldverteilungen $F$ der verschiedenen Schwingungstypen** kann so verlaufen, daß entweder zunächst für $\omega$ ein plausibler Wert $\omega_0$ oder für die Feldverteilungen $F$ eine Schätzung $F_0$ angenommen wird.

Differiert im ersten Fall $\omega_0$ von der (gesuchten) Lösung $\omega$, so können die Feldgleichungen und die Randbedingungen nicht gleichzeitig exakt erfüllt werden. Es bieten sich sofort drei Varianten an, je nachdem ob die Feldgleichungen, die Randbedingungen oder keine von beiden exakt und die verbleibenden Gleichungen 'so gut wie möglich' erfüllt werden. Wie schon im Unterabschnitt 4.2.1 beinhaltet dies eine Definition eines *Fehlers*, für welche sich unterschiedlichste Möglichkeiten anbieten. Zugleich muß dabei die 'Amplitude' der Schwingung festgelegt werden, was wiederum auf verschiedene Weise geschehen kann, indem der Energiedichte, der elektrischen oder magnetischen Feldstärke, dem einen oder andern Potential etc. in einem – zu wählenden – Raumpunkt oder aber im Mittel über das ganze Feldgebiet, ein bestimmter Wert zugewiesen wird.

In einem zweiten Schritt wird $\omega_0$ variiert und zwar so lange, bis der 'Fehler' möglichst klein wird. Mit andern Worten, man faßt den 'Fehler' – der auf verschiedenste Weise definiert sein kann – als Funktion von $\omega$ auf und bestimmt die Minima dieser Funktion. Ob sich auf diese Weise alle – oder wenigstens alle interessierenden Eigenwerte $\omega$ bestimmen lassen und ob jedem 'Fehlerminimum' eine physikalische Lösung entspricht, ist eine heikle Frage, die schließlich über

* Es sei hier wieder auf [J1] verwiesen.

** Da zu jedem Schwingungstyp eine bestimmte Resonanzfrequenz und eine bestimmte Feldverteilung gehören und im allgemeinen mehrere Schwingungstypen existieren, sollten $\omega$ und $F$ mit (mindestens) einem Index bezeichnet werden, der den Schwingungstyp bezeichnet. Um die Zahl der Indices nicht allzu hoch werden zu lassen, wird jedoch davon abgesehen. (Zur Charakterisierung eines bestimmten Schwingungstyps werden oft drei oder noch mehr Indices verwendet!)

die Brauchbarkeit der Methode und der verwendeten Fehlerdefinition entscheidet. Eine zweite, etwas kompliziertere Möglichkeit besteht darin, nachzuprüfen, wie gut die *Resonanzbedingung* (3.2.6.10) erfüllt ist, nachdem die Feldfunktionen für den vorgegebenen Wert $\omega_0$ 'so gut wie möglich' angegeben wurden und das Integral in (3.2.6.10) als Funktion von $\omega$ zu behandeln. Die oben genannte Fehlerdefinition wird also wiederum zur Bestimmung der Feldfunktionen benützt, jedoch nicht mehr als Zielfunktion im iterativen Prozeß zur Bestimmung von $\omega$. Als dritte Variante kann ein verbesserter Wert von $\omega_0$ mit der *Störungsrechnung* (3.2.6.26″) aus der Approximation der Feldfunktionen berechnet werden.

Wird statt von der Schätzung $\omega_0$ des Eigenwertes von derjenigen der zugehörigen Eigenfunktion $F_0$ ausgegangen, so gestaltet sich das weitere Vorgehen ganz analog, wie oben ausgeführt. Insbesondere die Möglichkeit, aus $\boldsymbol{F}_0$ mit Hilfe der Störungsrechnung einen Näherungswert von $\omega$ zu bestimmen, scheint hier attraktiv zu sein. Dieses Vorgehen ist vor allem dann vorteilhaft, wenn ein bestimmter Schwingungstyp gesucht wird, von dem – aus theoretischen Überlegungen, Näherungsrechnungen oder praktischem Wissen – der Feldverlauf wenigstens in groben Zügen bekannt ist.

Sowohl die Energieumwandlung – insbesondere in Wärme, in Folge 'Ohmscher Verluste' – als auch die Energieübertragung durch die Wände (Kopplungsöffnungen) des Resonators, führen auf Dämpfungen der Schwingungen, welche durch Einführung einer komplexen Frequenz $\underline{\omega}$ behandelt werden können. Sind die Verluste gering, so kann aus einer verlustfreien Rechnung – wie oben beschrieben – eine erste Näherung für die Eigenwerte und -funktionen gefunden werden. Die Dämpfungskonstante $\alpha_t$ läßt sich danach mit Hilfe der Störungsrechnung (3.2.6.26‴) angenähert bestimmen. Für den technischen Gebrauch ergeben sich so meist genügend genaue Resultate. Ist dies nicht der Fall, so können die oben vorgestellten, iterativen Methoden zur Bestimmung von $\omega$ auf das nunmehr komplexwertige $\underline{\omega}$ ausgeweitet werden, was am Vorgehen im Prinzip nichts ändert, jedoch den Aufwand erheblich erhöht. Interessant ist die Bestimmung dieser 'komplexen Resonanzen' eines (offenen) Körpers deshalb, weil sich damit eine Möglichkeit auftut, den Körper durch wenige komplexe Zahlen zu charakterisieren*. Die Kenntnis der komplexen Resonanzen ist auch bei der Lösung von Streufeldproblemen interessant, da sich erhebliche Veränderungen des Streufeldes ergeben**, wenn die einfallende Welle Frequenzanteile aufweist, welche in der Nähe dieser Werte liegen, so daß der bestrahlte Körper 'in Schwingung' versetzt wird. Die Singularity Expansion Methode macht davon ausgiebig Gebrauch.

---

* Der Bereich der komplexen Ebene, in dem die Resonanzen $\underline{\omega}$ gesucht werden, kann aus praktischen Gründen auf einen beschränkten Frequenzbereich und nicht sehr hohe Dämpfungskonstanten reduziert werden. Sind die typischen Abmessungen des Körpers nicht um einiges größer als die Wellenlänge der höchsten, interessierenden Frequenz, so ergeben sich nicht viele komplexe Resonanzen.

** Beispielsweise können Orte mit wesentlich erhöhten Feldstärken auftreten, was positiv ausgewertet werden kann oder auch schädigende Effekte ergibt.

### 4.2.4 Geführte Wellen

Zwei wesentliche Aufgabenkreise der Elektrotechnik sind die gezielte Übertragung von Energie und Information. Im ersten Falle geht es hauptsächlich darum, elektromagnetische Energie über weite Distanzen mit geringen Verlusten zu übertragen. Im zweiten Falle werden die elektromagnetischen Wellen als Informationsträger verwendet. Dabei sind verschiedene Anforderungen (Störsicherheit, Abhörsicherheit, Übertragungsrate etc.) zu beachten. Für die feldtheoretische Berechnung spielt die Anwendung jedoch nur eine untergeordnete Rolle, so daß hier beide Fälle gemeinsam - ohne jede Unterscheidung - behandelt werden. Im Gegensatz zur Energieübertragung ist bei der Informationsübertragung die Zeitabhängigkeit meist nicht harmonisch. Sie ist jedoch ebenfalls durch die Speisung gegeben und kann mit der Fourieranalyse - gemäß (3.1.1.8) - stets in zeitlich harmonische Anteile zerlegt werden. Harmonische Zeitabhängigkeit (3.1.1.9) wird deshalb im folgenden vorausgesetzt.

In der Praxis von großer Bedeutung ist die Möglichkeit, mittels geeigneter zylindrischer Strukturen elektromagnetische Wellen zu führen. Dabei ist zweierlei bemerkenswert: Streng zylindrische Anordnungen lassen sich nicht realisieren, sind also immer nur theoretische Modelle und Abweichungen von der Zylindersymmetrie führen nicht nur zu erheblichen Erschwernissen bei der Berechnung sondern im allgemeinen auch zu 'Strahlungsverlusten', d.h. zu nicht streng geführten Wellen*. Zur Definition - auch in der Praxis der 'geführten' Wellen - wichtiger Größen, wie der Fortpflanzungskonstanten und der unteren Grenzfrequenz (*cutoff frequency*) $\omega_c$ einer geführten Welle, ist außerdem die Voraussetzung zylindrischer Symmetrie notwendig. Daß zylindrische Modelle umso brauchbarer sind, je größer die Längsabmessungen (verglichen mit denjenigen Querabmessungen, innerhalb derer der überwiegende Teil der Energie transportiert wird) sind, versteht sich von selbst. Umgekehrt kann bei kleineren Übertragungsdistanzen der Einsatz nicht streng geführter Wellen (*leaky waves*) durchaus erwägenswert sein.

Die zylindrische Geometrie ermöglicht eine generelle $z$-Separation und legt die folgende, fiktive, aber hilfreiche Zerlegung in ein longitudinales und ein transversales Teilproblem nahe: In Längsrichtung findet eine Wellenausbreitung statt. Ohne Einschränkung der Allgemeinheit kann man voraussetzen, daß diese in Richtung $+z$ laufe. In der Transversalebene ergibt sich ein Eigenwertproblem, eine Schwingung, welche als Überlagerung verschiedener transversal sich ausbreitender

---

* Im Unterabschnitt 4.2.3 wurden bei den Resonatoren Verluste infolge von Energieumformung (Ohm'sche Verluste) und Verluste infolge Energieaustausch (Strahlungsverluste) unterschieden. Dasselbe ist auch hier der Fall. Ein Wellenleiter wird dann als *verlustfrei* bezeichnet, wenn die *Energieumformung* vernachläßigbar ist. Kann der *Energieaustausch* vernachläßigt werden, so wird dies den betreffenden Wellentypen und nicht dem Wellenleiter zugeschrieben und man spricht von *geführten* Wellen. Sinngemäß dasselbe gilt auch für Resonatoren. Diese feinere Unterscheidung wurde jedoch im Unterabschnitt 4.2.3 nicht gemacht, indem für 'ideale' Resonatoren Energieaustausch *und* -umformung gleichzeitig ausgeschlossen wurden.

Wellen verstanden werden kann.

Das 'Longitudinalproblem' läßt sich durch Separation der $z$-Abhängigkeit leicht in allgemeiner Form lösen. Zusammen mit dem harmonischen Zeitverlauf ergibt sich die $z,t$-Abhängigkeit (3.1.1.17) für *alle* Feldgrößen. In linear, homogen, isotropen Medien gelten damit die Maxwell-Gleichungen (3.1.1.18-25) etc. Zur Beschreibung der Vorgänge können die verschiedensten Feldgleichungen verwendet werden. Hier sei nur die 'einfachste' Variante – welche schon im Unterabschnitt 4.2.2 angegeben wurde – ausgeführt: Als unabhängige Feldgrößen in jedem Feldgebiet $G_i$ werden die Amplituden der Longitudinalkomponenten $\underline{E}_{iz}, \underline{H}_{iz}$ verwendet, welche den Helmholtz-Gleichungen (3.2.1.22,23) unterworfen sind. Auf der Grenze $\partial G_{ij}$ zweier benachbarter Gebiete $G_i$ und $G_j$ gelten die homogenen Stetigkeitsbedingungen (4.2.2.8-13). Die Transversalkomponenten lassen sich schließlich – falls gewünscht – mit Hilfe von (3.2.1.19,20) angeben. Der zunächst einzige Unterschied zu den Problemen in Unterabschnitt 4.2.2 besteht darin, daß die Anregung, d.h. die 'einfallende' Welle, wegfällt. Dies hat zur Folge, daß *alle* Stetigkeits- und Randbedingungen homogen werden und daß die Fortpflanzungskonstante $\underline{\gamma}$ i.a. komplex und *unbekannt* ist,was ein ebenes Eigenwertproblem ergibt, welches ganz ähnlich, wie die Resonatoren in Unterabschnitt 4.2.3 angegangen werden kann, wobei $\underline{\gamma}$ nun die Rolle der Resonanzfrequenz übernimmt* und meist iterativ gesucht werden muß. Die Resonanzbedingung (3.2.6.10) wird durch die Fortpflanzungsbedingung (3.2.6.14$i$) ersetzt.

Für den iterativen Prozeß zur Bestimmung von $\underline{\gamma}$ können im Prinzip wieder die, in Unterabschnitt 4.2.3 beschriebenen Verfahren verwendet werden, was die Definition eines Fehlers und die Angabe einer Amplitude erfordert, mit dem einzigen Unterschied, daß nun jeweils nicht über den ganzen Raum, sondern lediglich über die Transversalebene integriert werden muß. Zur Definition der Amplitude empfiehlt sich hier meist das Integral über die Längskomponente des Poynting-Vektors, d.h. die längs der Leitung im Zeitmittel transportierte Energie.

Ähnlich wie bei Resonatoren, wo oft zunächst eine 'verlustfreie' Rechnung durchgeführt wird, bei der alle Medien entweder ideale Isolatoren ($\sigma = 0$) oder ideale Leiter ($\sigma = \infty$) sind, werden zur Behandlung von zylindrischen Wellenleitern oft *verlustfreie* Modelle verwendet und damit die *geführten* Wellen durch eine *reelle* Fortpflanzungskonstante charakterisiert. Dies ist schon dadurch berechtigt, daß Wellenleiter nur dann praktisch brauchbar sind, wenn ihre Dämpfungskonstante $\alpha$ relativ klein ist. Im Anschluß an eine 'verlustfreie' Rechnung läßt sich $\alpha$ mit Hilfe der Störungsrechnung (3.2.6.27′) näherungsweise angeben.

'Verlustfreie' Modelle sind aus einem weiteren Grund beachtenswert: Die Zahl der Lösungen, welche sich aus der Ausbreitungsbedingung ergibt, d.h. die Anzahl der 'ausbreitungsfähigen' Wellentypen, ist frequenzabhängig. Betrachtet man einen bestimmten Wellentyp, so findet man im allgemeinen eine untere Grenzfrequenz (*cutoff frequency*) $\omega_c$ dergestalt, daß die Fortpflanzungskonstante

* Die Frequenz $\omega$ selber ist hier durch die Quelle am Leitungsende (im Unendlichen) vorgegeben.

nur für $\omega \geq \omega_c$ reell wird. Im verlustbehafteten Fall ist eine derartige Definition der 'cutoff'-Frequenz unmöglich.

Zur Veranschaulichung soll das besonders einfache Beispiel eines planaren Wellenleiters betrachtet werden. Dieser besteht aus zwei ebenen Spiegeln. Wird ein kartesisches Koordinatensystem $x, y, z$ verwendet und liegen die Spiegel in den Ebenen $x = \pm a$, so ist das Feldgebiet $G$ der, in $y$- und $z$-Richtung unendlich ausgedehnte Streifen $-a \leq x \leq a$. Das Material in $G$ sei linear, homogen und isotrop. Zunächst wird eine 'verlustfreie' Rechnung durchgeführt. D.h., es wird angenommen, daß erstens $\sigma$ in $G$ verschwindet und zweitens die Spiegel unendlich gut leiten ($\sigma \to \infty$). Bei harmonischer Zeitabhängigkeit und Wellenausbreitung in $z$-Richtung gilt für alle Feldkomponenten der $z, t$-Ansatz (3.1.1.17) und damit insbesondere für die Longitudinalkomponenten:

$$E_z(x,y,z,t) = \Re(\underline{E}_z(x,y) \cdot e^{i(\underline{\gamma} z - \omega t)}) , \tag{4.2.4.1}$$

$$H_z(x,y,z,t) = \Re(\underline{H}_z(x,y) \cdot e^{i(\underline{\gamma} z - \omega t)}) . \tag{4.2.4.2}$$

Die Amplituden $\underline{E}_z$ und $\underline{H}_z$ müssen in $G$ die Helmholtz-Gleichungen (3.2.1.22,23) erfüllen, welche in kartesischen Koordinaten

$$\underline{E}_{z,xx} + \underline{E}_{z,yy} + \underline{\kappa}^2 \underline{E}_z = 0 , \tag{4.2.4.3}$$

$$\underline{H}_{z,xx} + \underline{H}_{z,yy} + \underline{\kappa}^2 \underline{H}_z = 0 \tag{4.2.4.4}$$

lauten und wie im Unterabschnitt 3.3.1 angegeben, mittels Separation gelöst werden können. Dies führt auf Lösungen der Form

$$\begin{aligned} \underline{E}_z(x,y) = &\underline{A} \cos(\underline{k}_x x) \cos(\underline{k}_y y) + \underline{B} \cos(\underline{k}_x x) \sin(\underline{k}_y y) \\ &+ \underline{C} \cos(\underline{k}_x x) \sin(\underline{k}_y y) + \underline{D} \sin(\underline{k}_x x) \sin(\underline{k}_y y) , \end{aligned} \tag{4.2.4.5}$$

$$\begin{aligned} \underline{H}_z(x,y) = &\underline{a} \cos(\underline{k}_x x) \cos(\underline{k}_y y) + \underline{b} \cos(\underline{k}_x x) \sin(\underline{k}_y y) \\ &+ \underline{c} \cos(\underline{k}_x x) \sin(\underline{k}_y y) + \underline{d} \sin(\underline{k}_x x) \sin(\underline{k}_y y) , \end{aligned} \tag{4.2.4.6}$$

oder, mit Exponentialfunktionen

$$\underline{E}_z(x,y) = \underline{E} e^{\underline{k}_x x + \underline{k}_y y} + \underline{F} e^{\underline{k}_x x - \underline{k}_y y} + \underline{G} e^{-\underline{k}_x x + \underline{k}_y y} + \underline{H} e^{-\underline{k}_x x - \underline{k}_y y} , \tag{4.2.4.5'}$$

$$\underline{E}_z(x,y) = \underline{e} e^{\underline{k}_x x + \underline{k}_y y} + \underline{f} e^{\underline{k}_x x - \underline{k}_y y} + \underline{g} e^{-\underline{k}_x x + \underline{k}_y y} + \underline{h} e^{-\underline{k}_x x - \underline{k}_y y} , \tag{4.2.4.6'}$$

wobei die Parameter $\underline{A}, \underline{B}, \ldots$ von den Separationskonstanten $\underline{k}_x$ und $\underline{k}_y$ abhängig sind, welche ihrerseits – wegen (4.2.4.3,4) – die Nebenbedingung

$$\underline{k}_x^2 + \underline{k}_y^2 = \underline{\kappa}^2 = \underline{k}^2 - \underline{\gamma}^2 \tag{4.2.4.7}$$

erfüllen müssen. Damit die Feldstärken im Unendlichen ($y \to \pm\infty$) endlich bleiben, muß außerdem $\underline{k}_y = k_y$ reell sein. Wegen der Verlustfreiheit ist die Wellenzahl $\underline{k} = k$ und für *geführte* Wellen auch die Fortpflanzungskonstante $\underline{\gamma} = \gamma = \beta$ reell. Daraus folgt, daß auch $\underline{k}_x = k_x$ und $\underline{\kappa} = \kappa$ reell sein müssen.

Die Schreibweise (4.2.4.5′, 6′) legt die Interpretation einer Überlagerung von vier ebenen Wellen mit $\underline{E}_z = 0$ und vier ebenen Wellen mit $\underline{H}_z = 0$, also von insgesamt acht Teilwellen nahe, welche Wellenvektoren $\vec{k}$ gleichen Betrags $k$ und gleicher $z$-Komponente $\gamma$ aufweisen und durch Spiegelungen an den Ebenen $x = 0$ sowie $y = 0$ ineinander übergeführt werden können. Zur Erfüllung der Randbedingungen erweist sich die gleichwertige Form (4.2.4.5,6) jedoch als angenehmer. Auf dem Rand $\partial G$ von $G$, d.h. für $x = \pm a$ gelten die homogenen Randbedingungen (4.2.3.1,2). Beachtet man die Gleichungen (3.2.1.19,20), so erhält man daraus die Randbedingungen

$$\underline{E}_z = 0 \,, \tag{4.2.4.8}$$

$$\underline{E}_y = \frac{i\gamma}{\kappa^2}\underline{E}_{z,y} - \frac{i\omega\mu}{\kappa^2}\underline{H}_{z,x} = 0 \,, \tag{4.2.4.9}$$

$$\underline{H}_x = \frac{i\gamma}{\kappa^2}\underline{H}_{z,x} - \frac{i\omega\epsilon}{\kappa^2}\underline{E}_{z,y} = 0 \,. \tag{4.2.4.10}$$

Die erste Randbedingung (4.2.4.8) läßt sich auf drei Arten erfüllen: Entweder gilt

$$\underline{A} = \underline{B} = 0 \quad \text{und} \quad k_x a = n\pi \tag{4.2.4.11}$$

oder

$$\underline{C} = \underline{D} = 0 \quad \text{und} \quad k_x a = \pi/2 + n\pi \tag{4.2.4.12}$$

oder

$$\underline{A} = \underline{B} = \underline{C} = \underline{D} = 0 \,.$$

Im dritten Fall gilt offensichtlich $E_z = 0$, d.h. es handelt sich um TE- bzw. $H$-Wellen. Für diese vereinfachen sich die Randbedingungen offenbar zu

$$\underline{H}_{z,x} = 0 \,, \tag{4.2.4.9′}$$

$$\underline{H}_{z,x} = 0 \,. \tag{4.2.4.10′}$$

Diese beiden Randbedingungen sind identisch, was die früher gemachte Aussage bestätigt, nach der die Randbedingung für $H_n$ automatisch erfüllt ist, wenn die Bedingungen für $E_t$ auf dem ganzen Rand gelten. Damit findet man, daß entweder

$$\underline{a} = \underline{b} = 0 \quad \text{und} \quad k_x a = \pi/2 + n\pi \tag{4.2.4.13}$$

oder

$$\underline{c} = \underline{d} = 0 \quad \text{und} \quad k_x a = n\pi \tag{4.2.4.14}$$

gilt. Da im ersten Falle $\underline{H}_z$ in $x$-Richtung einen sinusförmigen Verlauf aufweist, nennen wir diese Wellen $H^s_{k_y n}$-Wellen und die Wellen im zweiten Falle $H^c_{k_y n}$-Wellen. Diese werden charakterisiert durch die ganze Zahl $n$ – welche $k_x$ ersetzt – und $k_y$.

Betrachtet man (4.2.4.11,12), mit $\underline{E}_z \neq 0$, so verschwinden mit der ersten Randbedingung (4.2.4.8) auch die Ableitungen $\underline{E}_{z,y}$ in (4.2.4.9,10) und es bleiben die Bedingungen (4.2.4.9, 10′), welche durch $H$-Wellen erfüllt werden. Schließt man diese mit $H_z = 0$ aus, so beschreiben (4.2.4.11,12) $E^s_{k_y n}$- bzw. $E^c_{k_y n}$-Wellen. Setzt man (4.2.4.11-14) in (4.2.4.7) ein und löst nach $\underline{\gamma}$ auf, so lassen sich die Fortpflanzungskonstanten der verschiedenen Wellentypen explizite angeben:

$$\gamma = \sqrt{\omega^2 \mu \epsilon - k_y^2 - \left(\frac{n\pi}{a} + \eta \frac{\pi}{2}\right)^2}\,, \tag{4.2.4.15}$$

wobei für $H^s$- und $E^c$-Wellen $\eta = 1$ und sonst $\eta = 0$ gilt. Diese Gleichung hat offenbar nur dann reelle Wurzeln, wenn

$$\omega \geq \omega_c = \frac{1}{\mu\epsilon} \sqrt{k_y^2 + \left(\frac{n\pi}{a} + \eta \frac{\pi}{2}\right)^2} \tag{4.2.4.16}$$

gilt. Ein interessanter Spezialfall ist offenbar $k_y = 0$, bei dem sich – für feste Werte von $n$ – die niedrigste 'cutoff'-Frequenz ergibt. Die zugehörigen Wellen weisen auch eine besonders einfache Feldverteilung auf, welche in $y$-Richtung homogen ist. Daß die Fortpflanzungskonstante und die untere Grenzfrequenz explizite angegeben werden können, ist der besonders einfachen geometrischen Struktur zu verdanken und keineswegs die Regel. Dies erleichtert auch die Ordnung und Benennung der verschiedenen Wellentypen stark. Im allgemeinen müssen aber die Fortpflanzungskonstante und die zugehörige untere Grenzfrequenz iterativ bestimmt werden. Numerisch läuft man damit immer Gefahr, einzelne Wellentypen zu 'übersehen', womit die Benennung bzw. Numerierung der gefundenen Lösungen fragwürdig wird.

Praktisch lassen sich drei Arten von Anwendungen unterscheiden, je nachdem, ob im verwendeten Frequenzbereich ein einziger (Monomode, Singlemode), einige wenige oder viele (Multimode) geführte Wellentypen ausbreitungsfähig sind. Für den Monomode-Betrieb existieren eine untere Frequenzschranke, die 'cutoff'-Frequenz des ersten Wellentyps und eine obere Frequenzschranke, bei der ein zweiter Wellentyp ausbreitungsfähig wird. Die untere Schranke liegt in vielen Fällen bei Null. Der Berechnung der ersten beiden Wellentypen kommt damit eine besondere Bedeutung zu. Im Multimode-Betrieb ist die Anzahl der Wellentypen so hoch, daß eine Zerlegung in einzelne Modi aussichtslos wird. Gleichzeitig ist die Wellenlänge – verglichen mit den Querschnittsabmessungen – zwangsläufig klein, so daß die geometrische Optik bzw. Strahlenmodelle zum Zuge kommen, welche im Unterabschnitt 4.2.6 vorgestellt werden.

Zu beachten ist, daß sich auch unterhalb von $\omega_c$ eine Lösung von (4.2.4.15) finden läßt. Dies führt auf eine imaginäre Fortpflanzungskonstante, welche längs $z$ exponentiell gedämpfte, '*evanescente*' Wellen beschreibt. Diese sind zu unterscheiden von strahlenden Wellentypen, welche dann entstehen, wenn keine Totalreflexion an den Spiegeln stattfindet, so daß ein Teil der Energie quer zur Zylinderachse durch die Spiegel transportiert wird, was eine komplexe Fortpflanzungskonstante mit nichtverschwindendem Realteil ergibt.

Ist das Medium zwischen den beiden Spiegeln verlustbehaftet, so werden $\underline{k}$ und $\underline{\gamma}$ stets komplex, was eine scharfe Definition der unteren Grenzfrequenz und eine scharfe Unterscheidung geführter und evanescenter Wellen verunmöglicht. Dies gilt nicht nur im vorliegenden Beispiel, sondern ganz allgemein. Ist der eigentliche Wellenleiter transversal begrenzt*, was praktisch immer so sein muß, so ist die Anzahl der geführten Wellen endlich, diejenige der evanescenten Wellen wenigstens abzählbar unendlich und diejenige der strahlenden Wellen überabzählbar unendlich. D.h. es ergeben sich in den ersten beiden Fällen diskrete, im letzten Fall hingegen kontinuierliche Spektren. Das kontinuierliche Spektrum der geführten Wellen im obigen Beispiel ist eine Folge der Unbegrenztheit der Anordnung in $y$-Richtung.

Es ist nicht Absicht dieses Buches, die verschiedensten, heute gebräuchlichen Wellenleiter zu diskutieren, sondern vielmehr jene Gemeinsamkeiten hervorzuheben, welche im Hinblick auf numerische Berechnungen wichtig sind. Der hier gezeigte Lösungsweg gilt im Prinzip – unabhängig von der Frequenz – für alle bekannten Arten von Wellenleitern (ein- und mehradrige Kabel, mit oder ohne Isolation und Abschirmung; Microstrips; Hohlleiter; dielektrische Wellenleiter; optische Fasern; planare Wellenleiter; Elemente der integrierten Optik usw.). Praktisch bilden hier die historisch ältesten Aufgabenstellungen der 'Leitungswellen' auf parallelen Drähten und einige moderne Probleme (im Bereich sehr hoher Frequenzen) eine Ausnahme. Die ersteren werden meist vereinfacht, 'quasistatisch', die letzteren mit Hilfe von Strahlenmodellen behandelt.

### 4.2.5 Quasistatische Lösungen, Leitungstheorie

Aus praktischen Gründen ist es oft notwendig und sinnvoll, den Raum weiter zu unterteilen, als es bisher geschehen ist und eine Einteilung in einzelne, typische Elemente vorzunehmen, welche Idealisierungen von 'Bauteilen' darstellen, die in der Praxis zur Anwendung kommen. Diese Idealisierungen beinhalten die theoretische Aufteilung von 'Effekten', welche zunächst statischer Natur sind. Ausgangspunkt sind die, aus den Maxwell-Gleichungen folgenden, homogenen Gleichungen (3.1.4.12,13), welche formal mit den Maxwell-Gleichungen der Elektro- und Magnetostatik in quellenfreien Gebieten identisch sind. Dazu kommt die Materialgleichung (3.1.4.14) und die Möglichkeit, Ströme in metallischen Drähten konzentriert zu führen. Interessiert man sich nicht für die Stromverteilung im Querschnitt dieser Drähte sondern nur für den Gesamtstrom

$$I = \int_F \vec{j}\, \mathrm{d}\vec{F} \,, \qquad (4.2.5.1)$$

* Hier ist eine etwas spitzfindige Benennung nötig: Der Begriff 'begrenzt' bezieht sich auf den *fertigungstechnischen* Rand des Wellenleiters. Das umgebende Gebiet muß auch für geführte Wellen nicht feldfrei sein, wogegen außerhalb des Randes eines 'geschlossenen' Wellenleiters Feldfreiheit vorausgesetzt wird, was den Ausschluß strahlender Wellentypen bedeutet.

wobei $F$ die Querschnittsfläche bezeichnet, deren Abmessungen außerdem viel kleiner als die Länge des Drahtes sein soll, so führt dies auf das Modell der *Fadenströme*, wenn zusätzlich die Leiterverluste vernachläßigt werden und damit die Spannung

$$U = \int_{\ell} \vec{E}\, \mathrm{d}\vec{\ell} \tag{4.2.5.2}$$

längs des Drahtes stets verschwindet. Aus (3.1.4.12) folgt mit dem Satz von Stokes sofort, daß die Spannung einer Fadenstromschleife verschwindet: die bekannte *Maschenregel* der Elektrizitätslehre. In analoger Weise ergibt sich die *Knotenregel* aus (3.1.4.13) mit dem Satz von Gauß. Diese beiden *Kirchhoffschen Regeln* folgen also aus den statischen Maxwell-Gleichungen für ein idealisiertes Modell. Das einfachste Element der Elektrizitätslehre, der Ohmsche *Widerstand* bzw. *Leitwert* ergibt sich aus der Materialgleichung (3.1.4.14). Dazu betrachtet man ein begrenztes* Feldgebiet $G$, in welches zwei Ströme $I_1$ und $I_2$ führen und in dem die Feldgleichungen (3.1.4.12,13) gelten (Figur 4.2.5.1).

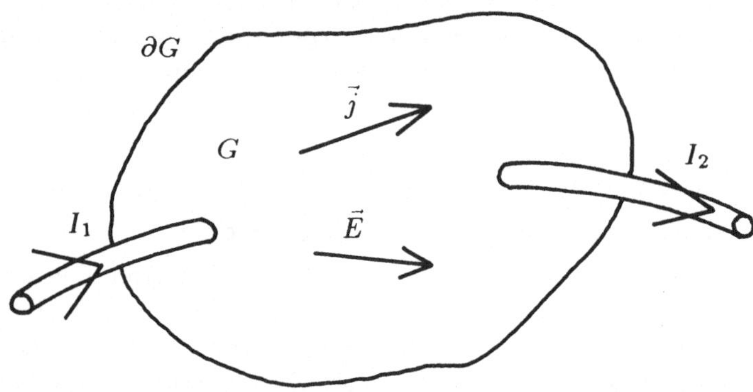


Figur 4.2.5.1

Fließen neben $I_1$ und $I_2$ keine Ströme durch die Oberfläche $\partial G$, so folgt aus der Knotenregel bzw. (3.1.4.13) $I_1 = -I_2 = I$. Kennt man die Feldverteilung in $G$ – als Resultat einer Feldberechnung – so läßt sich mit (4.2.5.1,2) ein Zusammenhang zwischen Strom $I$ und Spannung $U$ angeben, der linear wird, wenn die Materialeigenschaften in $G$ überall linear sind. Der Widerstand $R$ als 'Kenngröße' dieses Elements errechnet sich schließlich als Quotient:

$$R = G^{-1} = \frac{U}{I} = \frac{\int_{\ell} \vec{E}\, \mathrm{d}\vec{\ell}}{\int_{F} \vec{j}\, \mathrm{d}\vec{F}} \,. \tag{4.2.5.3}$$

---

* Die Bauteile sind praktisch stets begrenzt und es wird angenommen, daß das Feld außerhalb vernachläßigbar sei. Zur Berechnung werden hingegen oft unbegrenzte Modelle verwendet.

Betrachtet man ein entsprechendes Feldgebiet $G$, in dem aber nun die Grundgleichungen der Elektrostatik (3.1.4.6-8) anstelle von (3.1.4.12-14) gelten, so können in $G$ keine Ströme fließen. $I_1$ und $I_2$ enden also auf der Oberfläche $\partial G$. Wegen des Ladungserhaltungssatzes ergäbe dies eine zunehmende Vergrößerung der Ladungen an den Enden der beiden Ströme, was nicht mehr in den Bereich der Statik fällt. Es wird deshalb angenommen, daß die Ströme verschwinden und auf den 'Elektroden' $F_e$ (mit $e = 1, 2$) Oberflächenladungsverteilungen $\varsigma_e$ vorhanden seien. An die Stelle der Ströme $I_1$ und $I_2$, welche durch $F_1$ und $F_2$ fließen, treten nun die Gesamtladungen $Q_1 = -Q_2 = Q$ auf $F_1$ und $F_2$*. Die Feldberechnung ergibt nun die Möglichkeit, die Kapazität

$$C = \frac{Q}{U} = \frac{\int\limits_{F_e} \varsigma_e \, \mathrm{d}F}{\int\limits_{\ell} \vec{E} \, \mathrm{d}\vec{\ell}} = \frac{\int\limits_{F_e} \vec{D} \, \mathrm{d}\vec{F}}{\int\limits_{\ell} \vec{E} \, \mathrm{d}\vec{\ell}} \tag{4.2.5.4}$$

in gleicher Weise wie den Widerstand $R$ zu definieren und zu berechnen. Ebenfalls ganz ähnlich verläuft die Definition und feldtheoretische Berechnung der Induktivität

$$L = \frac{\Phi}{I} = \frac{\int\limits_{F_m} \vec{B} \, \mathrm{d}\vec{F}}{\int\limits_{F} \vec{j} \, \mathrm{d}\vec{F}} = \frac{\int\limits_{F_m} \vec{B} \, \mathrm{d}\vec{F}}{\oint\limits_{\partial F} \vec{H} \, \mathrm{d}\vec{\ell}}, \tag{4.2.5.5}$$

wobei $F_m$ eine, durch den Fadenstrom $I$ begrenzte Fläche bezeichnet** (Figur 4.2.5.2).

---

* Da die Elektroden leitfähig sind, sammeln sich die Ladungen auf ihren Oberflächen. Zur Bestimmung der Gesamtladung $Q$ ist deshalb über die Oberflächenladungen $\varsigma_e$ auf $F_e$ ($e = 1$ oder $e = 2$) zu integrieren. Diese Integration läßt sich wegen (3.1.4.7) mit dem Gaußschen Satz ersetzen. Im übrigen werden das Feldgebiet als ladungsfrei und die Materialeigenschaften als linear vorausgesetzt.

** Der Fadenstrom $I$ wird in diesem Falle durch das Feldgebiet $G$ – in einem Draht – geführt. Damit $I$ als Rand $\partial F_m$ einer Fläche $F_m$ betrachtet werden kann, muß $I$ eine geschlossene Schleife bilden. $F_m$ ist dadurch nicht eindeutig festgelegt. Die Induktivität $L$ ist von der konkreten Wahl von $F_m$ jedoch nicht abhängig. Ähnlich wie der Widerstand und der Kondensator, weist das Bauelement 'Spule' zwei Anschlüsse auf, beinhaltet also keine geschlossene Stromschlaufe. Für die Berechnung muß deshalb angenommen werden, daß der Fluß durch die 'Restfläche' $F_r$ außerhalb $G$ nicht der 'Spule' zuzuordnen ist.

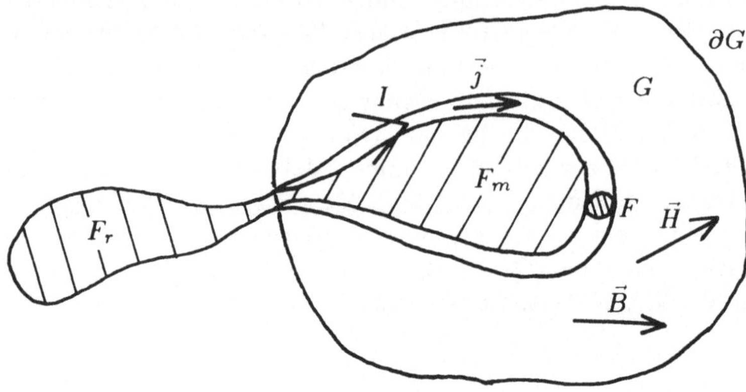


Figur 4.2.5.2

Da das Feld eines Fadenstromes am Ort des Fadenstromes singulär ist, wird diese Definition allerdings fragwürdig. Man besinnt sich deshalb gerne daran zurück, daß der Fadenstrom eine Idealisierung ist, der 'wirkliche' Strom jedoch eine Querausdehnung – und damit keine Singularität des Feldes – aufweist. Dadurch wird jedoch wieder die Definition des magnetischen Flusses $\Phi$ fragwürdig, weil $F_m$ nicht mehr klar berandet ist. Ein Ausweg aus dieser Sackgasse findet sich durch die Betrachtung der Feldenergie, was auch zur Unterteilung in 'innere' und 'äußere' Induktivität führt, hier jedoch nicht weiter verfolgt werden soll.

Schaltet man Widerstände, Kapazitäten und Induktivitäten bzw. deren technische Realisierungen (Widerstand, Kondensator und Spule) zusammen, so passiert nichts, da in allen Elementen die eigentlichen Feldquellen ausgeschlossen wurden, außer daß sich die Kondensatoren und Spulen allenfalls 'entladen', wenn zu Beginn der Beobachtung die Feldenergien in diesen Elementen nicht verschwinden, d.h. $Q \neq 0$ und $\Phi \neq 0$ sind. Diese dynamischen Vorgänge müßten hier an sich ausgeschlossen werden. Geschehen diese 'Entladungen' langsam genug, so können geladene Kondensatoren als Spannungsquellen und Spulen als Stromquellen aufgefaßt werden. Daneben sind aber auch Elemente denkbar, in denen eingeprägte Ströme und Ladungen vorhanden sind, so daß die Feldgleichungen inhomogen werden. Dabei handelt es sich offenbar um Wandler. Da in der Elektrizitätslehre fast ausschließlich mit Strömen und Spannungen operiert wird, spielen Strom- und Spannungsquellen – unabhängig davon, ob es sich dabei um Wandler oder 'passive' Elemente mit sehr hohen Induktivitäten bzw. Kapazitäten handelt – eine hervorragende Rolle unter den aktiven Elementen.

Werden zeitlich veränderliche Felder zugelassen, so lassen sich Ladungen und magnetische Flüsse eliminieren d.h. durch Ströme und Spannungen ausdrücken, gilt doch

$$I = \frac{\partial}{\partial t} Q \quad \text{und} \quad U = \frac{\partial}{\partial t} \Phi \tag{4.2.5.6}$$

als Folge des Ladungserhaltungssatzes und des Induktionsgesetzes bzw. der Maxwell-Gleichungen. Damit entfällt die ursprüngliche Annahme der Statik, welche zur Definition und Berechnung von Strom, Spannung, Widerstand, Kapazität, Induktivität und der Kirchhoffschen Gesetze benützt wurde. Trotzdem werden diese Begriffe weiter verwendet, was zu guten Näherungen führt, wenn die zeitlichen Änderungen nicht sehr rasch sind.

Praktisch erweist sich dieses Vorgehen als so gut brauchbar, daß sogar bei Bauelementen, die nicht durch Widerstände, Kapazitäten, Induktivitäten und allenfalls Strom- bzw. Spannungsquellen angenähert werden können, nach Netzwerken gesucht wird, welche aus diesen einfachen Elementen zusammengesetzt sind und die Bauelemente approximieren. Ein typisches Beispiel dafür liefert die Leitungstheorie, welche für die sogenannten Leitungswellen auf zwei oder mehreren Drähten derartige 'Ersatzschaltungen' angibt. Die einzelnen Elemente können dabei aus Messungen oder Feldberechnungen bestimmt werden. Im Rahmen dieses Buches ist selbstverständlich in erster Linie die Feldberechnung und nicht die Leitungstheorie von Interesse. Um das Vorgehen zu skizzieren soll lediglich der einfache Fall einer Leitung aus zwei dünnen, parallelen, zylindrischen Drähten betrachtet werden, welche in Figur 4.2.5.3 dargestellt sind.

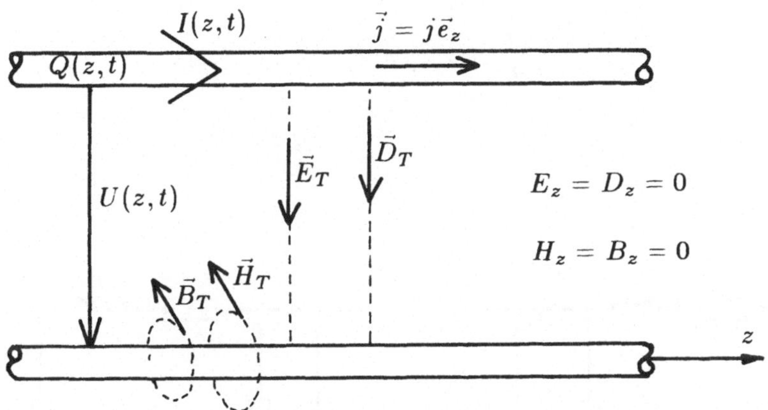


Figur 4.2.5.3

Die Leitungstheorie interessiert sich nun keineswegs für alle Wellentypen, welche auf einer derartigen Struktur geführt werden, sodern nur um die sogenannten Leitungswellen, welche im verlustfreien Fall ungedämpft sind, also TEM-Charakter ($E_z = H_z = 0$) haben. Da die Verschiebungsströme $\frac{\partial}{\partial t}\vec{D}$ vernachläßigt werden, folgt aus dem Ladungserhaltungssatz, daß die Summe der Leiterströme durch jede Querschnittsebene verschwindet. Im Falle der Zweidrahtleitung sind die Ströme in den beiden Leitern also entgegengesetzt gleich groß und es existiert eine einzige Leitungswelle*. Betrachtet man einen beliebigen Ausschnitt

* Im Zusammenhang mit EMC-Problemen ist ein weiterer Wellentyp, bei dem

aus dieser Leitung und setzt zunächst Verlustfreiheit voraus, so kann man $Q'$ als Ladung pro Längeneinheit, $C'$ als Kapazität pro Längeneinheit usw. definieren. Beachtet man, daß ein Leiterstück Ladungen aufnehmen kann, so folgt aus dem Ladungserhaltungssatz (3.1.3.1)

$$\frac{\partial}{\partial z} I(z,t) = -\frac{\partial}{\partial t} Q'(z,t) \tag{4.2.5.7}$$

und in analoger Weise aus dem Induktionsgesetz (3.1.2.1)

$$\frac{\partial}{\partial z} U(z,t) = -\frac{\partial}{\partial t} \Phi'(z,t) . \tag{4.2.5.8}$$

Mit (4.2.5.4-6) ergeben sich daraus die 'verlustfreien', gekoppelten *Telegraphengleichungen*:

$$\frac{\partial}{\partial z} I(z,t) = -C' \frac{\partial}{\partial t} U(z,t) , \tag{4.2.5.9}$$

$$\frac{\partial}{\partial z} U(z,t) = -L' \frac{\partial}{\partial t} I(z,t) , \tag{4.2.5.10}$$

die sich durch Ableitung nach $z$ und gegenseitiges Einsetzen entkoppeln lassen:

$$\frac{\partial^2}{\partial z^2} I(z,t) = L'C' \frac{\partial^2}{\partial t^2} U(z,t) , \tag{4.2.5.11}$$

$$\frac{\partial^2}{\partial z^2} U(z,t) = L'C' \frac{\partial^2}{\partial t^2} I(z,t) . \tag{4.2.5.12}$$

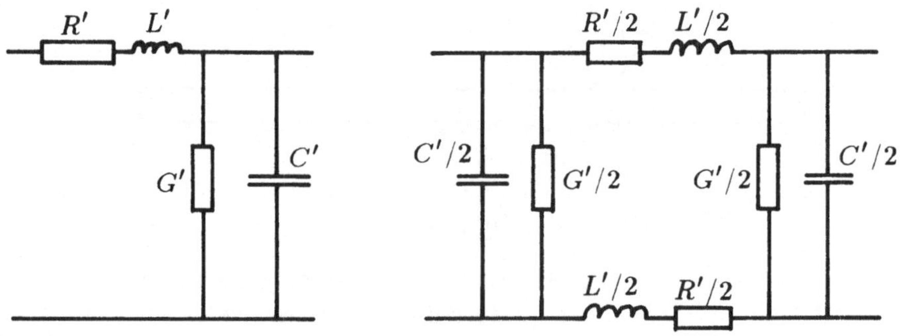


Figur 4.2.5.4

die Ströme gleichsinnig fließen und die 'Rückleitung' über Verscheibungsströme erfolgt, von besonderem Interesse, da dieser durch einfallende Wellen weit stärker angekoppelt wird, als die Leitungswelle.

Wie man leicht nachprüft, erfüllt der $z,t$-Ansatz (3.1.1.17) für $U$ und $I$ die Telegraphengleichungen, wenn

$$\underline{\gamma} = \omega\sqrt{L'C'} \tag{4.2.5.13}$$

gilt. Mit den Leitungsbelägen können für ein Leitungsstück der Länge $\ell$ verschiedene – an sich gleichwertige – *Ersatzschaltungen* angegeben werden. Figur 4.2.5.4 zeigt zwei davon.

Die *Leitungsbeläge* $L'$ und $C'$ berechnen sich näherungsweise aus statischen Rechnungen, wie bereits oben angegeben. Für die Berechnung von $L'$ unterscheidet man drei verschiedene Arten: 1.) Bei tiefen Frequenzen ist die Stromverteilung in den Leitern nahezu homogen und kann damit als bekannt vorausgesetzt werden. Die Feldverteilung ergibt sich dann aus den Coulomb-Integralen (3.2.4.10), wobei die Querströme verschwinden, so daß $\vec{j}$ und $\vec{A}$ nur eine $z$-Komponente aufweisen, was eine skalare Rechnung ermöglicht. 2.) Bei etwas höheren Frequenzen ergibt sich eine inhomoge Stromverteilung in den Leitern. Die Ströme werden in Folge des *Skineffekts* gegen die Leiteroberfläche gedrängt. Die Stromverteilung muß entweder dynamisch berechnet oder durch Näherungen approximiert werden. Da der Skineffekt von der Leitfähigkeit der Drähte abhängt, muß diese hier berücksichtigt werden. 3.) Bei sehr hohen Frequenzen konzentriert sich die Stromverteilung sehr stark auf die Leiteroberfläche und kann durch Oberflächenströme approximiert werden. Das Leiterinnere ist praktisch feldfrei. Interessanterweise werden dadurch wieder *statische* Rechnungen ermöglicht, welche sehr stark jenen zur Berechnung des Kapazitätsbelags $C'$ gleichen, wo ebenfalls das Leiterinnere feldfrei ist und sich Ladungen auf den Leiteroberflächen ansammeln. Sowohl das elektrische Skalarpotential, als auch die $z$-Komponente des magnetischen Vektorpotentials ($\vec{A} = A_z\vec{e}_z$) gehorchen der Laplace-Gleichung im Feldgebiet $G$ außerhalb der Leiter und Dirichletschen Randbedingungen auf den Leiteroberflächen $\partial G$.

Ist das Medium zwischen den Drähten verlustbehaftet, so ergeben sich Ohmsche Verluste, welche in der Ersatzschaltung durch einen Ableitungsbelag $G'$ berücksichtigt werden, der parallel zu $C'$ geschaltet wird und sich ganz ähnlich wie $C'$ – mit Hilfe von (4.2.5.3) – bestimmen läßt. Müssen Leiterverluste in Rechnung genommen werden, so wird ein Widerstandsbelag $R'$ zu $L'$ in Serie geschaltet und in analoger Weise bestimmt. Dabei ergibt sich sinnvollerweise dieselbe Unterteilung in tiefe, mittlere und hohe Frequenzen. Wichtig ist zu beachten, daß der Energieerhaltungssatz – nach der Berücksichtigung der Leiterverluste – verletzt wird, daß es sich hierbei also nur noch um Näherungen handeln kann. Tatsächlich haben die Leitungswellen nur in Ausnahmefällen den hier vorausgesetzten TEM-Charakter. So haben die Ohmschen Verluste in den Leitern zur Folge, daß $E_z$ nicht mehr verschwindet. Außerdem können Inhomogenitäten im Gebiet zwischen den Drähten dazu führen, daß $E_z$ und $H_z$ zumindest nicht überall verschwinden.

### 4.2.6 Strahlenoptik

Die Optik gehört zweifellos zu den ältesten Disziplinen der Physik und war schon im Altertum ein wichtiger Gegenstand der Philosophie*. In der neueren Zeit entwarf Descartes eine stark philosophisch motivierte Korpuskeltheorie des Lichts. Vorallem durch Galilei wurde die experimentelle Methode in der Physik und schließlich auch in der Optik gestärkt, was zu zahlreichen Experimenten und Beobachtungen führte, die üblicherweise rein qualitativ mit verschiedenen Theorien 'erklärt' wurden. Beachtenswert ist, daß neben der Korpuskeltheorie bereits im siebzehnten Jahrhundert eine Schwingungs- bzw. Wellentheorie (Hooke, Huygens) zur Diskussion stand und durch das Fermat'sche Prinzip - wonach das Licht den 'kürzesten' Weg einschlägt - bereits das Prinzip der kleinsten Wirkung angedeutet wird. Newton gelang es schließlich, seine 'Konkurrenten' durch ein Strahlenmodell des Lichts zu schlagen. Dabei erhob er verschiedene Beobachtungen zu 'Phänomenen', welche durch seine Strahlentheorie 'erklärt' werden konnten, jedoch zum Teil nicht - oder nur mit Schwierigkeiten - mit Hilfe der übrigen Modelle. Das Vorgehen Newtons zu verfolgen, ist darum interessant, weil es zum Teil auch heute noch in der Physik Anklang findet und auf einen einfachen, praxisorientierten Weg führt. Dabei ist bemerkenswert, daß Newton zur 'Erklärung' optischer Phänomene sein Strahlenmodell sukzessive weiter ausbaute: Einige Experimente mit Blenden führten zunächst dazu, 'Strahlen' zu postulieren. Versuche mit Prismen konnten durch die Idee von 'Bündeln' aus 'verschiedenfarbigen' Strahlen, die Newton-Ringe (ein Interferenz-Phänomen, das aus heutiger Sicht die Wellennatur des Lichts belegt) durch die Annahme einer 'Längsstruktur' und Polarisationseffekte durch die Annahme einer 'Querstruktur' erklärt werden. (Man war damals nicht in der Lage die Polarisation des Lichtes mit den Wellentheorien zu erklären, da man stets von der Idee longitudinaler Schwingungen ausging.) Das mathematische Fundament, das heute für physikalische Theorien als selbstverständlich vorausgesetzt wird und übrigens von Newton selber in der Mechanik eingeführt wurde, fehlte damals.

Durch die Maxwellsche Theorie wurde das Licht als elektrodynamische Welle 'erkannt' und gleichzeitig eine befriedigende, mathematisch formulierte Grundlage geliefert. Wie im Unterabschnitt 3.3.1 gezeigt wurde, lassen sich damit 'Lichtstrahlen', welche den Vorteil der Anschaulichkeit haben, im Grenzwert unendlich kleiner Wellenlängen herleiten. Dies führt zur Aussage, daß die Strahlenoptik um so besser brauchbar ist, je kleiner die Wellenlänge - im Vergleich mit den relevanten geometrischen Abmessungen einer Anordnung - ist. Weiterhin können experimentell beobachtete Gesetze der Strahlentheorie, wie das Brechungsgesetz aus den Maxwell-Gleichungen 'hergeleitet' werden. Trotzdem hat die Strahlenoptik, keineswegs 'ausgedient', da insbesondere bei kleinen Wellenlängen die Maxwellsche Theorie oft zu großen *praktischen* Schwierigkeiten

---

* Eine ausführlichere historische Übersicht und eine breite Darstellung der Theorie des Lichts und der Strahlenoptik, welche hier nur skizziert wird, findet sich beispielsweise in [B4].

führt*. Ein interessanter Weg besteht deshalb darin, Erkenntnisse aus der Wellentheorie – in Form zusätzlicher 'Gesetze' – in die Strahlentheorie einzubauen und diese weiter zu verwenden. Dies soll am bereits im Unterabschnitt 4.2.4 verwendeten Beispiel zweier paralleler, ideal leitender, ebener Spiegel im Vakuum veranschaulicht werden, wobei der Einfachheit halber nur die besonders einfachen $H_{0n}$-Wellen 'hergeleitet' werden sollen. Figur 4.2.6.1 zeigt die Anordnung und den 'zick-zack-förmigen' Strahlengang, der sich wegen der Totalreflexion an den beiden Spiegeln ergibt.

Die Strahlenoptik ist nun zunächst nicht in der Lage, das 'Phänomen' des diskreten Spektrums der $H_{0n}$-Wellen zu erklären, da sich für *jeden* Winkel $\alpha$ ein Strahlengang ergibt, was auf ein kontinuierliches Spektrum schließen ließe**. Gibt man dem Strahl eine bestimmte 'Farbe' d.h. Frequenz und vergleicht mit dem Wellenvektor einer ebenen Welle derselben Frequenz, so kann man eine Längsstruktur (Orte gleicher Phase) und eine Querstruktur (Polarisation des elektrischen Feldes) auf dem Strahl definieren.

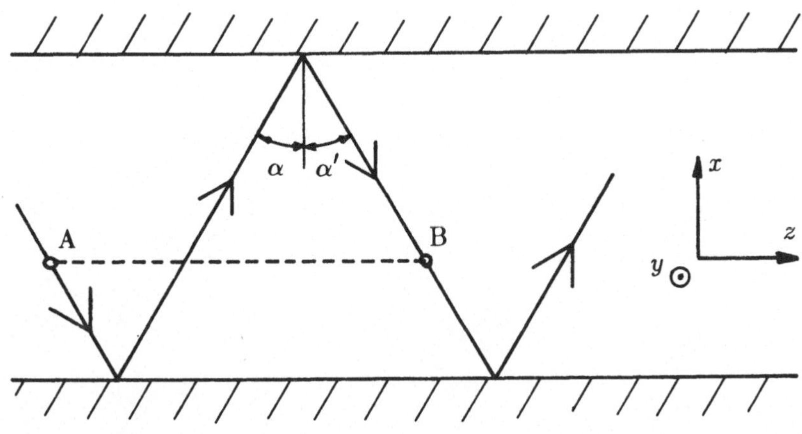


Figur 4.2.6.1

Betrachten wir nun einen monochromatischen Strahl mit Polarisation in $y$-Richtung, so scheint zunächst wenig gewonnen. Das Reflexionsgesetz besagt zwar, daß der Einfallswinkel $\alpha$ gleich dem Ausfallswinkel $\alpha'$ sein soll und daß außerdem die Phase bei der Reflexion um den Wert $\pi$ springt***, das 'Spektrum' der Wellen-

* Die Zahl der Resonanzen eines Körpers und der Wellentypen eines Wellenleiters wird dann sehr hoch.

** Dies ist bei kleinen Wellenlängen 'beinahe' der Fall, da die verschiedenen Wellentypen dann auch tatsächlich sehr 'dicht' beieinander liegen.

*** Newton hat zur Erklärung der Reflexion – in Anbetracht der Tatsache, daß jede, noch so gut polierte Oberfläche stets eine gewisse Rauhigkeit aufweist, was auf eine diffuse Reflexion führen würde – eine Art 'Äthersee' eingeführt, an dessen

typen bleibt aber kontinuierlich. Beachtet man nun die Periodizität des Strahlengangs und verlangt (ohne weitere Begründung), daß die Phase eine 'passende' Periodizität aufweist d.h. daß die Phase in den Punkten A und B in Figur 4.2.6.1 – bis auf ganzzahlige Vielfache von $\pi$ – dieselben Werte annimmt, so findet man schließlich (4.2.4.15) für die $H_{0n}$-Wellen. Eine, aus heutiger Sicht befriedigende Erklärung für diese Phasenbedingung, wie auch für das Reflexionsgesetz, bleibt die Strahlenoptik allerdings schuldig. Der konsequente Ausbau dieses Konzepts führt schließlich zur GTD-Methode, welche oft die einzig brauchbare Möglichkeit zur Berechnung von Wellenausbreitungsproblemen bei hohen Frequenzen bzw. kleinen Wellenlängen in geometrisch komplizierten Anordnungen ist.

---

glatter, 'ausgleichender' Oberfläche der Lichtstrahl reflektiert wird. Durch eine geeignete Wahl der 'Tiefe' des Äthersees ließe sich auch der Phasensprung bei der Reflexion 'erklären'. In der Tat findet man in der Literatur (z.B. in [T1]) auch heute noch den Begriff des 'effektiven' Abstandes der beiden Spiegel mit passenden Formeln.

# 5 NUMERISCHE METHODEN

In den sechziger und frühen siebziger Jahren wurde eine große Anzahl von numerischen Methoden zur Berechnung elektromagnetischer Felder vorgeschlagen. Wegen der damals noch recht geringen Rechenleistung der Computer konnten zunächst nur relativ einfache – ebene und verlustfreie – Probleme gelöst werden. Nachdem mit 'primitiven' Programmen Erfolge erzielt wurden, folgte der sukzessive Ausbau zu komplizierteren, aufwendigeren, zuverläßigeren und universelleren Methoden, die jedoch weiterhin mit demselben Namen bezeichnet wurden. Dieser Ausbau beinhaltete aber auch eine Annäherung und Vermischung der unterschiedlichen Verfahren, so daß ein Vergleich zunehmend schwieriger und fragwürdiger geworden ist und der Name kaum mehr etwas über das Vorgehen aussagt. So sind heute die Unterschiede zwischen verschiedenen Finite Elemente Programmen oft größer als zwischen einem solchen und einem 'ähnlichen' Finite Differenzen Programm. Wichtig ist dabei der Trend zu einem 'Universalismus', der sich darin äußert, daß die Anhänger einer bestimmten Methode bemüht sind, diese so universell zu definieren, daß möglichst viele andere Techniken als Spezialfälle enthalten sind. Dies ist einerseits eine verständliche Folge der Anstrengungen zur Verbesserung des ursprünglichen Verfahrens und sagt aus, daß – durch 'naive' Realisierung einer einzelnen Idee – ein nicht sehr effizientes Programm geboren worden ist, welches durch Einbringen weiterer Ideen* ausgebaut werden *muß*. Andererseits ist dies auch die Folge einer recht fragwürdigen Konkurrenzsituation.

In diesem Kapitel wird versucht, eine Einteilung vorzunehmen und den Weg aufzuzeichnen, der von den meisten Verfahren im Prinzip beschritten wird. Dadurch wird die Ähnlichkeit der numerischen Programme betont. Danach werden die heute bekanntesten Methoden – ohne Diskussion der Feinheiten – skizziert, wobei das Schwergewicht auf die Beschreibung der ursprünglichen Konzepte gelegt wird. Der Weg, der zu einem ausgereiften Programm führt, wird schließlich anhand der MMP-Methode ausführlich gezeigt. Dabei handelt es sich um ein Verfahren, das aus verschiedenen andern entwickelt wurde, welche in früheren Jahren vorgeschlagen, teilweise verworfen und durch andere Methoden verdrängt wurden. Wie aus den Beispielen in Kapitel 6 ersichtlich ist, erweisen sich MMP-Programme schlußendlich als sehr gut brauchbar.

---

* Diese Ideen bilden zum Teil die Grundlage 'anderer' Methoden.

## 5.1 ÜBERSICHT, EINTEILUNG

Im Kapitel 4 wurden für die Elektrotechnik typische Aufgabenstellungen der Feldtheorie diskutiert. Zur mathematischen Modellierung all dieser Aufgaben sind folgende Fragen zu beantworten:

1.) Welche Feldgrößen $F_n$, $n = 1, 2...N$ werden als *primäre* Feldgrößen betrachtet, die in den Feldgleichungen (4.1) etc. explizite auftreten und welche sind *sekundäre* Feldgrößen, die aus den primären – gemäß (4.2) – 'abgeleitet' werden können? Als primäre Feldgrößen lassen sich beispielsweise die Potentiale $\vec{A}, \phi$, die Feldvektoren $\vec{E}, \vec{H}$, in zylindrischen Problemen die Longitudinalkomponenten $E_z, H_z$, aber auch die (unbekannten) Strom- und Ladungsverteilungen $\vec{j}, \rho$ verwenden. Dabei ist zu beachten, daß sich je nach Aufgabenstellung unterschiedliche Möglichkeiten anbieten und die minimale Anzahl primärer Feldgrößen recht unterschiedlich ausfallen kann. Beispielsweise genügt in der Elektrostatik das Potential $\phi$, also eine skalare Feldgröße. In der Elektrodynamik mit quellenfreien, linear, homogen, isotropen Gebieten sind mindestens zwei skalare Feldgrößen (z.B. $E_z, H_z$) erforderlich.

2.) Welchen $M_F$ Feldgleichungen der Form (4.1) etc. sind die primären Feldgrößen zu unterwerfen? Die Anzahl der Feldgleichungen braucht dabei nicht notwendigerweise gleich der Anzahl der Feldfunktionen zu sein, obwohl dies oft so ist. Wie sich die Feldgleichungen umformen lassen, wurde in Kapitel 3 gezeigt. Es ist klar, daß entkoppelte Feldgleichungen analytisch besonders beliebt sind. Für numerische Verfahren können aber auch gekoppelte Feldgleichungen direkt angewendet werden.

3.) Welchen $M_G$ Grenzbedingungen der Form (4.3) etc. sind die primären Feldgrößen zu unterwerfen? Wie bei den Feldgrößen und den Feldgleichungen hängt die minimale Anzahl der Rand- bzw. Stetigkeitsbedingungen, die notwendig sind, um das Problem zu beschreiben, von der Aufgabenstellung ab. Die Verwendung einer etwas größeren Anzahl von Bedingungen kann indessen vorteilhaft sein.

4.) Bei Eigenwertproblemen (Resonatoren, Wellenleiter) ist eine Bestimmungsgleichung bzw. ein iterativer Prozeß zur Bestimmung der Eigenwerte anzugeben. Im Abschnitt 4.2.3 wurden einige Möglichkeiten angetönt. Dabei ergaben sich verschiedene Möglichkeiten der Wahl des 'Fehlers' und der 'Amplitude', welche den Rechnungsgang beeinflussen. Bei der numerischen Lösung von Randwert- bzw. Streufeldproblemen ist die Wahl eines 'Fehlers', der möglichst klein zu halten ist, ebenfalls bedeutungsvoll, die Wahl der 'Amplitude' jedoch sekundär.

Die Angabe, wie all diese Entscheidungen getroffen worden sind, legt das Lösungsverfahren schon stark fest und ermöglicht verschiedene Einteilungen. Danach kann man beispielsweise Methoden, welche mit der minimalen Anzahl von primären Feldfunktionen, Feldgleichungen und Rand- bzw. Stetigkeitsbedingungen auskommen, von solchen unterscheiden, die eine größere Anzahl verwenden. Außerdem lassen sich 'direkte' Verfahren gegen 'indirekte' abgrenzen, bei welchen zunächst Hilfsgrößen (z.B. Potentiale) berechnet werden, aus denen die interessierenden Feldgrößen 'abgeleitet' werden.

Eine weitere Einteilungsmöglichkeit ergibt sich aus der Weiterverarbeitung der Feldgleichungen und der Rand- bzw. Stetigkeitsbedingungen, je nachdem ob diese 'analytisch' oder 'numerisch' behandelt werden*. Werden die primären Feldfunktionen mit einem Ansatz der Form (4.2.1.6′) entwickelt, so soll die Methode 'analytisch' heißen, wenn die Entwicklungsfunktionen $F_{ink}$ die homogenen Feldgleichungen *und* die homogenen Grenzbedingungen erfüllen**. Erfüllen sie zwar die Feldgleichungen, nicht aber die Grenzbedingungen, nennen wir sie 'semi-analytisch' und im umgekehrten Falle 'semi-numerisch'. Werden schließlich weder die Feldgleichungen noch die Grenzbedingungen durch die Basisfunktionen $F_{ink}$ erfüllt, handelt es sich um ein 'numerisches' Verfahren. Diese Unterteilung ist recht gut brauchbar und ergibt einen ersten Überblick über die bekanntesten Methoden.

Der bereits erwähnte Trend zur Verallgemeinerung der verschiedenen Verfahren führt allerdings auf einige Probleme. So ist beispielsweise die Momentenmethode (MM) in der von Harrington [H4] beschriebenen Form ein 'semi-numerisches' Verfahren. Bei der Behandlung von Streufeldproblemen mit ideal leitenden Körpern werden jedoch die Oberflächenströme bzw. -ladungen als primäre Feldgrößen benützt, was zur Folge hat, daß die Feldgleichungen (außerhalb der Oberflächen) 'analytisch' erfüllt werden, so daß man den Eindruck erhält, es handle sich um ein 'semi-analytisches' Verfahren. Damit wird die Momentenmethode schließlich zur verallgemeinerten Teilflächenmethode. Die Methode der finiten Elemente ist üblicherweise ein 'numerisches' Verfahren. Da es allerdings nicht verboten ist, zur Entwicklung der Feldgrößen analytische Lösungen der Feldgleichungen und/oder Rand- bzw. Stetigkeitsbedingungen zu verwenden, kann es sich – in Spezialfällen – auch um eine 'semi-numerische', eine 'semi-analytische' oder gar um eine 'analytische' Methode handeln. Schließlich können alle Verfahren 'zufällig' auf 'analytische' Lösungen führen. Dies gilt insbesondere für das 'semi-analytische' Ersatzladungsverfahren, das früher oft zur Herleitung 'analytischer' Lösungen einfacherer Probleme verwendet wurde.

In diesem Buch werden keine 'analytischen' Methoden – wie etwa die konformen Abbildungen*** – behandelt, da diese, infolge ihres zu eingeschränkten Anwendungsbereiches und ihrer meist geringen Effizienz, heute praktisch nicht mehr von Bedeutung sind. Sucht man nach numerischen Werten für gewisse Meßgrößen einer konkreten Anordnung, so ist es überdies trügerisch, zu glauben, die numerische Auswertung einer 'analytischen Formel' ergebe genauere und zu-

---

* Dabei ist zu bemerken, daß der Begriff 'analytisch' – mit dem positivem Beigeschmack einer 'seriöseren' Methode – oft für numerisch schwache Verfahren verwendet wird.

** Sind die Feldgleichungen inhomogen, so wird zum Ansatz (4.2.1.6′) eine spezielle Lösung $F_{in0}$ der inhomogenen Feldgleichungen überlagert, was allerdings nur bei linearen Operatoren möglich ist. Dasselbe gilt sinngemäß für inhomogene Grenzbedingungen.

*** Diese werden z.B. bei [B3] ausführlich dargestellt.

verläßigere Resultate als die Anwendung eines numerischen Verfahrens, beinhaltet eine 'Formel' doch oft numerisch nicht leicht zu bestimmende Funktionen, Integrale etc.

Neben den 'numerischen' Finite Elemente (FE) und Finite Differenzen (FD) Verfahren, der 'semi-numerischen' Momentenmethode (MM) und den 'semi-analytischen' Verfahren SDA (Spectral Domain Analysis), PM (Point Matching), MMP (Mehrfach MultiPol, Multiple MultiPole) und 'Abarten' der MM werden jedoch auch Methoden behandelt, welche sich kaum in dieses Schema pressen lassen. Es sind dies die GTD-Methode (General Theory of Diffraction, eine Weiterentwicklung der Strahlenoptik), die SEM (Singularity Expansion Method) und die MMT (Mode Matching Technik). Bei den letzteren handelt es sich nicht um eigentliche, 'vollständige' Methoden der Feldberechnung sondern vielmehr um Anleitungen zur Rückführung von komplizierteren auf einfachere Probleme, welche mit andern, nicht näher spezifizierten Verfahren zu lösen sind.

## 5.2 PRINZIPIELLES VORGEHEN

Zur numerischen Lösung einer bestimmten, technischen Problemstellung ist zunächst ein mathematisches Modell zu finden, welches mit den zur Verfügung stehenden Mitteln gelöst werden kann. Dabei ist zu bemerken, daß trotz der enormen Leistungssteigerung auch dem modernsten Computer Grenzen gesetzt sind, welche den Anwendungsspielraum numerischer Methoden stark einschränken. Zwar können viele der Annahmen, welche zur Erzielung analytischer Resultate in früheren Jahren unumgänglich waren, fallengelassen werden, eine 'großzügige' Modellierung ohne besondere Annahmen ist aber immer noch ausgeschlossen: Die Berechnung echt dreidimensionaler Probleme mit nicht sehr einfacher Geometrie überfordert – zumindest in der Elektrodynamik – selbst Höchstleistungsrechner, wenn nicht einige Einschränkungen bezüglich der Materialeigenschaften gemacht werden können. Glücklicherweise kann in sehr vielen Fällen mit linear, homogen, isotropen Materialien gerechnet werden. Außerdem ist es sehr oft auch möglich, Verlustfreiheit vorauszusetzen, was einige zusätzliche Erleichterungen mit sich bringt.

Neben dieser Idealisierung der Materialeigenschaften ist aber auch eine Idealisierung der Geometrie notwendig. Dabei werden beispielsweise konstruktive 'Finessen', Rauhigkeit von Materialoberflächen etc. weggelassen. Zudem ermöglicht die adäquate Berücksichtigung von geometrischen Symmetrien eine starke Reduktion des Rechenaufwandes [H2],[S2] und zwar in erster Linie zylindrische Symmetrie* und Rotationssymmetrie.

Eine besondere Rolle bei der Modellierung spielt die Zeitabhängigkeit, welche zunächst darüber entscheidet, ob quasistatische Lösungen erfolgversprechend sind, ob allenfalls Verschiebungsströme und Wirbelströme vernachläßigt werden können oder ob eine 'echt' dynamische Rechnung unumgänglich ist. Wichtig sind hier auch die Fourier- und Laplace-Transformationen, welche Rechnungen mit harmonischer Zeitabhängigkeit gestatten. Die harmonische Zeitabhängigkeit ist deshalb von besonderer Bedeutung, weil dann alle Feldgrößen in allen Punkten des Raumes dieselbe Zeitabhängigkeit aufweisen, welche zudem analytisch leicht zu beschreiben und numerisch problemlos zu berechnen ist. Um eine weitere Vereinfachung des Rechenganges zu erzielen, wird üblicherweise die komplexe Schreibweise (3.1.1.9) eingeführt. Das Auftreten komplexwertiger Feldgrößen ist deshalb für zeitharmonische Rechnungen typisch.

All diese Annahmen bei der Modellierung beeinflussen schließlich die Möglichkeiten bei den Wahlen 1.) der primären Feldfunktionen, 2.) der Feldgleichungen, 3.) der Grenzbedingungen und allenfalls 4.) der Bestimmungsgleichungen für die Eigenwerte, die bereits im Abschnitt 5.1 angegeben wurden. Sie legen diese Wahlen jedoch nicht fest. Wie diese Entscheidungen getroffen werden sollen, kann leider nicht allgemein gesagt werden, entscheidet doch oft erst ein fertig ausgearbeitetes Programm über deren Tauglichkeit. Man wird sich aber

---

* Den zylindrischen Modellen wurde auch in den vorangehenden Kapiteln besondere Aufmerksamkeit gewidmet.

bemühen, die Anzahl der primären Feldfunktionen, der Feldgleichungen und der Grenzbedingungen klein zu halten, wobei zu beachten ist, daß etwas größere Anzahlen als nötig durchaus ins Auge gefaßt werden können, da der Rechenaufwand nicht zwangsläufig dann am kleinsten wird, wenn diese Anzahlen minimal sind*.

Das weitere Vorgehen wurde im Prinzip bereits im Kapitel 4 angegeben: Die primären Feldfunktionen $F_{in}$ werden in jedem Feldgebiet $G_i$ durch einen Ansatz der Form (4.2.1.6′) approximiert, was die Wahl einer sogenannten Approximationsbasis, d.h. die Wahl von Basisfunktionen $F_{ink}$ impliziert. Diese Basisfunktionen können sehr unterschiedliche Eigenschaften aufweisen, die für den weiteren Rechengang wichtig sind. Folgende Einteilung gibt eine grobe Übersicht:

1.) Die Werte der Basisfunktionen verschwinden überall, außer in einzelnen Punkten des Feldgebietes $G_i$, in denen sie bestimmte, endliche Werte annehmen. Ein besonders wichtiger Spezialfall davon sind Funktionen, die genau in *einem* Feldpunkt nicht verschwinden und dort den Wert 1 annehmen, also den Diracschen $\delta$-Funktionen gleichen. (Umgekehrt kann man in diesem Fall das Gebiet $G_i$ als diskretisiert betrachten. Die $F_{ink}$ sind dann nur auf den Diskretisierungspunkten von $G_i$ definiert.)

2.) Die Basisfunktionen sind stückweise stetig und verschwinden nur über gewissen Teilgebieten von $G_i$ nicht. Von besonderem Interesse sind hier Funktionen, die überall in $G_i$ verschwinden, außer in einem zusammenhängenden Teilgebiet von $G_i$, in dem sie den Wert 1 annehmen.

3.) Die Basisfunktionen sind in $G_i$ überall stetig.

4.) Die Basisfunktionen sind überall stetig und $n$ mal differenzierbar.

5.) Die Basisfunktionen sind stückweise linear.

6.) Die Basisfunktionen erfüllen die Grenzbedingungen auf der Grenze $\partial G_{ij}$ zwischen den Feldgebieten $G_i$ und $G_j$. Sind die Grenzbedingungen inhomogen, so erweitert man (4.2.1.6′) bequemerweise zu

$$F_{in} \approx F_{in}^{0} = F_{in0} + \sum_{k=1}^{K_{in}} A_{ink} F_{ink} \,, \qquad (4.2.1.6'')$$

wobei $F_{in0}$ die inhomogenen Grenzbedingungen und $F_{ink}$ die zugehörigen homogenen Grenzbedingungen erfüllt. Man kann aber auch die Form (4.2.1.6′) beibehalten und fordern, daß $A_{in1} = 1$ gilt, $F_{in1}$ die inhomogenen und $F_{in2}, F_{in3} \ldots$ die zugehörigen homogenen Grenzbedingungen erfüllen.

7.) Die Basisfunktionen erfüllen die Feldgleichungen in $G_i$. Bei inhomogenen Feldgleichungen gilt sinngemäß dasselbe, wie für inhomogene Grenzbedingungen. (4.2.1.6′) wird dann gerne durch (4.2.1.6″) ersetzt.

8.) Die Basisfunktionen sind voneinander linear unabhängig, d.h. keine der Basisfunktionen kann als Linearkombination der übrigen geschrieben werden. Im Falle numerischer Methoden muß diese lineare Unabhängigkeit durch die strengere Forderung 'numerischer' Unabhängigkeit ersetzt werden. D.h. keine der Basisfunktionen soll durch eine Linearkombination der übrigen – mit einer vorzugebenden Genauigkeit – *approximierbar* sein.

---

* Ein Beispiel dafür ist im Unterabschnitt 5.4 zu finden.

9.) Die Basisfunktionen sind zueinander orthogonal. D.h. das Skalarprodukt zweier verschiedener Basisfunktionen verschwindet stets. Als Skalarprodukt zweier Funktionen $f, g$ wird meist das Integral des Produkts $f \cdot g$ oder – bei komplexwertigen Funktionen – $f \cdot g^*$ über das Feldgebiet $G$

$$(f,g) = \int_G f \cdot g^* \; \mathrm{d}V \tag{5.2.1}$$

verwendet. Insbesondere bei 'semi-analytischen' Methoden kann diese Integration auf den Rand $\partial G$ von $G$ beschränkt werden:

$$(f,g) = \int_{\partial G} f \cdot g^* \; \mathrm{d}F\,. \tag{5.2.1'}$$

Sind $I$ Gebiete $G_i$ vorhanden, so kann man über alle Gebiete und Gebietsgrenzen summieren und erhält eine Kombination von (5.2.1) und (5.2.1′):

$$(f,g) = \sum_{i=0}^{I} \int_{G_i} f_i \cdot g_i^* \; \mathrm{d}V + \frac{1}{2} \sum_{i=0}^{I} \sum_{j=0}^{I} \int_{\partial G_{ij}} f_{ij} \cdot g_{ij}^* \; \mathrm{d}F\,. \tag{5.2.1''}$$

Daß derselbe Buchstabe $F$ einerseits primäre Feldfunktionen und andererseits die Randfläche bezeichnet, sollte zu keinen Verwechslungen Anlaß geben, da er im zweiten Falle jeweils nur als Flächenelement $\mathrm{d}F$ in den Formeln auftritt. Der Faktor 1/2 vor der Summation über die Grenzen $\partial G_{ij}$ erklärt sich dadurch, daß in (5.2.1″) – wegen $\partial G_{ij} = \partial G_{ji}$ – zweimal über alle Grenzen summiert wird, was eine einfachere Schreibweise ermöglicht, praktisch aber nicht sinnvoll ist. Zu beachten ist, daß die Definition des Skalarprodukts nicht eindeutig ist.
10.) Die Basisfunktionen sind normiert. Auch dieser Begriff geht von der Definition eines Skalarprodukts aus und besagt, daß die Norm

$$||f|| = (f,f) \tag{5.2.2}$$

einer Funktion $f$ gleich eins ist.

Diese Eigenschaften der Basisfunktionen lassen sich zum Teil kombinieren. Die Basisfunktionen können z.B. außerhalb eines Teilgebietes von $G_i$ verschwinden, stetig, stückweise linear und zudem orthonormiert – orthogonal und normiert – sein. Mit 7.) gilt meist automatisch auch 4.) und damit 3.). An sich ist es nicht nötig, daß die Basisfunktionen in allen Feldgebieten $G_i$ dieselben Eigenschaften aufweisen. Praktisch ist dies jedoch die Regel. Gilt 6.) überall, so handelt es sich offenbar um ein 'semi-numerisches', für 7.) um ein 'semi-analytisches' Verfahren.

Die Wahl der Basisfunktionen ist bereits entscheidend für die Brauchbarkeit der Resultate. Je mehr Eigenschaften diese aufweisen, um so berechtigter scheinen die Hoffnungen auf eine erfolgreiche Rechnung zu sein. Dadurch wird aber das

Auffinden einer geeigneten Basis erschwert, der numerische Aufwand zur Berechnung einzelner Funktionswerte erhöht und meist auch die Anwendbarkeit der Methode eingeschränkt. Dies wird deutlich, wenn man 6.) und 7.) gleichzeitig fordert, was der Angabe 'analytischer' Lösungen gleichkommt. Andererseits beinhalten 'primitive' Basisfunktionen stets die Gefahr unzuverläßiger Resultate.

Sind die Basisfunktionen zur Approximation aller primären Feldfunktionen $F_{in}$ in allen Feldgebieten $G_i$ gewählt, so müssen die Parameter $A_{ink}$ in den Ansätzen der Form (4.2.1.6′) so bestimmt werden, daß die Approximationen den 'wahren' Lösungen des gestellten Problems möglichst nahe kommt. Bei Eigenwertproblemen ist neben den Parametern $A_{ink}$ auch der Eigenwert – von dem die Basisfunktionen üblicherweise abhangen – zu berechnen. Um eine quantitative Aussage über die Qualität einer Lösung machen zu können, ist die Definition eines 'Fehlers' $\eta$ nötig, was wieder verschiedene Möglichkeiten ergibt. Erstens ist zu entscheiden, welche Feldfunktionen in diesen Fehler eingehen sollen und zweitens, wie die Abweichungen der gefundenen Lösungen von den 'wahren' Lösungen zu werten sind. Werden je $M$ Feldfunktionen $f_{im}$ in den Gebieten $G_i$ und je $M$ Feldfunktionen $f_{ijm}$ auf den Gebietsgrenzen $\partial G_{ij}$ zur Fehlerdefinition herangezogen und bezeichnet ein hochgestellter Index 0 die zugehörigen Näherungen, so läßt sich

$$\eta^p = \sum_{i=0}^{I} \sum_{m=1}^{M} \int_{G_i} g_{im} |f_{im}^0 - f_{im}|^p \, dV + \frac{1}{2} \sum_{i=0}^{I} \sum_{j=0}^{I} \sum_{m=1}^{M} \int_{\partial G_{ij}} g_{ijm} |f_{ijm}^0 - f_{ijm}|^p \, dF \tag{5.2.3}$$

schreiben, wobei $p$ die Norm des Fehlers und $g_{im}$, $g_{ijm}$ *Gewichtsfunktionen* sind. Diese haben eine doppelte Bedeutung. Sie dienen dazu, einerseits gewisse Teile des Feldgebiets zu betonen – wenn auf eine genaue Rechnung in diesen Teilgebieten besonderes Gewicht gelegt wird – und andererseits gewisse Feldfunktionen gegenüber anderen hervorzuheben oder umgekehrt, eine 'ungerechte' Gewichtung der Feldfunktionen auszugleichen, welche eine Folge des verwendeten Maßsystems sein kann. (Im MKSA-System wird beispielsweise der Zahlenwert des $\vec{E}$-Feldes im Vakuum um etwa elf Zehnerpotenzen größer als der Wert des $\vec{D}$-Feldes.) Die Verwendung von Feldgrößen mit unterschiedlichen Maßeinheiten ist ohnehin problematisch, läßt sich jedoch nicht immer völlig vermeiden.

Mit der Definition (5.2.1″) des Skalarprodukts läßt sich die Fehlerdefinition formal stark vereinfachen zu

$$\eta^p = \sum_{m=1}^{M} \left( |f_m^0 - f_m|^p, g_m^* \right) . \tag{5.2.3'}$$

Bei 'semi-numerischen' Methoden werden die Grenzbedingungen durch die Entwicklung (4.2.1.6′) bereits erfüllt. Die Integrationen über die Grenzen $\partial G_{ij}$ kann deshalb in (5.2.3) und in (5.2.1″) weggelassen werden. Entsprechend können bei 'semi-analytischen' Verfahren die Integrationen über die Feldgebiete $G_i$ weggelassen werden, was die Dimension der Integrationsgebiete um eins verringert.

Setzt man für die Näherungen $f_{im}^0$ der sekundären Feldfunktionen $f_{im}$ in deren 'Definitionsgleichungen' der Form (4.2) anstelle der primären Feldfunktionen $F_{in}$ die Näherungen $F_{in}^0$, so gilt zunächst

$$f_{im}^0 = \mathrm{L}_{im}(...F_{in}^0...)\ , \quad m = 1,2,...M_S\ , \quad \text{in } G_i \tag{5.2.4}$$

und für $f_{ijm}^0$ entsprechend

$$f_{ijm}^0 = \mathrm{L}_{ijm}(...F_{in}^0...F_{jn}^0...)\ , \quad m = 1,2,...M_S\ , \quad \text{auf } \partial G_{ij}\ . \tag{5.2.5}$$

Mit (4.2.1.6') ergibt sich damit für den Fehler (5.2.3)

$$\eta^p = \sum_{i=0}^{I}\sum_{m=1}^{M}\left[\int_{G_i} g_{im}|\mathrm{L}_{im}(...\sum_{k=1}^{K_{in}} A_{ink}F_{ink}...) - f_{im}|^p\ \mathrm{d}V\right.$$
$$\left. + \frac{1}{2}\sum_{j=0}^{I}\int_{\partial G_{ij}} g_{ijm}|\mathrm{L}_{ijm}(...\sum_{k=1}^{K_{in}} A_{ink}F_{ink}...\sum_{k=1}^{K_{jn}} A_{jnk}F_{jnk}...) - f_{ijm}|^p\ \mathrm{d}F\right]. \tag{5.2.3''}$$

Die Parameter $A$ sind optimal gewählt, wenn $\eta$ und damit $\eta^p$ minimal wird. Eine notwendige Voraussetzung dafür ist, daß die Ableitungen von $\eta^p$ nach allen Parametern verschwinden. Dies führt auf je eine Gleichung pro Parameter. Wird eine quadratische Fehlernorm $p = 2$ verwendet, so ergibt sich ein *lineares* Gleichungssystem, wenn die sekundären Feldgrößen $f_{im}$ die vereinfachte Form (4.2') haben und die Operatoren linear sind. D.h. anstelle von (5.2.4,5) muß

$$f_{im}^0 = \sum_{n=1}^{N} \mathrm{L}_{imn}(F_{in}^0)\ , \quad m = 1,2,...M_S\ , \quad \text{in } G_i \tag{5.2.4'}$$

und für $f_{ijm}^0$ entsprechend

$$f_{ijm}^0 = \sum_{n=1}^{N}\left(\mathrm{L}_{imn}(F_{in}^0) - \mathrm{L}_{jmn}(F_{jn}^0)\right)\ , \quad m = 1,2,...M_S\ , \quad \text{auf } \partial G_{ij} \tag{5.2.5'}$$

gelten, was für den quadratischen Fehler

$$\eta^2 = \sum_{i=0}^{I}\sum_{m=1}^{M}\left[\int_{G_i} g_{im}\Big(\sum_{n=1}^{N} \mathrm{L}_{imn}(\sum_{k=1}^{K_{in}} A_{ink}F_{ink}) - f_{im}\Big)^2\ \mathrm{d}V\right.$$
$$\left. + \frac{1}{2}\sum_{j=0}^{I}\int_{\partial G_{ij}} g_{ijm}\Big(\sum_{n=1}^{N}\big[\mathrm{L}_{imn}(\sum_{k=1}^{K_{in}} A_{ink}F_{ink}) - \mathrm{L}_{jmn}(\sum_{k=1}^{K_{jn}} A_{jnk}F_{jnk})\big] - f_{ijm}\Big)^2 \mathrm{d}F\right] \tag{5.2.3'''}$$

ergibt. Die Ableitungen von $\eta^2$ nach den Parametern $A_{i'n'k'}$ errechnen sich – nach einigen Umformungen – wie folgt:

$$\frac{\partial\eta^2}{\partial A_{i'n'k'}} = 2\sum_{m=1}^{M}\Bigg[\sum_{n=1}^{N}\sum_{k=1}^{K_{i'n}}\Bigg(A_{i'nk}\int\limits_{G_{i'}} g_{i'm}\mathrm{L}_{i'mn'}(F_{i'n'k'})\mathrm{L}_{i'mn}(F_{i'nk})\,\mathrm{d}V$$

$$+ A_{i'nk}\sum_{j=0}^{I}\int\limits_{\partial G_{i'j}} g_{i'jm}\mathrm{L}_{i'mn'}(F_{i'n'k'})\mathrm{L}_{i'mn}(F_{i'nk})\,\mathrm{d}F$$

$$-\sum_{j=0}^{I}A_{jnk}\int\limits_{\partial G_{i'j}} g_{i'jm}\mathrm{L}_{i'mn'}(F_{i'n'k'})\mathrm{L}_{jmn}(F_{jnk})\,\mathrm{d}F\Bigg)$$

$$-\int\limits_{G_{i'}} g_{i'm}\mathrm{L}_{i'mn'}(F_{i'n'k'})f_{i'm}\,\mathrm{d}V + \sum_{j=0}^{I}\int\limits_{\partial G_{i'j}} g_{i'jm}\mathrm{L}_{i'mn'}(F_{i'n'k'})f_{i'jm}\,\mathrm{d}F\Bigg] = 0\,. \tag{5.2.6}$$

Sind die Funktionen $f_{i'm}$ in den Gebieten $G_{i'}$ und $f_{i'jm}$ auf den Grenzen $\partial G_{i'j}$ bekannt, so beschreibt (5.2.6) ein inhomogenes Gleichungssystem, welches bezüglich der Parameter $A$ linear ist. (Um dies zu verdeutlichen, können die Terme, welche die Funktionen $f$ enthalten, nach rechts gebracht werden.) Damit diese Gleichungen weiterhelfen, muß nach Feldfunktionen $f$ gesucht werden, welche bekannt sind.

Primäre Feldfunktionen kommen hier kaum in Frage, sind sie doch üblicherweise unbekannt. Eine Ausnahme bilden die Dirichletschen Randbedingungen, bei denen die Werte einer Feldfunktion – allerdings eben nur auf dem Rand – vorgegeben sind. Betrachtet man den einfachen Fall mit einem Feldgebiet $G$, auf dessen Rand $\partial G$ eine primäre Feldfunktion $F = \phi$ vorgegeben ist, so ergibt sich aus (5.2.3‴) mit $I = M = N = 1$ und $f^0 = F^0 = \Sigma A_k F_k$

$$\eta^2 = \eta_G^2 + \eta_{\partial G}^2 = \int\limits_G g_G\Big(\sum_{k=1}^{K}A_kF_k - \phi\Big)^2\mathrm{d}V + \int\limits_{\partial G} g_{\partial G}\Big(\sum_{k=1}^{K}A_kF_k - \phi\Big)^2\mathrm{d}F\,. \tag{5.2.3''''}$$

Wird ein 'semi-analytisches' Verfahren verwendet, so daß in (5.2.3'''') die Integration über das Gebiet $G$ – in dem $\phi$ unbekannt ist – weggelassen werden kann, so findet man durch Ableitung von $\eta^2$ nach den Parametern

$$\sum_{k=1}^{K}A_k\int\limits_{\partial G} g_{\partial G}F_{k'}F_k\,\mathrm{d}F = \int\limits_{\partial G} g_{\partial G}F_{k'}\phi\,\mathrm{d}F\,, \quad k' = 1,2,\ldots K\,. \tag{5.2.6'}$$

Die rechten Seiten dieser $K$ inhomogenen, linearen Gleichungen für die $K$ unbekannten Parameter $A_k$ sind tatsächlich gegeben.

Hält man nach sekundären Feldgrößen Ausschau, welche bekannt sind, so bieten sich die Inhomogenitäten $H$ in $G$ und $\mathcal{H}$ auf $\partial G$ der Feldgleichungen (4.1) und Grenzbedingungen (4.3) an. Offenbar sind dann in den obigen Gleichungen die Funktionen $f_{im}$ bzw. $f_{ijm}$ durch $H_{im}$ bzw. $\mathcal{H}_{ijm}$ und die Operatoren $\mathrm{L}_{im}$ bzw. $\mathrm{L}_{ijm}$ durch $L_{im}$ bzw. $\mathcal{L}_{ijm}$ zu ersetzen. Aus (5.2.3″) ergibt sich damit für den Fehler

$$\eta^p = \sum_{i=0}^{I}\sum_{m=1}^{M}\Bigg[\int\limits_{G_i} g_{im}|L_{im}(\ldots\sum_{k=1}^{K_{in}} A_{ink}F_{ink}\ldots) - H_{im}|^p\,\mathrm{d}V$$

$$+\frac{1}{2}\sum_{j=0}^{I}\int\limits_{\partial G_{ij}} g_{ijm}|\mathcal{L}_{ijm}(\ldots\sum_{k=1}^{K_{in}} A_{ink}F_{ink}\ldots\sum_{k=1}^{K_{jn}} A_{jnk}F_{jnk}\ldots) - \mathcal{H}_{ijm}|^p\,\mathrm{d}F\Bigg]$$

(5.2.3$H$)

und für den spezielleren, quadratischen Fehler (5.2.3‴), mit (4.1′) und (4.3′)

$$\eta^2 = \sum_{i=0}^{I}\sum_{m=1}^{M}\Bigg[\int\limits_{G_i} g_{im}\Big(\sum_{n=1}^{N} L_{imn}(\sum_{k=1}^{K_{in}} A_{ink}F_{ink}) - H_{im}\Big)^2\,\mathrm{d}V +$$

$$\frac{1}{2}\sum_{j=0}^{I}\int\limits_{\partial G_{ij}} g_{ijm}\Big(\sum_{n=1}^{N}\big[\mathcal{L}_{imn}(\sum_{k=1}^{K_{in}} A_{ink}F_{ink}) - \mathcal{L}_{jmn}(\sum_{k=1}^{K_{jn}} A_{jnk}F_{jnk})\big] - \mathcal{H}_{ijm}\Big)^2\mathrm{d}F\Bigg].$$

(5.2.3$H'$)

Mit (5.2.6) findet man schließlich die folgenden, in $A$ linearen Gleichungen

$$\sum_{m=1}^{M}\sum_{n=1}^{N}\sum_{k=1}^{K_{i'n}}\Bigg[A_{i'nk}\int\limits_{G_{i'}} g_{i'm}L_{i'mn'}(F_{i'n'k'})L_{i'mn}(F_{i'nk})\,\mathrm{d}V$$

$$+ A_{i'nk}\sum_{j=0}^{I}\int\limits_{\partial G_{i'j}} g_{i'jm}\mathcal{L}_{i'mn'}(F_{i'n'k'})\mathcal{L}_{i'mn}(F_{i'nk})\,\mathrm{d}F$$

$$-\sum_{j=0}^{I} A_{jnk}\int\limits_{\partial G_{i'j}} g_{i'jm}\mathcal{L}_{i'mn'}(F_{i'n'k'})\mathcal{L}_{jmn}(F_{jnk})\,\mathrm{d}F\Bigg]$$

$$= \sum_{m=1}^{M}\Bigg[\int\limits_{G_{i'}} g_{i'm}L_{i'mn'}(F_{i'n'k'})H_{i'm}\,\mathrm{d}V - \sum_{j=0}^{I}\int\limits_{\partial G_{i'j}} g_{i'jm}\mathcal{L}_{i'mn'}(F_{i'n'k'})\mathcal{H}_{i'jm}\,\mathrm{d}F\Bigg].$$

(5.2.6$H$)

Sind die Feldgleichungen homogen, so vereinfachen sich diese Gleichungen mit $H = 0$ etwas. Bei homogenen Rand- bzw. Stetigkeitsbedingungen gilt entsprechend $\mathcal{H} = 0$. Eine weit stärkere Vereinfachung ergibt sich für 'semi-numerische' Methoden, bei denen die Grenzbedingungen bereits erfüllt sind und die Integrationen über die Grenzen verschwinden:

$$\sum_{m=1}^{M}\sum_{n=1}^{N}\sum_{k=1}^{K_{i'n}} A_{i'nk} \int_{G_{i'}} g_{i'm} L_{i'mn'}(F_{i'n'k'}) L_{i'mn}(F_{i'nk})\, \mathrm{d}V$$

$$= \sum_{m=1}^{M} \int_{G_{i'}} g_{i'm} L_{i'mn'}(F_{i'n'k'}) H_{i'm}\, \mathrm{d}V \qquad (5.2.6SN)$$

und entsprechend für 'semi-analytische' Methoden:

$$\sum_{m=1}^{M}\sum_{n=1}^{N}\sum_{k=1}^{K_{i'n}} \Bigg[ A_{i'nk} \sum_{j=0}^{I} \int_{\partial G_{i'j}} g_{i'jm} \mathcal{L}_{i'mn'}(F_{i'n'k'}) \mathcal{L}_{i'mn}(F_{i'nk})\, \mathrm{d}F$$

$$- \sum_{j=0}^{I} A_{jnk} \int_{\partial G_{i'j}} g_{i'jm} \mathcal{L}_{i'mn'}(F_{i'n'k'}) \mathcal{L}_{jmn}(F_{jnk})\, \mathrm{d}F \Bigg]$$

$$= - \sum_{m=1}^{M}\sum_{j=0}^{I} \int_{\partial G_{i'j}} g_{i'jm} \mathcal{L}_{i'mn'}(F_{i'n'k'}) \mathcal{H}_{i'jm}\, \mathrm{d}F\,. \qquad (5.2.6SA)$$

Die in diesen Gleichungen auftretenden Integrale können nur in den seltensten Fällen analytisch gelöst werden. Zur numerischen Berechnung von Integralen existieren verschiedenste Algorithmen, welche die Integrale durch endliche Summen approximieren. Am einfachsten werden die Integrationsgebiete $G$ bzw. $\partial G$ in $L$ Teilgebiete $G_l$ unterteilt, die so klein sind, daß die Integranden innerhalb der $G_l$ als konstant betrachtet werden können. (Daß für die obere Grenze des Index $l$ dasselbe Symbol wie für den Operator $L$ verwendet wird, sollte zu keinen Verwechslungen Anlaß geben.) Es gilt dann

$$\int_G f\, \mathrm{d}V \approx \sum_{l=1}^{L} f(\vec{r}_l) \cdot V_l = \sum_{l=1}^{L} f_l \cdot V_l\,, \qquad (5.2.7)$$

wenn $f_l = f(\vec{r}_l)$ der Wert des Integranden in einem Punkt $P_l(\vec{r}_l)$ in $G_l$ und $V_l$ das Volumen des Teilgebietes $G_l$ ist. Die Gleichung (5.2.6$SN$) schreibt sich damit beispielsweise folgendermaßen:

$$\sum_{m=1}^{M}\sum_{n=1}^{N}\sum_{k=1}^{K_{i'n}} A_{i'nk} \sum_{l=1}^{L_{i'}} g_{i'ml} L_{i'mn'}(F_{i'n'k'})\Big|_{\vec{r}=\vec{r}_l} L_{i'mn}(F_{i'nk})\Big|_{\vec{r}=\vec{r}_l} V_{i'l}$$

$$= \sum_{m=1}^{M}\sum_{l=1}^{L_{i'}} g_{i'ml} L_{i'mn'}(F_{i'n'k'})\Big|_{\vec{r}=\vec{r}_l} H_{i'ml} V_{i'l}\,. \qquad (5.2.6SN')$$

Die Behandlung der Randintegrale und der übrigen Gleichungen erfogt sinngemäß. Zu betonen ist, daß die Form der damit gefundenen Gleichungssysteme, welche mit verschiedenen Algorithmen numerisch aufgelöst werden können, von verschiedenen Wahlen abhängig sind. wie 1.) Wahl der primären Feldgrößen, 2.) Wahl der Entwicklungsbasis, inklusive Wahl einer 'numerischen', 'semi-numerischen' oder 'semi-analytischen' Methode, 3.) Wahl der Feldgleichungen und Grenzbedingungen, 4.) Wahl des Fehlers (Norm, involvierte sekundäre Feldfunktionen, Gewichtsfunktionen) und 5.) Wahl der (numerischen) Integrationsmethode.

Die Möglichkeiten sind so vielfältig, daß es oft schwer fällt, eine geeignete Entscheidung zu fällen. Neben dem hier gezeigten Konzept der Fehlerminimierung existiert eine ganze Anzahl weiterer Wege zur Herleitung von Gleichungssystemen, welche numerisch gelöst werden können. Werden diese genügend weit gefaßt, so lassen sich damit oft praktisch identische Gleichungen herleiten. Diese Methoden sollen hier nicht mehr in derselben Allgemeinheit behandelt werden, um etwas einfachere und übersichtlichere Formeln zu erhalten. Zur Veranschaulichung wird im folgenden lediglich eine primäre Feldfunktion $F$ betrachtet, welche in einem Feldgebiet $G$ eine Feldgleichung $LF = H$ und auf dem Gebietsrand $\partial G$ eine Randbedingung $\mathcal{L}F = \mathcal{H}$ erfüllt. Dies macht die Indices $i, j, m, n$ und die Summationen überflüssig, was formal eine starke Vereinfachung ergibt, auf den Lösungsweg im Prinzip aber keinen Einfluß hat. Die Verallgemeinerung für mehrere Feldfunktionen, mehrere Feldgebiete etc. liegt auf der Hand. Betrachtet man zunächst nochmals den quadratischen Fehler $\eta^2 = \eta_G^2 + \eta_{\partial G}^2$ mit den Inhomogenitäten $H$ bzw. $\mathcal{H}$ als sekundäre Feldgrößen, so gilt

$$\eta_G^2 = \int_G g_G\Big(\sum_{k=1}^{K} A_k LF_k - H\Big)^2 \,\mathrm{d}V \tag{5.2.8G}$$

und

$$\eta_{\partial G}^2 = \int_{\partial G} g_{\partial G}\Big(\sum_{k=1}^{K} A_k \mathcal{L}F_k - \mathcal{H}\Big)^2 \,\mathrm{d}F \tag{5.2.8R}$$

Bei 'semi-numerischen' Methoden ist $\eta_G$, bei 'semi-analytischen' Methoden $\eta_{\partial G}$ und bei 'numerischen' Methoden schließlich $\eta$ zu minimieren. Da die Unterschiede zwischen diesen Verfahren formal recht klein sind, wird nur der 'semi-numerische' Fall explizite behandelt. Dabei wird verlangt, daß die Ableitungen von $\eta_G^2$ nach jedem Parameter $A_{k'}$ verschwinden, was auf folgende Gleichungen führt:

$$\sum_{k=1}^{K} A_k \int_G g_G LF_k \cdot LF_{k'} \,\mathrm{d}V = \int_G g_G H \cdot LF_{k'} \,\mathrm{d}V \,. \tag{5.2.9}$$

Mit der Diskretisation der Integrale gemäß (5.2.7) ergibt sich daraus mit der Abkürzung $g_l = g_G(\vec{r}_l) \cdot V_l$ das lineare Gleichungssystem

$$\sum_{k=1}^{K} A_k \sum_{l=1}^{L} g_l LF_k\Big|_{\vec{r}=\vec{r}_l} \cdot LF_{k'}\Big|_{\vec{r}=\vec{r}_l} = \sum_{l=1}^{L} g_l H \cdot LF_{k'}\Big|_{\vec{r}=\vec{r}_l} \,. \tag{5.2.10}$$

Ein anderes Konzept, das auf dieselben Gleichungen führen kann, ist die *Projektionsmethode*, welche auf der Möglichkeit beruht, durch Projektion einer Funktion $f$ auf eine *Testfunktion* $g$, d.h. durch Bildung eines Skalarprodukts der Form (5.2.1), der Funktion $f$ eine skalare Größe $(f, g)$ zuzuordnen. Projiziert man beide Seiten der Feldgleichung $LF = H$ auf $K'$ Testfunktionen $g_{k'}$, so ergeben sich sofort $K'$ *skalare* Gleichungen

$$(LF, g_{k'}) = (H, g_{k'})\,, \quad k' = 1, 2, ...K'\,. \tag{5.2.11}$$

Setzt man für die gesuchte Feldfunktion $F$ eine Approximation $F^0$ der Form (4.2.1.6′), so kann (5.2.11) im allgemeinen nur noch näherungsweise erfüllt werden. Es gilt dann

$$(LF^0, g_{k'}) = \sum_{k=1}^{K} A_k(LF_k, g_{k'}) = (H, g_{k'}) + \eta_{k'}\,, \tag{5.2.11'}$$

wobei $\eta_{k'}$, ein unbekannter, skalarer Fehler ist. Im Gleichungssystem (5.2.11′) können nun die Parameter $A_k$ beispielsweise so bestimmt werden, daß die Summe der Fehlerquadrate $\eta_{k'}^2$ minimal wird. Diese weitverbreitete ***Methode der kleinsten Fehlerquadrate*** (*least squares*) ist keineswegs die einzige Möglichkeit, gilt doch hier im wesentlichen dasselbe, wie bei der oben definierten Fehlernorm $\eta^p$, obwohl dieser Fehler mit $\eta_{k'}$ keineswegs identisch ist. Verwendet man speziell $K$ Parameter und $K' = K$ Testfunktionen, so ergibt sich ein Gleichungssystem mit ebenso vielen Unbekannten wie Gleichungen, welches - z.B. mit einem Gauß-Algorithmus [D1] - so gelöst werden kann, daß alle 'Fehler' $\eta_{k'}$ verschwinden, was allerdings noch nicht heißt, daß das gestellte Problem exakt gelöst ist. (Der in (5.2.3) definierte Fehler $\eta$ braucht keineswegs zu verschwinden.) Die konkrete Form des Gleichungssystems (5.2.11′) hängt stark von der Definition des Skalarprodukts, der Diskretisation der Integrale und der Wahl der Testfunktionen $g_{k'}$ ab. Definiert man das Skalarprodukt gemäß (5.2.1), so erhält man aus (5.2.11′) offenbar die Gleichungen (5.2.9), wenn die Funktionen $g_{k'} = (g_G LF_{k'})$ eingesetzt werden. Die Fehlermethode und die Projektionsmethode liefern damit identische Resultate.

Allerdings ist dies keineswegs die einzige Variante dieser beiden Verfahren. Wählt man stattdessen die Entwicklungsfunktionen $F_k$ auch als Testfunktionen $(g_{k'} = F_{k'})$, so spricht man von der Methode von *Galerkin*, die hier für den wichtigen Spezialfall der Laplace-Gleichung mit $L = \Delta$ und $H = 0$ weiterverfolgt werden soll. Wird $K = K'$ und $\eta_{k'} = 0$ gesetzt, so folgt aus (5.2.11′)

$$\sum_{k=1}^{K} A_k \int_G F_{k'} \Delta F_k \,\mathrm{d}V = 0\,. \tag{5.2.12}$$

Diese Gleichung läßt sich mit dem Satz von Green (2.5.3.11) umformen zu

$$\sum_{k=1}^{K} A_k \Big( \int_G \operatorname{grad} F_k \operatorname{grad} F_{k'} \,\mathrm{d}V - \oint_{\partial G} F_{k'} \operatorname{grad} F_k \,\mathrm{d}\vec{F} \Big) = 0\,. \tag{5.2.12'}$$

Da hier ein 'semi-numerisches' Verfahren untersucht wird, müssen die Entwicklungsfunktionen $F_k$ die Randbedingungen auf $\partial G$ erfüllen. Offenbar verschwindet das Randintegral in (5.2.12′) sofort, wenn überall auf dem Rand entweder $F_{k'}$ oder die Ableitung von $F_k$ senkrecht zum Rand verschwindet. Dies ist insbesondere bei homogenen* Dirichletschen und Neumannschen Randbedingungen der Fall, was zu den Gleichungen

$$\sum_{k=1}^{K} A_k \int_G \operatorname{grad} F_k \operatorname{grad} F_{k'} \, \mathrm{d}V = 0 \,. \qquad (5.2.12'')$$

führt, welche im Falle der Elektrostatik an das Integral über die elektrische Feldenergie (3.2.6.16) erinnern. Tatsächlich führt die in Unterabschnitt 3.2.6 besprochene Variationsrechnung - unter gewissen Voraussetzungen - ebenfalls auf (5.2.12″). Dabei werden die Feldgleichungen (in diesem Falle die Laplace-Gleichung) durch ein Variationsintegral (in diesem Falle - nach dem Prinzip der kleinsten Wirkung, welches in der Elektrostatik auch das Prinzip der kleinsten Feldenergie ist - die Gesamtenergie $W_e$) ersetzt. Nach der Methode von *Ritz* wird für die unbekannte Funktion $F = \phi$ ein Approximationsansatz (4.2.1.6′) mit Entwicklungsfunktionen, welche die Randbedingungen erfüllen, eingesetzt:

$$W_e \approx W_e^0 = \int_G \epsilon \, (\operatorname{grad} \sum_{k=1}^{K} A_k F_k)^2 \, \mathrm{d}V \qquad (5.2.13)$$

und gefordert, daß die Ableitungen von $W_e^0$ nach den Parametern $A_{k'}$ verschwinden. Dies führt sofort auf Gleichungen der Form (5.2.12″). Es stellt sich nun die Frage, wie diese Gleichungen mit Hilfe einer Fehlerdefinition (5.2.3) erhalten werden können. Tatsächlich gelingt dies mit der Fehlernorm $p = 1$, der elektrischen Energiedichte als sekundäre Feldgröße ($f = w_e = \epsilon E^2$) und dem Skalarpotential $\phi = -\operatorname{grad} \vec{E}$ als primäre Feldgröße, wenn die Absolutbetragsstriche in (5.2.3) weggelassen werden. (Daß wieder eine 'semi-numerische' Methode vorausgesetzt wird, versteht sich von selbst, ist dies doch auch bei (5.2.12″) der Fall.) Zu bemerken ist, daß das Weglassen der Absolutstriche in (5.2.3) notwendig ist, da sonst die unbekannte Energiedichte $w_e$ in den Gleichungen verbleiben würde. Mit

$$\eta = \int_G |w_e^0 - w_e| \, \mathrm{d}V = \int_G |\epsilon \, (\operatorname{grad} \sum_{k=1}^{K} A_k F_k)^2 - w_e| \, \mathrm{d}V \qquad (5.2.3w)$$

* Die Behandlung inhomogener Randbedingungen ist etwas komplizierter. Dort kann gefordert werden, daß alle $F_k$ bis auf eines, z.B. $F_1$ die zugehörigen homogenen Randbedingungen erfüllen und $A_1 = 1$ gilt. Man beachte dazu auch die, in diesem Abschnitt weiter oben gemachten Bemerkungen zur Entwicklung (4.2.1.6″).

erhält man nämlich aus der Bedingung, daß die Ableitungen nach den Parametern $A_{k'}$ verschwinden, die Gleichungen

$$\sum_{k=1}^{K} A_k \int_G \text{grad } F_k \text{grad } F_{k'} \,\text{sign}(w_e^0 - w_e) \,dV = 0 \,, \qquad (5.2.12w)$$

wobei die Funktion sign den Wert +1 aufweist, wenn ihr Argument positiv ist und den Wert -1, wenn ihr Argument negativ ist. Da $w_e$ unbekannt ist, kann aber nicht ohne weiteres sign durch +1 ersetzt und weggelassen werden, was die Identität von (5.2.12$w$) und (5.2.12$''$) zur Folge hätte. Andererseits scheint eine Fehlerdefinition mit nicht strikt positiven Integranden fragwürdig. Die Beruhigung der Bedenken durch die Aussage, daß (5.2.12$''$) durch ein Variationsprinzip 'gesichert' ist, erweist sich als vordergründig, ist doch mit $\delta W_e = 0$ noch keineswegs gesagt, daß auch für die Näherung $\delta W_e^0 = 0$ gilt.

Eine weitere, verbreitete Wahl von Testfunktionen sind $\delta$-Funktionen, welche den Integralen den Wert des Integranden in einem Punkt $P_l(\vec{r}_l)$ zuordnen. Aus (5.2.11$'$) ergibt sich dann

$$\sum_{k=1}^{K} A_k L F_k \Big|_{\vec{r}=\vec{r}_l} = H \Big|_{\vec{r}=\vec{r}_l} + \eta_l \,, \quad l = 1, 2, ... L = K' \,. \qquad (5.2.14)$$

Die Gleichungen (5.2.14) erhält man gedanklich einfacher und direkter, indem man die Feldgleichungen in $L$ Punkten $P_l$ (*Matching-Punkte*) notiert, für $F$ die Näherung $F^0$ einsetzt und rechter Hand den 'Fehler' $\eta_l$ addiert. Dieses Vorgehen nennt man Methode der *Kollokation*. Benützt man gleich viele Gleichungen, wie Unbekannte, so wird die Auflösung des Gleichungssystems (5.2.14) zwar einfach, die Resultate sind aber meist ungenau, da die Feldgleichungen zwar in den Matching-Punkten erfüllt sind, die Fehler dazwischen aber sehr groß werden können. Außerdem erweist sich hier die Wahl einer geeigneten Approximationsbasis $F_k$ als sehr tückisch, wie bei der MMP-Methode ausführlicher gezeigt wird. Der einfachste Ausweg liegt im Verwenden von *überbestimmten* Gleichungssystemen der Form

$$\sum_{k=1}^{K} A_k m_{lk} = h_l \,, \quad l = 1, 2, ... L \,, \qquad (5.2.15)$$

mit $K < L$, welche auf verschiedenste Weise gelöst werden können [D1]. Multipliziert man (5.2.15) mit der Transponierten $M^T$ der Matrix $M$ (mit den Elementen $m_{lk}$), so ergibt sich das symmetrische Gleichungssystem

$$\sum_{k=1}^{K} A_k \sum_{l=1}^{L} m_{lk'} m_{lk} = \sum_{l=1}^{L} m_{lk'} h_l \,, \quad k' = 1, 2, ... K \,, \qquad (5.2.16)$$

welches z.B. mit einem *Cholesky*-Verfahren [D1] gelöst werden kann. Dabei erweist sich eine geeignete *Gewichtung* der Gleichungen als notwendig: Die Gleichungen

(5.2.14) werden mit Gewichten $g_l'$ multipliziert, welche dazu dienen, allfällige numerische 'Ungerechtigkeiten' auszugleichen:

$$\sum_{k=1}^{K} A_k g_l' LF_k \Big|_{\vec{r}=\vec{r}_l} = g_l' H \Big|_{\vec{r}=\vec{r}_l} + \eta_l \,, \quad l = 1,2,\ldots L = K' \,. \tag{5.2.14'}$$

Anstelle von (5.2.16) ergibt sich damit

$$\sum_{k=1}^{K} A_k \sum_{l=1}^{L} g_l'^2 LF_k \Big|_{\vec{r}=\vec{r}_l} \cdot LF_{k'} \Big|_{\vec{r}=\vec{r}_l} = \sum_{l=1}^{L} g_l'^2 H \cdot LF_{k'} \Big|_{\vec{r}=\vec{r}_l} \,. \tag{5.2.16'}$$

Setzt man $g_l'^2 = g_l$, so wird (5.2.16′) mit (5.2.10) identisch. Durch geeignete Gewichtung kann also erreicht werden, daß die Methode der Kollokation, die Methode der Projektion und die Methode der Fehlerminimierung dieselben Resultate liefern. Auf welchem Weg das Gleichungssystem (5.2.10) hergeleitet wird, spielt lediglich für die Interpretation eine gewisse Rolle. Mit denselben Methoden können aber auch andere Gleichungssysteme - wie etwa (5.2.12″) - zur Lösung desselben Problems hergeleitet werden, welche sich von (5.2.10) wesentlich unterscheiden. Dadurch ergeben sich zum Teil große Unterschiede zwischen Programmen, welche auf derselben Methode aufbauen, während andererseits Programme, welchen unterschiedliche Methoden zu Grunde liegen, durchaus im wesentlichen identisch sein können.

## 5.3 DIE BEKANNTESTEN METHODEN

Bisher wurden die Namen von Methoden (Galerkin, Choleski, Ritz etc.) sehr eng gehandhabt. Dies wird in diesem Buch auch weiterhin so gehalten. Es ist jedoch zu betonen, daß diese Begriffe in der Literatur häufig als 'pars pro toto' gelten, also ein ganzes, kompliziertes Verfahren benennen, obwohl sie an sich nur einen einzelnen Schritt innerhalb dieses Verfahrens bezeichnen. Daraus ergeben sich oft Mißverständnisse und Unklarheiten beim Vergleich 'unterschiedlicher' Methoden.

Es würde zu weit führen, die bekanntesten Methoden der numerischen Feldberechnung hier detailliert, dem modernsten Stand entsprechend zu erklären. Stattdessen wird im folgenden versucht, die Grundideen, welche dem jeweiligen Verfahren den Namen geben, herauszuschälen und das Vorgehen in den, im Abschnitt 5.2 besprochenen Lösungsweg einzubetten, so weit dies jeweils angezeigt ist.

### 5.3.1 FE (Finite Elemente)

Obwohl die Methode der Finiten Elemente schon recht alt ist und heute als *die* numerische Feldberechnungsmethode gilt, existieren immer noch kaum Lehrbücher, welche für Elektroingenieure verständlich sind. Eine Ausnahme bilden [C1] und [S1] mit einem deutlichen Schwergewicht auf dem Gebiet der Berechnung elektrischer Maschinen.

Der Begriff 'Finite Elemente' stammt aus der Baustatik [Z1], meint also die Unterteilung in endliche Bauelemente (Stäbe, Stützen etc.). Das elektrische Analogon zu einem Fachwerk der Baustatik ist ein elektrisches Netzwerk. Tatsächlich besteht eine alte, analoge Feldberechnungsmethode in der Simulation einer verteilten Anordnung durch ein geeignetes Netzwerk. Die Bauelemente eines solchen Netzwerks (Widerstände, Kondensatoren etc.) sind damit Finite Elemente im ursprünglichen Sinn. Heute wird darunter jedoch viel eher die Unterteilung des Feldgebietes $G$ in endliche Gebiete $G_i$ verstanden, welche das gesamte Feldgebiet überdecken. Der Anschaulichkeit halber sollen im folgenden nur zweidimensionale Gebiete $G$ betrachtet werden.

Die Wahl der Elemente $G_i$ unterliegt zunächst keinerlei Einschränkungen. Praktisch muß deren Form aber relativ einfach sein, so daß man sich meist auf Polygone, insbesondere Drei- und Vierecke beschränkt. Dies erfordert eine gewisse Anpassung des ursprünglich gegebenen Modells, d.h. den Ersatz durch ein zweites Modell, das durch ein Polygon begrenzt ist. Figur 5.3.1.1 veranschaulicht diesen Sachverhalt.

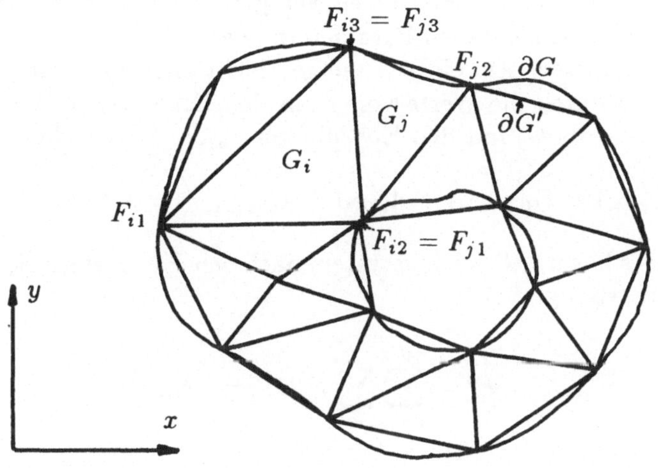


Figur 5.3.1.1

Für die Wahl der primären Feldfunktionen und der Basisfunktionen zur Entwicklung der primären Feldfunktionen gilt das im Abschnitt 5.2 Gesagte, wobei die Basisfunktionen jeweils auf ein Element $G_i$ beschränkt werden. Für die Näherung $F^0$ einer primären Feldfunktion $F$ in $G$ gilt also

$$F^0 = \sum_{i=1}^{I} A_i F_i \, , \tag{5.3.1.1}$$

wobei die Basisfunktionen $F_i$ außerhalb $G_i$ verschwinden. Die einfachste und auch heute noch häufigste Wahl besteht in Basisfunktionen, welche innerhalb von dreieckigen Elementen $G_i$ linear sind, so daß

$$F_i(x,y) = A_{i1} + A_{i2}x + A_{i3}y \, , \quad \text{in } G_i \tag{5.3.1.2}$$

gilt, wenn $x, y$ kartesische Koordinaten der Ebene sind*. Daneben lassen sich auch Polynome höherer Ordnung, Tschebyscheff-Polynome oder andere Funktionen verwenden, welche hier nicht näher betrachtet werden, obwohl ein Trend in diese Richtung zu beobachten ist.

Setzt man (5.3.1.2) in (5.3.1.1) ein, so ergibt sich

$$F^0 = \sum_{i'=1}^{I} (A_{i1} + A_{i1}x + A_{i3}y)\delta_{i'i} \, , \tag{5.3.1.3}$$

---

* Es können auch in jedem Element $G_i$ lokale Koordinaten $x_i, y_i$ oder andere Koordinatensysteme benützt werden, was aber am Prinzip nichts ändert.

wobei $\delta_{i'i}$ das Kronecker-Delta ist, welches für $i' = i$ den Wert eins annimmt und sonst verschwindet. (5.3.1.3) enthält insgesamt $3I$ unbekannte Parameter. Fordert man, daß $F^0$ im ganzen Feldgebiet $G$ stetig ist, so ergeben sich Abhängigkeiten zwischen diesen Parametern, welche es ermöglichen, einzelne Parameter zu eliminieren. Am einfachsten geschieht dies, wenn man die Parameter $A_{ik}$ , $k = 1,2,3$ durch die Werte von $F_i$ in den Eckpunkten $P_{il}$ , $l = 1,2,3$ des dreieckigen Elements $G_i$ mit den Koordinaten $x_{il}, y_{il}$ ausdrückt. Es gilt

$$F_i(P_{il}) = F_{il} = A_{i1} + A_{i2}x_{il} + A_{i3}y_{il}\,, \quad l = 1,2,3. \tag{5.3.1.4}$$

Löst man dieses lineare Gleichungssystem nach den Parametern $A_{ik}$ auf und setzt in (5.3.1.3) ein, so ergibt sich

$$F^0 = \sum_{i'=1}^{I} \sum_{l=1}^{3} F_{il} G_{il}(x,y) \delta_{i'i}\,, \tag{5.3.1.5}$$

wobei die $G_{il}$ lineare Funktionen von $x,y$ sind, welche im Punkt $P_{il}$ den Wert eins und in den beiden übrigen Eckpunkten von $G_i$ den Wert null annehmen. Da jeweils ein oder zwei Eckpunkte $P_{il}$ benachbarter Elemente miteinander identisch sind, folgt aus der Stetigkeitsforderung, daß auch die zugehörigen Funktionswerte $F_{il}$ miteinander identisch sein müssen. Die Anzahl der Unbekannten entspricht demnach der Anzahl der Knoten im verwendeten Triangulationsnetz. (Sind auf dem Rand des Feldgebietes die Werte von $F^0$ – durch die Randbedingungen – vorgegeben, so sind die Knoten auf dem Rand $\partial G$ nicht zu zählen.)

Die Berechnung der Parameter $A_{ik}$ bzw. $F_{il}$ ist durch die Methode der finiten Elemente nicht vorgeschrieben und kann auf verschiedenste Weise geschehen. Da die Entwicklungsfunktionen $F_i$ bzw. $G_{il}$ hier relativ 'primitiv' sind, ist einige Vorsicht geboten. Zu beachten ist, daß alle ersten Ableitungen dieser linearen Funktionen innerhalb der Elemente konstant sind und damit die zweifachen Ableitungen verschwinden, was zur Folge hat, daß beispielsweise die Laplace-Gleichung *innerhalb* aller Elemente trivialerweise erfüllt ist. Auf den Grenzen $\partial G_i$ eines Elements $G_i$ wird hingegen die erste Ableitung unstetig, so daß die zweifachen Ableitungen nicht definiert sind. Ist $L = \Delta$, wie z.B. in der Elektrostatik, wenn das Potential als primäre Feldfunktion gewählt wird, so wird das Gleichungssystem (5.2.10) offensichtlich unbrauchbar, während (5.2.12″) relativ einfache Gleichungen liefert. Dies erklärt die große Bedeutung von Variationsintegralen im Zusammenhang mit der FE-Methode. Es ist zu betonen, daß nicht notwendigerweise ein Variationsprinzip zu Grunde gelegt werden muß, da einerseits diese Gleichungen z.B. auch mit der Projektionsmethode (und der Methode von Galerkin) hergeleitet werden können und da andererseits bei Ansätzen mit Polynomen höherer Ordnung Gleichungssysteme vom Typus (5.2.10), welche mehrfache Ableitungen enthalten, durchaus ins Auge gefaßt werden können. Mit Behauptungen, wonach FE-Programme – gerade wegen der Anwendung von Variationsprinzipien – zuverläßiger seien, als etwa FD-Programme, wird offenbar aus der Not eine Tugend gemacht, wirft doch die *Notwendigkeit* der Anwendung solcher Prinzipien an sich ein schlechtes Licht auf die verwendeten Basisfunktionen, welchen das Versagen einfacherer Methoden zur Bestimmung der Parameter zugeschrieben werden kann. Diese Aussagen gelten allerdings nicht für alle FE-Verfahren.

Bemerkenswert ist die Beobachtung, daß – insbesondere bei Verwendung einfacher Elemente und einfacher Entwicklungsfunktionen – die Qualität der Resultate sehr stark von der Wahl der Elemente bzw. des Netzes abhängt. Der Aufwand zum Generieren eines geeigneten Netzes ist oft weit höher als der Aufwand zur Lösung der Gleichungssysteme. Es ist verständlich, daß Netze, welche aus lauter nahezu gleichseitigen Dreiecken bestehen, solchen mit stark davon abweichenden, langgezogenen Dreiecken vorzuziehen sind. Verlangt man bei Netzen mit viereckigen Elementen entsprechend, daß alle Elemente möglichst 'quadratisch' sein sollen, so erinnert dies an das *Verfahren von Lehmann*, welches früher als graphische Methode zur Lösung von Potentialfeldproblemen benützt wurde und darauf beruht, daß in ebenen Problemen der Elektrostatik die Feldlinien und die Äquipotentiallinien zueinander senkrecht stehen. Bei geeigneter Auswahl einzelner Feld- und Äquipotentiallinien wird das gesamte Feldgebiet durch diese Linien in nahezu quadratische 'Elemente' unterteilt. Es ist selbstverständlich, daß die FE-Methode umso bessere Resultate liefert, je besser das Netz mit diesem Raster übereinstimmt, was allerdings eine Vorwegnahme der Resultate bedeutet.

### 5.3.2 FD (Finite Differenzen)

Die Methode der Finiten Differenzen gehört zu den ältesten numerischen Verfahren [B3]. Sie hat in den letzten Jahren gegenüber der FE-Methode deutlich an Terrain verloren, obwohl auch heute noch besonders komplizierte Probleme zum Teil nur mit FD-Programmen gelöst werden können. Das Konzept der FD ist zunächst weit einfacher als dasjenige der FE und geht auf den Differenzenquotienten zurück, welcher der Definition von Ableitungen

$$\frac{\partial f}{\partial x} = \lim_{d \to 0} \frac{f(x+d) - f(x)}{d} \tag{5.3.2.1}$$

in $x$ stetiger Funktionen $f$ zu Grunde liegt. Anders als die FE-Methode, welche sich in erster Linie um die Entwicklung der primären Feldfunktionen kümmert und die Feldgebiete diskretisiert, interessiert man sich hier zunächst für die Feldgleichungen und diskretisiert die darin auftretenden Operatoren. Den Schlüssel dazu bilden die einfachen, partiellen Ableitungen, welche hier etwas genauer betrachtet werden. Läßt man die Limesbildung in (5.3.2.1) weg, so ergibt sich die mit einem Fehler $\eta^+$ behaftete Näherung für die Ableitung von $f$ nach $x$:

$$\frac{\partial f}{\partial x} = \frac{f(x+d) - f(x)}{d} + \eta^+(x)\,. \tag{5.3.2.2}$$

Der Fehler $\eta^+$ ist umso kleiner, je kleiner die endliche Differenz $d$ gewählt wird. Numerisch kann $d$ allerdings nicht beliebig klein gemacht werden, da sich sonst bei der Subtraktion im Zähler Stellenauslöschungen ergeben, welche zu numerischen Ungenauigkeiten führen.

Die Definition der Ableitung – und damit der Näherung – ist keineswegs eindeutig. Anstelle von (5.3.2.2) läßt sich offenbar ebensogut die Differenz des Funktionswertes $f$ an der Stelle $x$ mit demjenigen an der Stelle $x - d$ verwenden:

$$\frac{\partial f}{\partial x} = \frac{f(x) - f(x-d)}{d} + \eta^-(x) \,. \tag{5.3.2.3}$$

Daß (5.3.2.2) und (5.3.2.3) gleichwertig sind, sieht man am einfachsten, wenn man $f$ als Polynom in $x$ entwickelt:

$$f = \sum_{n=0}^{N} A_n x^n \,. \tag{5.3.2.4}$$

Ist $f$ linear in $x$, d.h. $N = 1$, so verschwinden sowohl $\eta^+$ als auch $\eta^-$. Die Ableitungen gemäß (5.3.2.2) und (5.3.2.3) werden also – bis auf numerische Fehler durch Stellenauslöschung und endliche Genauigkeit – exakt. Bei quadratischen Funktionen mit $N = 2$ findet man die Fehler $\eta^\pm = \pm A_2 d$. Bildet man den Mittelwert der beiden Näherungen für die Ableitung, so ergibt sich die verbesserte Approximation

$$\frac{\partial f}{\partial x} = \frac{f(x+d) - f(x-d)}{2d} + \eta(x) \,, \tag{5.3.2.5}$$

bei der sowohl für lineare, als auch für quadratische Funktionen $f$ der Fehler $\eta$ verschwindet. Für Polynome höherer Ordnung ergibt sich mit (5.3.2.2,3) ein Fehler in der Größenordnung von $d$, mit (5.3.2.5) hingegen ein Fehler in der Größenordnung von $d^2$. Letzterer verschwindet bei abnehmendem Wert von $d$ wesentlich rascher als der Erstere. Man schreibt auch

$$\frac{\partial f}{\partial x} = \frac{f(x+d) - f(x-d)}{2d} + \mathrm{O}(d^2) \,. \tag{5.3.2.5'}$$

Es liegt auf der Hand, daß durch Steigerung des Aufwandes die Ordnung des Fehlers weiter erhöht werden kann. Offenbar existieren verschiedene Näherungen allein schon für die einfachen, partiellen Ableitungen. Die Wahl einer geeigneten Näherung ist wichtig für die Brauchbarkeit der Methode und keineswegs trivial.

Es ist nun ohne weiteres möglich, FD-Näherungen für die räumlichen 'Ableitungen', insbesondere für die Operatoren div, rot, grad anzugeben. Dazu kann ein beliebiges Koordinatensystem verwendet werden. Setzt man orthogonale Koordinaten voraus, so gelten die Gleichungen (2.5.1.1 – 3''), bei denen rechter Hand die partiellen Ableitungen durch Differenzenquotienten der Form (5.3.2.2,3,5) etc. ersetzt werden können, was bereits eine passende Schreibweise der Maxwell-Gleichungen ermöglicht. Auf eine explizite Ausführung wird hier jedoch verzichtet. Stattdessen wird der Laplace-Operator $\Delta$, welcher zweifache Ableitungen nach den Koordinaten enthält, etwas genauer untersucht. Der Anschaulichkeit wegen beschränken wir uns auf den ebenen Laplace-Operator $\Delta_T$, für welchen in kartesischen Koordinaten $x, y$

$$\Delta_T f = f_{,xx} + f_{,yy} \tag{5.3.2.6}$$

gilt. Mit (5.3.2.5) findet man für zweifache, partielle Ableitungen

$$\begin{aligned} f_{,xx} &\approx \frac{f_{,x}(x+d) - f_{,x}(x-d)}{2d} = \frac{f(x+2d) - 2f(x) + f(x-2d)}{(2d)^2} \\ &= \frac{f(x+h) + f(x-h) - 2f(x)}{h^2} . \end{aligned} \tag{5.3.2.7}$$

Dasselbe gilt sinngemäß für die Ableitungen nach $y$, so daß sich mit (5.3.2.6) die Approximation

$$\Delta_T f \approx \frac{f(x+h,y) + f(x-h,y) + f(x,y+h) + f(x,y-h) - 4f(x,y)}{h^2} \tag{5.3.2.8}$$

des zweidimensionalen Laplace-Operators ergibt. Selbstverständlich ist dies keineswegs die einzige, aber eine besonders einfache – und daher sehr verbreitete – Näherung, der sogenannte (5-Punkt-) Stern-Operator. Die Verwendung kartesischer Koordinaten legt ein reguläres, quadratisches Netz nahe, welches in Figur 5.3.2.1 dargestellt ist.

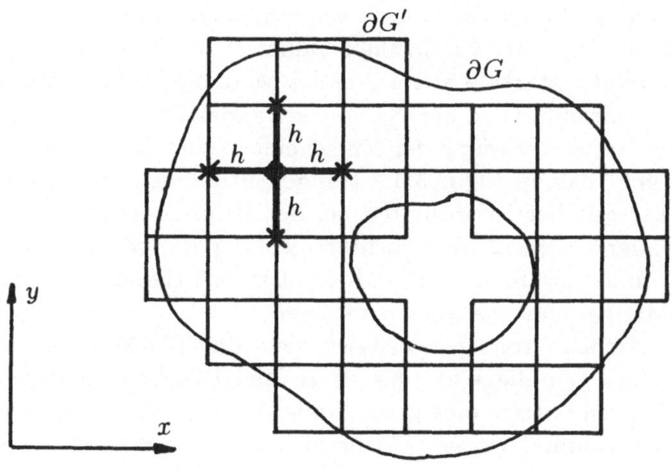


Figur 5.3.2.1

Bei der numerischen Berechnung müssen nur die Funktionswerte in den endlich vielen Punkten dieses Gitters berücksichtigt werden, welche die Rolle der unbekannten Parameter im Lösungsansatz (4.2.1.6′) spielen. Notiert man die Feldgleichungen in allen Gitterpunkten, so ergibt sich sofort ein relativ einfaches Gleichungssystem. Schreibt man dieses in Matrizenform, so erhält man große, dünn besetzte Matrizen. Im Falle der ebenen Laplace- und Poisson-Gleichung werden mit dem (5-Punkt-) Stern-Operator jeweils fünf Funktionswerte miteinander verknüpft, so daß pro Zeile nur fünf Elemente nicht verschwinden.

Über die Entwicklungsfunktionen ist hier noch nichts ausgesagt. Schreibt man für die Approximation $F^0$ einer Feldfunktion $F$ in einem Feldgebiet $G$

$$F^0 = \sum_{k=1}^{K} F_k^0 F_k \,, \qquad (5.3.2.9)$$

wobei $F_k^0$ den Wert von $F^0$ im $k$-ten Gitterpunkt $P_k$ und $F_k$ die $k$-te Basisfunktion bezeichnet, so muß $F_k$ in $P_k$ den Wert eins und in allen andern Gitterpunkten den Wert null aufweisen. Die Werte von $F_k$ in den übrigen Punkten des Feldgebietes $G$ sind an sich ohne Einfluß auf den Lösungsgang. Eine beliebige Wahl ist aber sicher nicht sinnvoll. So sind Funktionen, welche in einem Abstand $D > h$ von $P_k$ nicht verschwinden, auszuschließen. Interessant sind lineare Interpolationsfunktionen, welche zwischen $P_k$ und seinen Nachbarn linear verlaufen und außerhalb des, durch diese Punkte begrenzten Quadrates $Q_k$ verschwinden. Damit ist bereits eine gewisse Verbindung zu der FE-Methode hergestellt. Im Gegensatz zu diesem Verfahren, werden den FD-Programmen jedoch *meist* keine Variationsprinzipien sondern die Feldgleichungen in Differentialform zu Grunde gelegt, obwohl weder das eine noch das andere bei diesen Methoden notwendig ist.

Ähnlich wie im Unterabschnitt 5.3.1 muß auch hier dem ursprünglich gegebenen Modell ein zweites Modell zugeordnet werden, welches dem Gitter angepaßt ist. Beschränkt man sich – der Einfachheit halber – auf quadratische Gitter, so erfordert dies eine relativ starke Abstraktion des Modelles und es ist zu erwarten, daß die Resultate (zumindest) in der Nähe des Randes $\partial G$ des Feldgebietes ungenau werden. Die Netzgenerierung der FE scheint in dieser Hinsicht flexibler zu sein. Tatsächlich geht das, in Figur 5.3.2.1 angedeutete, quadratische Gitter auf die Verwendung kartesischer Koordinaten bei der Diskretisierung des Operators zurück, was besonders einfach, aber nicht notwendig ist. Z.B. durch Applikation anderer Koordinatensysteme, verbunden mit einer Erhöhung des Aufwandes, lassen sich diese Mängel ohne weiteres beseitigen.

Trotz des einfachen Konzepts erweist sich die FD-Methode schließlich keineswegs als trivial. Wie die Wahl des Netzes bei FE-Programmen, spielt die Wahl eines brauchbaren Gitters eine große Rolle. Dies gilt insbesondere bei Problemen der Elektrodynamik, wo *ein* Gitter im allgemeinen nicht ausreicht und für die verschiedenen Feldgrößen unterschiedliche Gitter definiert werden müssen, welche einander gegenseitig beeinflussen.

### 5.3.3 MM (Momenten-Methode), Teilflächenmethode

Die Momentenmethode (*Method of Moments*) wird bei Harrington [H4] zunächst in einer Weise beschrieben, welche sich in nichts von der Projektionsmethode (siehe Abschnitt 5.2) im 'semi-numerischen' Fall unterscheidet, was eine sinnvolle Abgrenzung gegen andere numerische Methoden verunmöglicht und es erlaubt, eine große Zahl anderer Verfahren (FE, PM, SDA) unter diesen Begriff zu subsummieren. Hier soll die MM jedoch – wie auch die übrigen Verfahren – enger gefaßt und die Grundidee, welche namengebend war, herausgestellt werden. Wie die FE stammt die MM aus der Baustatik, was den Begriff 'Moment' erklärt. Das Vorgehen dieser zwei Methoden ist insgesamt sehr ähnlich. Bei beiden wird üblicherweise eine Unterteilung in endliche (Bau-) Elemente vorgenommen. Die MM könnte deshalb auch als ein Spezialfall der FE verstanden werden. Praktisch macht sich der Unterschied in der Wahl der primären Funktionen bemerkbar. Bei der MM sind dies eben die Momente.

In der Elektrodynamik nehmen die Quellen des Feldes, die (zum Teil unbekannten) Ladungs- und Stromverteilungen, aber oft auch die elektrische und magnetische Polarisation den Platz der 'Momente' ein. Hier ist die MM besonders bei der Berechnung der Streuung von Wellen an ideal leitenden Körpern beliebt. Als primäre Feldgrößen werden dann die Oberflächenladungen und -ströme auf den Streukörpern verwendet. Damit braucht das FE-Netz nicht über das gesamte Feldgebiet, sondern nur über die Oberfläche der Körper gelegt zu werden, was den Diskretisierungsaufwand erheblich verringert. Interessiert man sich nur für das Fernfeld in großem Abstand von den Streukörpern, so genügt meist eine sehr grobe Diskretisierung und insbesondere eine Approximation durch ein Netz von Fadenströmen, welches besonders einfache Rechnungen erlaubt.

Da hier wieder nur das Prinzip in einfacher Form gezeigt werden soll, wird nur der besonders einfache Fall der Laplace-Gleichung in einem ebenen Gebiet $G$ mit Rand $\partial G$, d.h. der Fall der ebenen Elektrostatik betrachtet. Wird der Rand $\partial G$ durch leitende Zylinder (Elektroden) gebildet, so weiß man aus physikalischen Gründen, daß sich auf diesen Zylindern Oberflächenladungen $\varsigma$ ansammeln. Figur 5.3.3.1 zeigt den Querschnitt einer solchen Anordnung. Der Rand $\partial G$ wird nun durch ein Netz von meist ebenen Elementen – *Teilflächen* – ersetzt. Im zylindrischen bzw. zweidimensionalen Fall entspricht dies einem Modell mit polygonalen Rändern in der Querschnittsebene, welche in Figur 5.3.3.1 angedeutet sind. In diesem Modell wird nun die Oberflächenladung – als primäre Feldgröße – durch eine Reihe der Form (4.2.1.6′) approximiert:

$$\varsigma \approx \varsigma^0 = \sum_{k=1}^{K} A_k \varsigma_k \,. \tag{5.3.3.1}$$

Die Wahl der Basisfunktionen $\varsigma_k$ ist an sich recht frei. Dazu können verschiedenste Oberflächenladungsverteilungen auf $\partial G$ dienen. Da daraus das elektrische Potential und die elektrische Feldstärke durch Auswertung eines Coulomb-Integrals der Form (3.2.4.8) bestimmt werden müssen, beschränkt man sich mit Vorteil auf besonders einfache Verteilungsfunktionen, welche eine analytische Behandlung dieser Integrale zulassen. Im hier betrachteten Falle zylindrischer Symmetrie gilt für die Approximation $\phi^0$ des Potentials $\phi$

$$\phi^0(\vec{r}_T) = \sum_{k=1}^{K} A_k \phi_k(\vec{r}_T) \,, \tag{5.3.3.2}$$

wobei $\phi_k$ das Teilpotential, herrührend von der Ladungsverteilung $\varsigma_k$ ist, welches sich mit dem Coulomb-Integral

$$\phi_k(\vec{r}_T) = \frac{-1}{2\pi\epsilon} \int_{\partial G} \varsigma_k(\vec{r}_T^{\,\prime}) \ln |\vec{r}_T - \vec{r}_T^{\,\prime}| \, d\ell \tag{5.3.3.3}$$

errechnet, wobei über die gestrichenen Koordinaten der Transversalebene integriert wird.

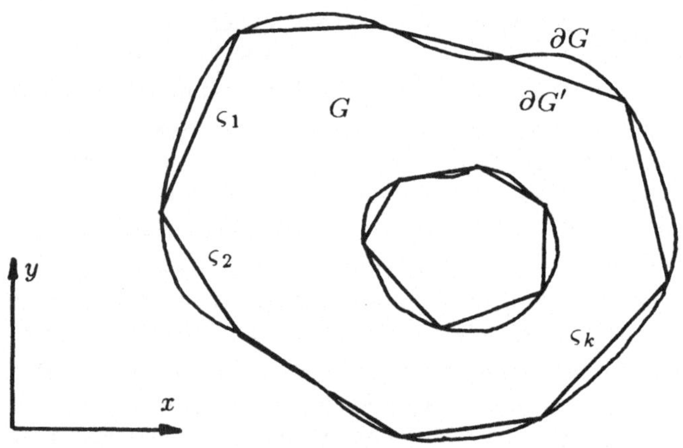


Figur 5.3.3.1

In dieser Hinsicht besonders einfache Basisfunktionen sind $\delta$-Funktionen, welche die Auswertung der Coulomb-Integrale überflüssig machen und dem Integral den Wert des Integranden an einer bestimmten Stelle zuordnen. Sie entsprechen einer punktförmigen bzw. im zylindrischen Fall einer linienförmigen Ladungsverteilung am Ort $\vec{r}_{Tk}$:

$$\phi_k(\vec{r}_T) = \frac{-\lambda_k(\vec{r}_{Tk})}{2\pi\epsilon} \ln |\vec{r}_T - \vec{r}_{Tk}| \tag{5.3.3.4}$$

Es ist selbstverständlich, daß durch diese Ladungen keine Lösungen des gestellten Potentialproblems gefunden werden können, welche auch in der Nähe der

Elektrodenoberflächen gute Näherungen ergeben, weisen doch die Entwicklungsfunktionen in den Punkten $P_k(\vec{r}_{Tk})$ auf $\partial G$ Pole auf, was aus physikalischen Gründen nicht sein darf. Zur Fernfeldberechnung, d.h. zur Berechnung des Feldes in genügend großem Abstand von $\partial G$, können Ansätze der Form (5.3.3.2) mit (5.3.3.4) durchaus in Betracht gezogen werden.

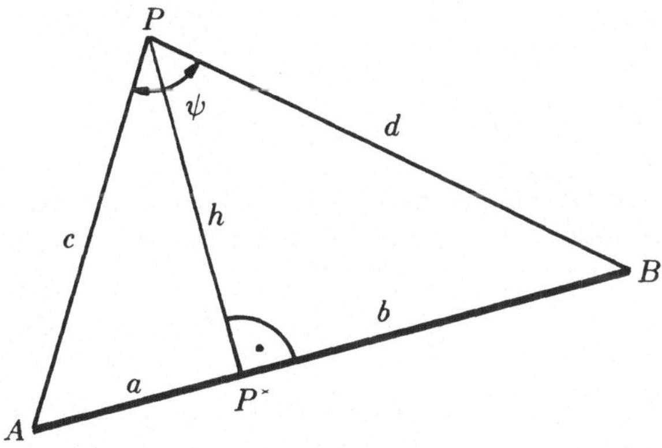


Figur 5.3.3.2

Etwas kompliziertere Ladungsverteilungen, welche aber noch analytisch integriert werden können, sind solche, die auf einer Teilfläche einen konstanten Wert $\varsigma_k$ aufweisen und außerhalb verschwinden. Nach einer Umformung, welche hier nicht explizite durchgeführt wird, lassen sich die Potentialanteile, herrührend von diesen 'Ladungssegmenten' relativ einfach formulieren:

$$\phi_k(P) = \frac{\varsigma_k}{2\pi\epsilon}(a \ln c + b \ln d + h\psi) . \qquad (5.3.3.5)$$

Die in dieser Gleichung enthaltenen Abstände und der Winkel $\psi$ sind in Figur 5.3.3.2 skizziert. Dabei ist zu beachten, daß $b$ negativ zu zählen ist, wenn der Punkt $P^*$ rechts von $B$ und $a$ negativ zu zählen ist, wenn $P^*$ links von $A$ liegt. Da die Näherung $\varsigma^0$ von $\varsigma$ in den Endpunkten $A, B$ der Segmente unstetig sind, müssen sich in der Nähe dieser Punkte immer noch relativ große Fehler ergeben. Die so erhaltenen Resultate sind aber oft schon gut brauchbar.

Geht man zu Basisfunktionen über, welche stückweise linear und überall stetig sind so kann eine weitere Verbesserung der Ergebnisse erreicht werden. Je mehr Anforderungen gestellt werden, um so größer wird aber auch der Aufwand zur Berechnung der Potentialfunktionen $\phi_k$. Es ist im allgemeinen schwierig zu entscheiden, ob sich eine Erhöhung der Genauigkeit nicht vorteilhafter durch Verfeinerung des Netzes ergibt.

Die Resultate sind selbstverständlich nicht nur von der Wahl der Basisfunktionen sondern ebensosehr von der Bestimmung der Parameter $A_k$ abhängig.

Wird zur Berechnung der $A_k$ eine Projektionsmethode verwendet, so ist die Wahl der Testfunktionen $g_{k'}$, auf welche projiziert wird, von besonderer Bedeutung. Dabei ist zunächst die Frage zu beantworten, welche Gleichungen denn noch – durch eine passende Wahl der $A_k$ – (näherungsweise) zu erfüllen sind. Da die Coulombintegrale und somit die Lösungsansätze der Laplace-Gleichung genügen, bleiben die Randbedingungen zu notieren. Die MM kann also hier als 'semianalytisches' Verfahren angesprochen werden, was im allgemeinen nicht so ist. Im betrachteten Beispiel der Elektrostatik gelten auf den Elektroden die besonders einfachen Dirichletschen Bedingungen für das Potential. D.h. das Potential $\phi$ ist auf dem Gebietsrand $\partial G$ vorgegeben:

$$\phi(\vec{r}_T) = V(\vec{r}_T)\,, \quad \text{auf } \partial G\,. \tag{5.3.3.6}$$

Projiziert man diese Gleichung mit einem Skalarprodukt der Form (5.2.1′) auf Testfunktionen $g_{k'}$, so findet man für die Näherung von $\phi$

$$\int\limits_{\partial G} \phi^0 \cdot g^*_{k'}\, d\ell = \int\limits_{\partial G} V \cdot g^*_{k'}\, d\ell + \eta_{k'}\,, \quad k' = 1,2,...K'\,. \tag{5.3.3.7}$$

Setzt man für $\phi^0$ den Ansatz (5.3.3.2) ein, so ergibt sich ein lineares Gleichungssystem

$$\sum_{k=1}^{K} A_k \int\limits_{\partial G} \phi_k \cdot g^*_{k'}\, d\ell = \int\limits_{\partial G} V \cdot g^*_{k'}\, d\ell + \eta_{k'}\,, \quad k' = 1,2,...K'\,. \tag{5.3.3.8}$$

Daß den Testfunktionen $g_{k'}$ eine ebenso große Bedeutung zukommt wie den Funktionen $\phi_k$ und den – über (5.3.3.3) – damit verbundenen Basisfunktionen $\varsigma_k$, ist hier offensichtlich. Bemerkenswert ist, daß die sonst besonders zuverläßige Methode von Galerkin hier versagt, wenn $\delta$-Funktionen zur Anwendung kommen. Dies wird verständlich, wenn man bedenkt, daß die Resultate umso genauer werden, je mehr Anforderungen an die Basis- und die Testfunktionen gestellt werden. Werden für beide $\delta$-Funktionen eingesetzt, so ist das Minimum der Anforderungen unterschritten. Wählt man für $\varsigma_k$ auf den Teilflächen konstante Funktionen und für $g_{k'}$ $\delta$-Funktionen, welche in einem Punkt $P_{k'}$ nicht verschwinden, so lassen sich bereits annehmbare Resultate erzielen, wenn die 'Matching-Punkte' $P_{k'}$ geeignet, d.h. nahezu in der Mitte der Teilflächen angesetzt werden.

Bei komplizierteren Testfunktionen steigt der Rechenaufwand stark an, da dann die Integrale in (5.3.3.8) numerisch ausgewertet werden müssen. Aus diesem Grunde erfreuen sich $\delta$-Funktionen als Testfunktionen – mit andern Worten die 'Point-Matching'-Technik – einer besonderen Beliebtheit. Diese wird im folgenden Unterabschnitt ausführlicher betrachtet, wobei jedoch gleichzeitig das Konzept der Teilflächen bzw. der Verwendung der Quellen des elektromagnetischen Feldes als primäre Feldgrößen wieder beiseite gelegt wird.

### 5.3.4 PM (Point Matching), Ersatzladungsverfahren

Der Name 'Point Matching' sagt im Grunde genommen dasselbe aus wie 'Kollokation', nämlich das punktweise Aufschreiben von Feldgleichungen und Grenzbedingungen. Dies führt sofort auf skalare Gleichungen, wie im Abschnitt 5.2 gezeigt wurde. Tatsächlich werden beide Bezeichnungen oft synonym gebraucht. Hier wird unter 'Kollokation' jedoch ein allgemeines Verfahren zur Herleitung von Gleichungssystemen verstanden, welches eine Alternative zu der 'Fehlermethode' und der 'Projektionsmethode' bildet, während PM für eine spezielle, 'semi-analytische' Technik gebraucht wird.

Betrachtet man dasselbe, einfache Problem der Elektrostatik, wie im Unterabschnitt 5.3.3, verwendet jedoch nicht die Oberflächenladungen $\varsigma$ auf den Elektroden sondern das Potential $\phi$ als primäre Feldgröße, so ergibt sich aus (4.2.1.6′) direkt der Lösungsansatz (5.3.3.2) für die Näherung $\phi^0$ von $\phi$:

$$\phi^0(\vec{r}_T) = \sum_{k=1}^{K} A_k \phi_k(\vec{r}_T) , \qquad (5.3.4.1)$$

Im Gegensatz zu Unterabschnitt 5.3.3 bilden die Funktionen $\phi_k$ jetzt direkt die Approximationsbasis, nehmen also die Stelle der $\varsigma_k$ ein. Ob die $\phi_k$ als Coulomb-Integrale der Form (5.3.3.3) geschrieben werden können und wie die zugehörigen Ladungsverteilungen $\varsigma_k$ aussehen, ist hier von untergeordnetem Interesse.

Will man den 'semi-analytischen' Weg beschreiten, so müssen die Basisfunktionen $\phi_k$ in $G$ der Laplace-Gleichung

$$\Delta\phi_k = 0 , \quad k = 1, 2, ...K , \quad \text{in } G \qquad (5.3.4.2)$$

genügen. Wegen der Linearität des Laplace-Operators erfüllt dann auch die Näherung $\phi^0$ im ganzen Feldgebiet $G$ die Laplace-Gleichung. Die Parameter $A_k$ werden nun durch Kollokation auf dem Rand $\partial G$ von $G$ bestimmt. D.h. man notiert die Dirichletschen Randbedingungen in $L$ 'Matching-Punkten' $P_l(\vec{r}_{Tl})$:

$$\phi^0(\vec{r}_{Tl}) = \sum_{k=1}^{K} A_k \phi_k(\vec{r}_{Tl}) = V(\vec{r}_{Tl}) + \eta_l , \quad l = 1, 2, ...L . \qquad (5.3.4.3)$$

Bei der ursprünglichen PM-Technik setzt man $L = K$, so daß die Anzahl der Gleichungen (5.3.4.3) gleich der Anzahl der Unbekannten $A_k$ ist und die 'Fehler' $\eta_l = 0$ gesetzt werden können. Daneben werden die Basisfunktionen $\phi_k$ auf ganz besondere Weise, durch Separation der Variablen in Polarkoordinaten $r, \varphi$ bestimmt (Siehe Unterabschnitt 3.3.2.). Man schreibt also für (5.3.4.1) zunächst

$$\phi^0(r,\varphi) = A_0 + a_0 \ln(r) + \sum_{n=1}^{N} \Big( A_n r^n \cos(n\varphi) + B_n r^n \sin(n\varphi) + a_n r^{-n} \cos(n\varphi) + b_n r^{-n} \sin(n\varphi) \Big) . \qquad (5.3.4.4)$$

Dieser Ansatz enthält $K = 4N + 2$ Parameter und erweist sich für geschlossene Feldgebiete $G$, welche höchstens ein 'Loch' enthalten als brauchbar, wenn $G$ nicht sehr von einem Kreisring abweicht, also etwa die in Figur 5.3.4.1 skizzierte Form hat und der Ursprung $O(r = 0)$ des Polarkoordinatensystems etwa im Schwerpunkt des Loches von $G$ liegt.

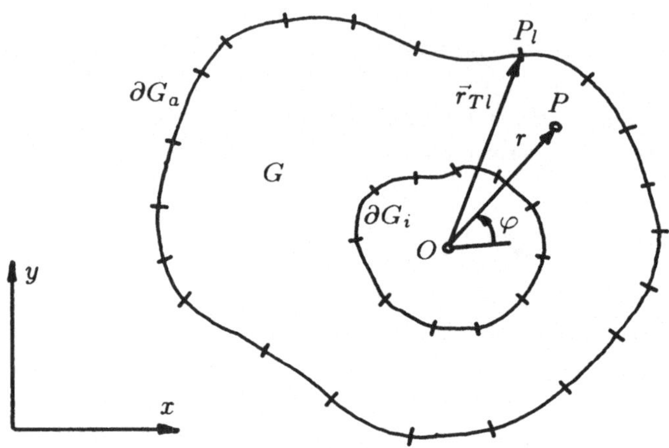


Figur 5.3.4.1

Wird der innere Rand von $G$, d.h. der Rand des Loches mit $\partial G_i$ und der äußere Rand mit $\partial G_a$ bezeichnet, so gilt folgendes: Ist $\partial G_a$ im Unendlichen, so müssen die Terme mit den Parametern $A_n, B_n$ - wegen des Verhaltens von $r^n$ im Unendlichen - weggelassen werden. Verschwindet $\partial G_i$, ist $G$ also einfach zusammenhängend, so müssen die Terme mit den Parametern $a_0, a_n$ und $b_n$ - wegen des Verhaltens von $\ln(r), r^{-n}$ bei $r = 0$ - weggelassen werden.

Die Wahl der einzelnen Matching-Punkte ist an sich recht willkürlich. Es leuchtet jedoch ein, daß diese einigermaßen regelmäßig über den Rand $\partial G$ bzw. $\partial G_i$ und $\partial G_a$ verteilt werden sollten. Praktisch erhält man jedoch nur dann brauchbare Resultate, wenn die Anzahl $L_i$ der Matching-Punkte auf dem inneren Rand gleich der Anzahl der Parameter $a, b$, die Anzahl $L_a$ der $P_l$ auf $\partial G_a$ gleich der Anzahl der Parameter $A, B$ ist und die Winkeldifferenzen $\varphi_l - \varphi_{l-1}$ zweier benachbarter Matching-Punkte (nahezu) gleich sind. Es ist sehr unbefriedigend, daß dadurch die Wahl der Matching-Punkte sehr stark festgelegt ist und bei komplizierteren Problemen kaum eine geeignete Wahl getroffen werden kann, bei der die PM-Technik brauchbare Resultate liefert. Hinzu kommt die Tatsache, daß die Konvergenz sehr schlecht wird, wenn das Feldgebiet $G$ stärker von der Form eines Kreisrings abweicht, was für sehr viele Aufgabenstellungen der Fall ist.

Diese Schwierigkeiten hatten zur Folge, daß der Lösungsansatz (5.3.4.4) –

und ähnliche Ansätze für dynamische Probleme sowie für mehrfach zusammenhängende Gebiete - in Frage gestellt und schließlich die PM-Technik verworfen bzw. durch andere Verfahren ersetzt wurde. Wie im Abschnitt 5.4 und im Kapitel 6 gezeigt wird, können durch Aufgabe der Bedingung $L = K$, d.h. Anwendung überbestimmter Gleichungssysteme mit $L > K$ und Erweiterung des Lösungsansatzes unter Verwendung mehrerer Polarkoordinatensysteme sehr effiziente Programme entwickelt werden. Ein Indiz dafür, daß dies möglich ist, findet man im Ersatzladungsverfahren, welches schon lange vor der Herstellung von Computern zur 'analytischen' Feldberechnung verwendet wurde.

Betrachtet man eine Punktladung $Q$ im Abstand $a$ vor einer ebenen Elektrode mit der Gesamtladung $-Q$, so erhält man bekanntlich eine Feld- und Potentialverteilung, welche durch eine Punktladung $-Q$ simuliert wird. Wobei $-Q$ im Spieglungspunkt von $Q$ an der Elektrodenoberfläche angebracht werden muß. $-Q$ wird deshalb *Spiegelladung* genannt. Mit diesem *Spiegelverfahren* lassen sich auch kompliziertere Probleme - durch Spiegelung ganzer Anordnungen - lösen oder wenigstens vereinfachen. Figur 5.3.4.2 veranschaulicht das Vorgehen.

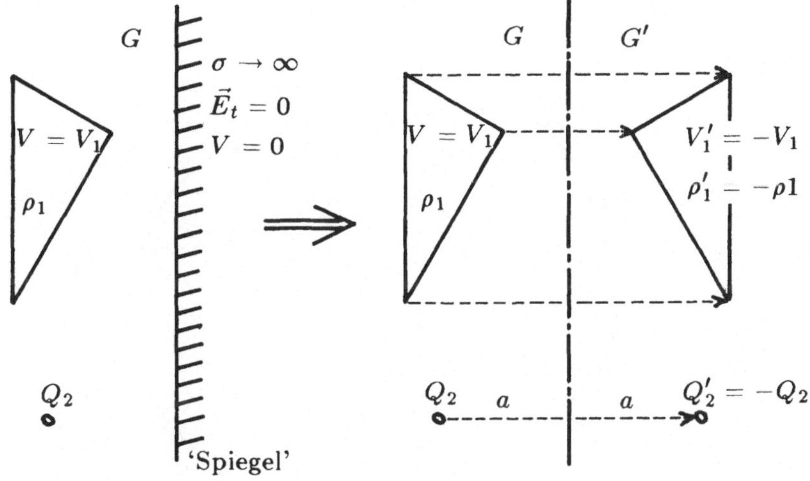


Figur 5.3.4.2

Bei der Anwendung auf nicht ebene Spiegel (Elektroden) stößt man aber rasch auf Schwierigkeiten. Die Idee, die tatsächliche Ladungsverteilung auf der Elektrodenoberfläche durch eine oder mehrere Bild- oder Ersatzladungen zu simulieren, erweist sich jedoch als ausbaufähig: Innerhalb jeder Elektrode bzw. außerhalb des Feldgebietes $G$ können beliebige Punktladungen $Q_k$ , $k = 1, 2, ...K$ mit unbekannter Stärke angesetzt werden. Das Potential jeder dieser Ladungen erfüllt dann die Laplace-Gleichung in $G$*. Im zweidimensionalen bzw. zylindrisch sym-

* Man vergleiche dazu auch Unterabschnitt 3.2.4.

metrischen Falle gilt im wesentlichen dasselbe, wobei lediglich die Punktladungen $Q_k$ durch – zueinander paralelle – homogene Linienladungen $\lambda_k$ zu ersetzen sind. Dies ergibt anstelle von (5.3.4.4) einen Ansatz der Form

$$\phi^0(\vec{r}_T) = \sum_{k=1}^{K} \frac{-\lambda_k(\vec{r}_T^{\,\prime})}{2\pi\epsilon} \ln|\vec{r}_T - \vec{r}_T^{\,\prime}|\,, \tag{5.3.4.5}$$

was stark an den Ansatz (5.3.3.4) bei der Momentenmethode erinnert. Im Gegensatz dazu sind die Linienladungen $\lambda_k$ hier jedoch nicht auf dem Rand $\partial G$ des Feldgebietes angebracht, stellen also keine Diskretisierung der Oberflächenladung $\varsigma$ dar. Stattdessen *simuliert* jedoch jede Ersatzladung $\lambda_k$ eine Oberflächenladungsverteilung $\varsigma_k$ auf $\partial G$, welche recht angenehme Eigenschaften (z.B. Stetigkeit) aufweist. Praktisch wird die, durch die Ersatzladung simulierte Oberflächenladung umso 'glatter', je weiter $\lambda_k$ vom Rand entfernt ist. Gleichzeitig wächst dadurch die Gefahr, daß sich die, den unterschiedlichen Ersatzladungen entsprechenden $\varsigma_k$ numerisch kaum unterscheiden, was zu schlecht konditionierten Matrizen führt. Es ist deshalb ein Kompromiß zu finden, bei dem alle $\lambda_k$ weder sehr nahe beim Rand noch sehr weit davon entfernt liegen.

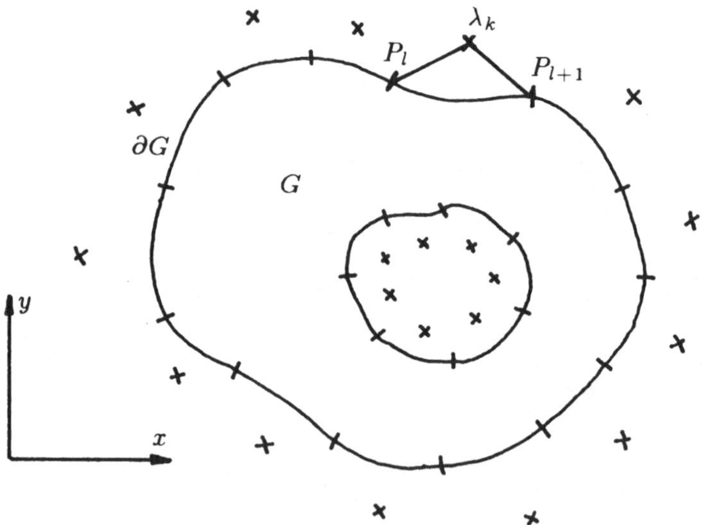


Figur 5.3.4.3

Wählt man zur Berechnung der Parameter, d.h. der Stärken der Linienladungen $\lambda_k$, die PM-Technik und setzt $L = K$, so muß pro Matching-Punkt $P_l$ eine Ersatzladung angesetzt werden. Verteilt man die Matching-Punkte einigermaßen regelmäßig über $\partial G$ und setzt man die Ersatzladungen so an, daß durch $\lambda_k$ und die zwei nächsten Punkte $P_l, P_{l+1}$ ein etwa gleichseitiges Dreieck gebildet wird, so ergeben sich meist annehmbare Lösungen. In Figur 5.3.4.3 ist eine typische

Anordnung skizziert. Damit können auch Feldprobleme mit weit vom Kreisring abweichender Geometrie behandelt werden. Das Ersatzladungsverfahren ist heute in der Hochspannungstechnik sehr beliebt und durchaus mit andern Methoden (FE, FD, Teilflächenmethode, MM) konkurrenzfähig, wobei oft neben den Punkt- und Linienladungen kompliziertere Ladungsformen - welche als Überlagerungen mehrerer solcher Ladungen aufgefaßt werden können - als Ersatzladungen benützt werden.

### 5.3.5 SDA (Spectral Domain Analysis)

Die Grundidee der SDA besteht darin, die Möglichkeiten der Fourier-Transformation (3.1.1.8), welche aus der Behandlung der Zeitabhängigkeit bekannt sind, auch für räumliche Funktionen auszunützen. Dabei kann einer, zwei oder allen drei räumlichen Koordinaten ein Spektralbereich (Spectral Domain) zugeordnet werden, in dem das transformierte Problem gelöst wird. Die Lösung des ursprünglichen Problems ergibt sich dann aus der Rücktransformation der Lösung im Spektralbereich.

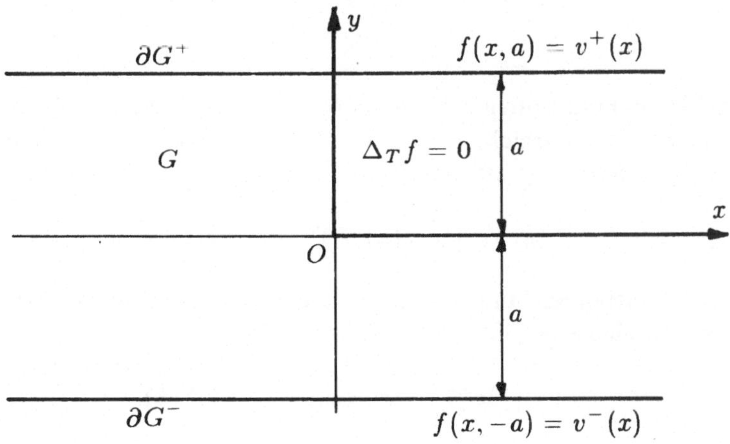


Figur 5.3.5.1

Das Vorgehen wird wieder an einem einfachen Beispiel der Elektrostatik demonstriert. Wie in den vorangehenden Unterabschnitten soll in einem ebenen Gebiet $G$ die skalare Potentialfunktion $f$ der Laplace-Gleichung $\Delta_T f = 0$ und auf dem Rand $\partial G$ von $G$ Dirichletschen Randbedingungen genügen. Hier soll das Problem geometrisch zusätzlich vereinfacht werden: $G$ sei ein unendlich langer Streifen der Dicke $2a$, berandet von zwei parallelen Geraden $\partial G^+$ und $\partial G^-$

gemäß Figur 5.3.5.1. Verwendet man passenderweise kartesische Koordinaten $x, y$ mit $y = \pm a$ auf $\partial G^{\perp}$, so lautet die Feldgleichung

$$f_{,xx}(x,y) + f_{,yy}(x,y) = 0\,, \quad \text{in } G \tag{5.3.5.1}$$

und die Randbedingung

$$f(x, \pm a) = v^{\pm}(x)\,. \tag{5.3.5.2}$$

Mit der Fouriertransformation in $x$:

$$F(k,y) = \frac{1}{\sqrt{2\pi}} \int\limits_{-\infty}^{+\infty} f(x,y) e^{+ikx}\, \mathrm{d}x \tag{5.3.5.3}$$

ergibt sich im Spektralbereich die Feldgleichung

$$F_{,yy} - k^2 F = 0 \tag{5.3.5.4}$$

und die Randbedingung

$$F(k, \pm a) = V^{\pm}(k)\,, \tag{5.3.5.5}$$

wobei $V^{\pm}$ die Fouriertransformierten

$$V^{\pm}(k) = \frac{1}{\sqrt{2\pi}} \int\limits_{-\infty}^{+\infty} v^{\pm}(x) e^{+ikx}\, \mathrm{d}x \tag{5.3.5.6}$$

der vorgegebenen Funktionen $v^{\pm}$ auf dem Rand $\partial G^{\pm}$ sind. Die Lösung dieses Problems im Spektralbereich, d.h. der Differentialgleichung (5.3.5.4) mit den Bedingungen (5.3.5.5) liegt auf der Hand. Der Ansatz

$$F(k,y) = F^{+}(k) e^{+ky} + F^{-}(k) e^{-ky} \tag{5.3.5.7}$$

erfüllt die Differentialgleichung (5.3.5.4). Die darin enthaltenen 'Spektralfunktionen' $F^{\pm}$ ergeben sich aus (5.3.5.5):

$$F^{+}(k) e^{\pm ka} + F^{-}(k) e^{\mp ka} = V^{\pm}(k) \tag{5.3.5.8}$$

zu

$$F^{\pm}(k) = \frac{V^{\pm}(k) e^{+ka} - V^{\mp}(k) e^{-ka}}{e^{+2ka} - e^{-2ka}}\,. \tag{5.3.5.9}$$

Setzt man (5.3.5.6,9) im Ansatz (5.3.5.7) ein, so findet man mit der Fourier-Rücktransformation

$$f(x,y) = \frac{1}{\sqrt{2\pi}} \int\limits_{-\infty}^{+\infty} F(k,y) e^{-ikx}\, \mathrm{d}k \tag{5.3.5.10}$$

eine 'analytische' Lösung des gestellten Problems. Praktisch müssen jedoch die darin enthaltenen Integrale meist numerisch ausgewertet werden, wenn die Funktionen $v^{\pm}(x)$ nicht sehr einfach sind.

Bei komplizierteren Geometrien gelingt im allgemeinen die 'analytische' Lösung des Problems auch im Spektralbereich nicht bzw. nicht vollständig. Es bieten sich dann verschiedene Möglichkeiten an, wie z.B. Lösung mit einem 'semi-analytischen' Verfahren im Spektralbereich und anschließende (numerische) Fourier-Rücktransformation oder Lösung der Feldgleichungen im Spektralbereich, Rücktransformation und 'semi-analytische' Lösung des ursprünglichen Problems. Im zweiten Falle spielt die SDA also lediglich die Rolle eines Hilfsmittels zur Herleitung eines Lösungsansatzes, der sich jedoch oft auf andere Weise - z.B. durch Separation der Variablen in kartesischen Koordinaten - leichter herleiten läßt. Dieser Ansatz hat naturgemäß Integralform. Im obigen Beispiel gilt - wegen (5.3.5.7,10) -

$$f(x,y) = \frac{1}{\sqrt{2\pi}} \int_{-\infty}^{+\infty} \left( F^+(k)e^{+ky} + F^-(k)e^{-ky} \right) e^{-ikx}\, dk\,, \tag{5.3.5.11}$$

wobei die $F^{\pm}$ beliebige Funktionen von $k$ sind, wenn die Randbedingungen im Spektralbereich nicht erfüllt werden.

Es ist nicht zum vorneherein ersichtlich, warum hier nicht anstelle von (5.3.5.3) eine Fouriertransformation in $x$ und $y$

$$F(k_x, k_y) = \frac{1}{2\pi} \int_{-\infty}^{+\infty} \int_{-\infty}^{+\infty} f(x,y) e^{+i(k_x x + k_y y)}\, dx\, dy \tag{5.3.5.12}$$

verwendet werden soll, da die beiden Koordinaten durchaus als gleichberechtigt anzusehen sind, wenn die Randbedingungen außer Acht gelassen werden. Damit ergibt sich aus der Laplace-Gleichung (5.3.5.1) die einfache Gleichung

$$-k_x^2 - k_y^2 = 0\,. \tag{5.3.5.13}$$

sollen $k_x$ und $k_y$ - wie bei der Fouriertransformation üblich - reellwertig sein, so folgt daraus $k_x = k_y = 0$, was auf keinen interessanten Lösungsansatz führt. Andererseits findet man durch Separation der Variablen $x, y$ problemlos* Lösungen der Laplace-Gleichung (5.3.5.1) der Form

$$F(k_x, k_y) e^{i(k_x x + k_y y)}\,, \quad \text{mit } k_x^2 + k_y^2 = 0\,, \tag{5.3.5.14}$$

was sehr an (5.3.5.12) erinnert, wobei $k_x$ und $k_y$ jedoch komplex sein dürfen. Beschränkt man sich auf reellwertige Funktionen, so findet man durch Superposition den Ansatz

* Man vergleiche dazu die Unterabschnitte 3.2.3 und 3.3.1.

$$f(x,y) = \int_{-\infty}^{+\infty} ( A(k)\cos(kx)e^{+ky} + B(k)\cos(kx)e^{-ky}$$
$$+C(k)\sin(kx)e^{+ky} + D(k)\sin(kx)e^{-ky}$$
$$+E(k)\cos(ky)e^{+kx} + F(k)\cos(ky)e^{-kx}$$
$$+G(k)\sin(ky)e^{+kx} + H(k)\sin(ky)e^{-kx})\,dk\,. \qquad (5.3.5.15)$$

Wie man leicht nachprüft, ist der Ansatz (5.3.5.11) nicht vollständig, was daher rührt, daß dort $k$ - welches $k_x$ in (5.3.5.12,14) entspricht - reellwertig sein muß. Daß dies bei der Behandlung der oben gestellten Aufgabe nicht stört, liegt daran, daß die in (5.3.5.11) fehlenden Funktionen mit der $x$-Abhängigkeit $e^{\pm kx}$ - wegen ihres Verhaltens im Unendlichen - ohnehin ausgeschlossen werden müßten.

Betrachtet man die ebene Helmholtz-Gleichung $(\Delta_T + \kappa^2)f = 0$ so ergibt die Fouriertransformation (5.3.5.12) die Bedingung $k_x^2 + k_y^2 = \kappa^2$. Ist $\kappa$ vorgegeben, so muß bei der Rücktransformation lediglich über einen Kreis mit Radius $\kappa$ in der $k_x, k_y$-Ebene integriert werden. Ist jedoch die Wellenzahl $k$ mit $k^2 = \kappa^2 + \gamma^2$ gegeben und die Fortpflanzungskonstante $\gamma$ unbekannt, so ist über eine Kreisscheibe mit Radius $k$ zu integrieren. Wichtig ist, daß die so entstehenden Ansätze wieder nicht vollständig sind, da $k_x$ und $k_y$ reell sein müssen. Beispielsweise bei der Berechnung von Hohlleitern werden dadurch evaneszente Wellen nicht erfaßt. Um die Anwendbarkeit der SDA zu erhöhen ist also eine Erweiterung der Fouriertransformation wünschenswert.

Ein weiteres Problem dieser Methode liegt in der Diskretisierung der Integrale, welche in den verschiedenen Ansätzen auftreten, da sich schlußendlich nur Entwicklungen vom Typus (4.2.1.6′), d.h. endliche Summen, zur numerischen Berechnung eignen.

### 5.3.6 GTD (General Theory of Diffraction), Strahlenoptik

Die GTD läßt sich kaum in das im Abschnitt 5.2 beschriebene Vorgehen einpassen, da sie nicht auf den Maxwell-Gleichungen, sondern auf der Strahlenoptik beruht, welche bereits im Unterabschnitt 4.2.6 skizziert wurde. Die Idee, auf diese 'veraltete' Theorie zurückzugreifen, ist aus verschiedenen Gründen berechtigt: Der Aufwand bei Berechnungen, welche die Maxwellsche Theorie relativ direkt benützen, steigt mit zunehmender Frequenz ständig an und wird praktisch unannehmbar hoch, wenn die Abmessungen der Anordnung ein mehrfaches der Wellenlänge betragen*. Dies gilt für alle bisher beschriebenen numerischen Methoden. Umgekehrt werden strahlenoptische Berechnungen aber gerade mit zunehmender Frequenz genauer. Vom Standpunkt der Strahlenoptik aus betrachtet, geht es darum, 'Phänomene' durch geeignete Maßnahmen in das strahlenoptische Modell einzubauen, wie dies schon von Newton gemacht wurde. Die GTD bemüht sich nun, Effekte strahlenoptisch zu berücksichtigen, welche mit abnehmender Frequenz bzw. zunehmender Wellenlänge stärker in Erscheinung treten. Es sind dies insbesondere Probleme der *Beugung*.

Der 'Newtonsche' Lichtstrahl folgt dem *Fermatschen Prinzip* d.h. er geht den *optisch* kürzesten Weg, d.h. das Integral

$$I = \int_{P_1}^{P_2} n(s)\,\mathrm{d}s \tag{5.3.6.1}$$

über den Weg des Lichtstrahls wird minimal. Dabei ist der Brechungsindex $n$ eine ortsabhängige, skalare Materialeigenschaft. In einem homogenen Raum ist $n$ konstant und somit der Weg des Lichtes eine Gerade. In einem inhomogenen Raum kann der Weg des Lichtes gekrümmt sein. Zur Beschreibung kann dann 1.) lokal eine *Ausbreitungsrichtung* des Strahls angegeben werden. Zudem besizt das Licht, 2.) eine Längsstruktur, die *Phase*, welche mit der Farbe bzw. Frequenz und den optischen Eigenschaften des Mediums (welche durch den Brechungsindex beschrieben werden) zusammenhängt, 3.) eine Querstruktur, die *Polarisationsrichtung*, welche zur Ausbreitungsrichtung senkrecht steht und 4.) eine *Amplitude*, welche die Helligkeit bzw. Intensität angibt und dem Energiesatz unterworfen ist. Diese Eigenschaften, welche den Lichtstrahl charakterisieren, haben an sich mit den Begriffen, welche im Wellenmodell des Lichts verwendet werden, nichts zu tun. Die Polarisationsrichtung muß also beispielsweise keineswegs als Richtung des elektrischen Feldes definiert werden. Wird dies trotzdem getan, so entspricht dies bereits einer wellentheoretischen Interpretation. Nötig wird eine solche Interpretation erst, wenn aus Berechnungen mit Hilfe der Maxwell-Gleichungen Gesetzmäßigkeiten folgen, welche strahlenoptisch formuliert werden sollen.

---

* Bei zylindrischen Problemen gilt dies für die Quer- nicht aber für die Längsabmessungen.

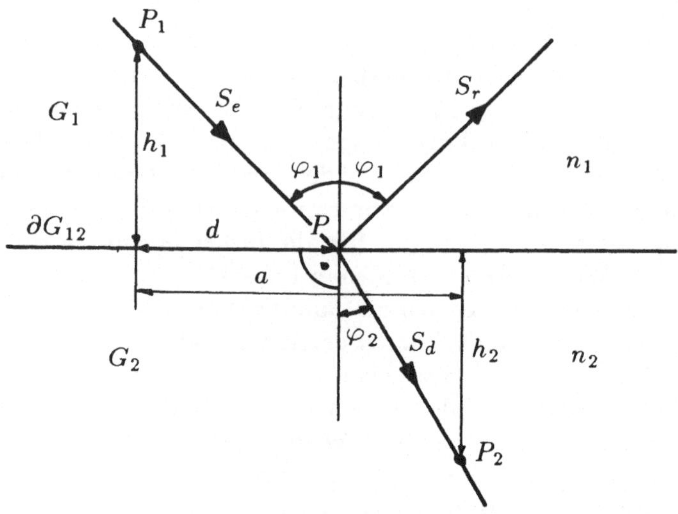


Figur 5.3.6.1

Zum Beispiel kann das Problem der Brechung an der ebenen Grenze zweier homogener Medien auf diese Weise behandelt werden. Figur 5.3.6.1 zeigt die Anordnung. Im Punkt $P$, wo der einfallende Strahl $S_e$ auf die Trennfläche trifft, entstehen ein durchgehender und eine reflektierter Strahl $S_d$ bzw. $S_r$. Die Amplituden von $S_e$, $S_d$ und $S_r$ im Punkt $P$ sind im allgemeinen voneinander verschieden. Dasselbe gilt für die Phasen und die Ausbreitungsrichtungen. Mit einer wellentheoretischen Rechnung können nun Zusammenhänge zwischen diesen Größen angegeben werden. Dazu werden eine einfallende, eine reflektierte und eine durchgehende, *ebene* Welle mit harmonischem Zeitverlauf angesetzt und zwar 1.) mit Polarisation des elektrischen Feldes parallel zur Trennebene und 2.) mit Polarisation des magnetischen Feldes parallel zur Trennebene. Aus der Erfüllung der Stetigkeitsbedingungen zwischen den beiden Medien folgen dann Ausbreitungsrichtung, Amplitude und Phase der reflektierten und durchlaufenden Welle. Identifiziert man die Richtung des Wellenvektors einer dieser Wellen mit der Richtung des betreffenden Strahls, die Richtung des elektrischen Feldes mit der Polarisation, den Betrag des Poyntingvektors mit der Amplitude und die Phase der Welle mit der Phase des Strahls, so ergibt sich das Brechungsgesetz für das Strahlenmodell, welches in den meisten Lehrbüchern der Elektrodynamik und der Optik ([B2],[B4],[J1] etc.) zu finden ist und deshalb hier nicht ausformuliert wird. Das Brechungsgesetz für die Ausbreitungsrichtungen ergibt sich übrigens auch mit dem Fermatschen Prinzip: Der optische Weg (5.3.6.1) von $P_1$ nach $P_2$ in Figur 5.3.6.1 lautet

$$L_o = n_1\sqrt{h_1^2 + d^2} + n_2\sqrt{h_2^2 + (a-d)^2}\,. \tag{5.3.6.2}$$

Verlangt man, daß $L_o$ stationär sei, so muß die Ableitung von $L_o$ nach $a$ verschwinden, was nach einigen Umformungen auf die bekannte Formel

$$n_1 \sin \phi_1 = n_2 \sin \phi_2 \tag{5.2.6.3}$$

führt.

Wichtig ist, daß die aus dem Wellenmodell erhaltenen Durchgangs-, Reflexionsfaktoren und Ausbreitungsrichtungen ins Strahlenmodell übernommen werden können, wo sie auch bei gekrümmten Trennflächen zwischen zwei Medien, 'lokal' angewendet werden. Damit können beispielsweise optische Linsen recht problemlos berechnet werden. Figur 5.3.6.2 zeigt den Strahlengang einer einfachen Linse.

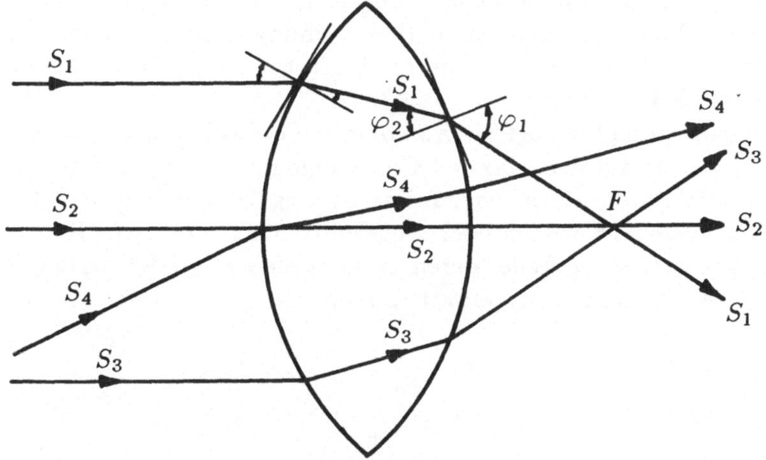


Figur 5.3.6.2

Die analytische Behandlung einer derartigen Anordnung mit einem Wellenmodell ist praktisch ausgeschlossen und bietet auch numerisch einige Probleme, insbesondere, wenn die Abmessungen der Linse wesentlich größer als die Wellenlänge der einfallenden Welle sind. Beachtet man, daß sich im Brennpunkt ein ganzes Büschel von Strahlen schneidet, so folgt aus dem Energiesatz, daß die Intensität des Lichtes in diesem Punkt unendlich hoch sein muß, was aus physikalischen Gründen ausgeschlossen wird und auch den Beobachtungen nicht entspricht. Die Strahlenoptik versagt also in der Umgebung des Brennpunktes. Tatsächlich handelt es sich dabei um ein Phänomen, welches frequenzabhängig ist: Je tiefer die Frequenz, um so diffuser wird das Gebiet mit erhöhter Intensität in der Gegend des Brennpunktes. Numerische Rechnungen dazu wurden mit der MMP-Methode ausgeführt [K3] und bestätigen diese Beobachtungen. Einige davon sind im Kapitel 6 zu finden. Bei der GTD wird diesem Phänomen durch Einführen von Korrekturfaktoren – welche dem Reflexions- und Durchgangskoeffizienten bei der Brechung verwandt sind – Rechnung getragen, wobei diese Faktoren aus analytischen oder numerischen Berechnungen oder auch heuristisch, aus Messungen hergeleitet werden.

Ein zweites Phänomen, das bei tieferen Frequenzen stärker in Erscheinung tritt, ist die Beugung elektromagnetischer Wellen an der Fassung der Linse, welche üblicherweise optisch undurchläßig ist. Auch dieses Problem kann numerisch gelöst werden (Siehe Kapitel 6.) und wird in der GTD durch Angabe geeigneter Faktoren behandelt.

Eine dritte Gruppe 'typischer Wellenphänomene', welche durch die geometrische Optik bzw. die GTD behandelt werden können, sind Resonanzen und geführte Wellen auf zylindrischen Strukturen, welche schon im Unterabschnitt 4.2.6 beschrieben wurden. Dabei spielte das Postulat der Phasenbedingung eine zentrale Rolle.

Allgemein werden zunächst besonders einfache Anordnungen, sogenannte *kanonische* Probleme untersucht und durch das Strahlenmodell passend beschrieben. Von einer genaueren Beschreibung wird hier abgesehen, da dies einen hohen Aufwand erfordert und die Literatur zu dieser Metode bereits recht umfangreich ([H3],[J2]) ist.

Nach dem Gesagten liegt die Kombination der GTD mit andern numerischen Methoden, welche auf den Maxwell-Gleichungen aufbauen, auf der Hand. Dabei können entweder diese Methoden zur Berechnung 'kanonischer' Probleme in GTD-Programme eingebaut werden oder umgekehrt strahlenoptische Konzepte zur Behandlung geometrischer Teile, deren Dimension viel größer als die Wellenlänge ist, in andere Programme eingeführt werden.

### 5.3.7 SEM (Singularity Expansion Method)

Im Grunde genommen handelt es sich bei der SEM (Siehe z.B. [F1].) nicht um eine Feldberechnungsmethode sondern lediglich um die spezielle Art der Behandlung des Zeitverlaufs mit Hilfe der Laplace-Transformation*. Daß dieser Methode ein spezieller Namen verliehen wird ist erstaunlich und dürfte darauf zurückzuführen sein, daß ansonsten stets zwei Methoden zur Berücksichtigung des Zeitverlaufs Verwendung fanden: 1.) Direkte Berechnungen im Zeitbereich durch Diskretisierung des Zeitverlaufs und 2.) Berechnungen im Frequenzbereich und Übergang zum Zeitbereich mit Hilfe der Fouriertransformation. Die ersteren sind insbesondere zur Untersuchung der Impulsausbreitung mit relativ einfachem d.h. durch wenige Abtastwerte charakterisierbarem Zeitverlauf vorteilhaft. Vorausgesetzt werden muß dabei, daß die Materialeigenschaften der vorhandenen

---

* Wie die Fourier-Transformation, zu der sie verwandt ist, wird die Laplace-Transformation hier als bekannt vorausgesetzt. Sie ist in einer großen Zahl von mathematischen und elektrotechnischen Lehrbüchern, wie [P2] zu finden.

Medien in guter Näherung frequenzunabhängig sind, was wiederum die Kenntnis des Spektrums impliziert. Fällt die Frequenzabhängikeit beteiligter Materialien wesentlich ins Gewicht, so ist die zweite Methode angebracht. Berechnungen im Frequenzbereich sind aber auch sinnvoll, wenn 1.) die Ausbreitung von Wellen mit unterschiedlichen Zeitverläufen für ein und dieselbe Anordnung untersucht werden soll, da dann jeweils nur die Fouriersynthese repetiert werden muß, welche viel weniger Rechenzeit in Anspruch nimmt, als die eigentliche Feldberechnung oder, wenn 2.) das Spektrum relativ einfach aussieht, so daß Berechnungen bei einigen wenigen Frequenzen ausreichen. Dies ist natürlich bei sinusförmiger Zeitabhängigkeit der Fall, aber auch bei nahezu linearem Frequenzgang.

Nichtlinearitäten des Frequenzganges können auf die Frequenzabhängigkeiten der Materialien zurückgehen, was eine Fourieranalyse unumgänglich macht, sie können aber auch durch die Geometrie der Anordnung bedingt sein. Im letzteren Falle treten sie erst bei höheren Frequenzen auf, bei denen die Abmessungen eine mit der Wellenlänge vergleichbare Größenordnung aufweisen. Betrachtet man einen idealen Resonator (Siehe auch Unterabschnitt 4.2.3.), so findet man bekanntlich Resonanzen bei bestimmten (Resonanz-) Frequenzen mit den zugehörigen Wellenlängen in der Größenordnung der Abmessungen des Resonators.

Nun ist folgendes zu beachten: Der ideale Resonator ist vollständig geschlossen. Üblicherweise wird angenommen, daß zur Zeit der Beobachtung keine Anregung der Schwingung vorhanden sei, was zur Folge hat, daß nur bei den Resonanzen nichtverschwindende Feldstärken auftreten. Ist jedoch, wie bei Streufeldproblemen, eine Anregung vorgegeben, so ergeben sich bei den Resonanzen unendliche Feldstärken d.h. Singularitäten, welche die Fourier-Rücktransformation erschweren. Weist der Resonator Öffnungen auf, so führen Strahlungsverluste zu gedämpften Schwingungen, welche durch komplexe Resonanzfrequenzen $\underline{\omega}$ charakterisiert werden können. Die Resonanzfrequenzen und damit die Singularitäten verschieben sich in der komplexen (Frequenz-) Ebene umso stärker von der reellen Achse weg, je größer die Öffnungen und damit die Strahlungsverluste sind. Schlußendlich kann damit eine beliebige Anordnung als nichtidealer, offener 'Resonator' betrachtet und durch seine komplexen Resonanzen bzw. Singularitäten charakterisiert werden. Der Übergang zu komplexen Frequenzen erfordert eine entsprechende Anpassung der Fourier-Transformation (3.1.1.8). Dazu werden Laplace-Transformationen unterschiedlicher Form, z.B. in Anlehnung an die Fourier-Transformation (3.1.1.8):

$$\underline{F}(\underline{s}) = \frac{1}{\sqrt{2\pi}} \int_{-\infty}^{+\infty} f(t)\, e^{-\underline{s}t}\, \mathrm{d}t\,, \quad \underline{s} = \alpha_t + i\omega \qquad (5.3.7.1)$$

mit der Rücktransformation

$$f(t) = \frac{1}{\sqrt{-2\pi}} \int_{\alpha_0 - i\infty}^{\alpha_0 + i\infty} \underline{F}(\underline{s})\, e^{+\underline{s}t}\, \mathrm{d}t \qquad (5.3.7.1')$$

verwendet. Andere Varianten sind bei [F1] und [P2] zu finden. Die früher (z.B. im Unterabschnitt 4.2.3) benützte, komplexe Frequenz unterscheidet sich von der komplexen Größe $\underline{s}$ nur unwesentlich. Es gilt $\underline{s} = i\underline{\omega}$, was einer Drehung in der komplexen Ebene um 90° entspricht. Im Falle eines idealen Resonators liegen die Singularitäten also auf der imaginären Achse der komplexen $\underline{s}$-Ebene. Der Vorteil der Laplace-Transformation gegenüber der Fourier-Transformation liegt bekanntlich darin, daß die Integrale der Rücktransformation meist elegant – mit Hilfe der *Residuenrechnung* – gelöst werden können. Dazu ist die Kenntnis der Singularitäten nötig. Wie sich diese allerdings berechnen lassen, wird von der SEM nicht gesagt. Im Prinzip kann dazu irgendeine Feldberechnungsmethode verwendet werden. Da die Singularitäten in der gesamten komplexen Ebene gesucht werden müssen, ist diese Aufgabe kaum zu bewältigen. Man beschränkt sich deshalb auf eine beschränkte Anzahl 'wesentlicher' Singularitäten mit nicht zu hohen Werten von $\omega$ und $\alpha_t$ und hofft, damit brauchbare Näherungen zu erhalten. Da dies aber auch bedeutet, daß der Frequenzgang (bei Anwendung einer Fourieranalyse) relativ glatt wird, erscheint die Frage durchaus berechtigt, ob die SEM tatsächlich praktische Vorteile und nicht nur erhöhte Rechenkosten mit sich bringt. Dies hängt sicher weniger von der Methode, als von der Ausführung programmtechnischer Details und von der Aufgabenstellung ab. Da die SEM vorwiegend im militärischen Bereich, im Zusammenhang mit NEMP-Berechnungen propagiert wird, sind die Angaben dazu relativ dürftig. Damit die SEM mit andern Methoden, welche auf der Fourieranalyse aufbauen, konkurrieren kann, sollten zur iterativen Bestimmung einer Singularität nur sehr wenige Iterationen (in der komplexen Ebene!) genügen, da mit dem Aufwand für eine solche Iteration mehr als ein Wert des Fourier-Spektrums berechnet werden kann. Dies dürfte nur dann möglich sein, wenn die Singularitäten auf analytischem Wege angegeben oder wenigstens abgeschätzt werden können, was allerdings den Anwendungsbereich stark einschränkt.

### 5.3.8 MMT (Mode Matching Technique), Wellentypenzerlegung

Die Berechnung von Wellen auf Strukturen mit zylindrischer Geometrie ist ein zentrales Thema der geführten Energie- und Informationsübertragung. Praktisch sind Abweichungen von der Zylindersymmetrie stets vorhanden. Die dadurch auftretenden Effekte (Dämpfungen, Reflexionen, Wellentypenumwandlungen etc.) können sich störend bemerkbar machen, sie können aber auch bewußt ausgenützt werden, wie dies bei verschiedenen Bauelementen (Filtern, Kopplern, Modulatoren etc.) der Fall ist.

Dreidimensionale Berechnungen derartiger Anordnungen führen zu einem enorm hohen Rechenaufwand. Zudem sind verschiedene, praktisch bedeutsame Größen, wie die Fortpflanzungskonstante und die untere Grenzfrequenz eines Wellentyps nur in zylindrischen Modellen streng definiert. Bei der MMT wird die gegebene Anordnung in der Längsrichtung in Stücke unterteilt, welche als

Ausschnitte zylindrischer Wellenleiter betrachtet werden. Dies erfordert natürlich meist die Zuordnung eines 'diskreten' Modells, ähnlich wie bei der Methode der finiten Differenzen. In Figur 5.3.8.1 ist das Vorgehen für einen Hohlleiter mit einer Verengung im Längsschnitt veranschaulicht.

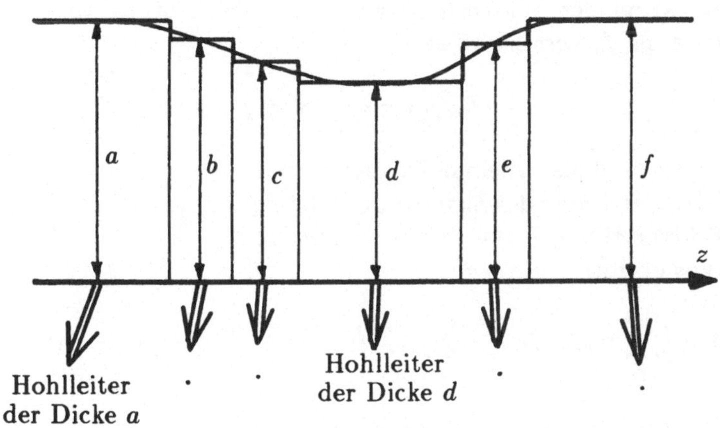


Figur 5.3.8.1

Jede Feldverteilung $f$ in der Querschnittsebene eines Wellenleiters kann als Überlagerung der Feldverteilungen $f_p$ bzw. $f(p)$ der Wellentypen dieses Wellenleiters aufgefaßt werden. Existieren - wie z.B. in Hohlleitern - abzählbar viele Wellentypen, so können diese durch einen ganzzahligen Index $p$ charakterisiert und aufsummiert werden. Sind überabzählbar viele Wellentypen beteiligt - was bei 'strahlenden' Wellenleitern der Fall ist - so muß über $p$ integriert werden. Allgemein läßt sich schreiben:

$$f = \sum_p A_p f_p + \int_p A(p) f(p)\,\mathrm{d}p\,, \tag{5.3.8.1}$$

wobei $A_p$ und $A(p)$ die Amplituden der durch $f$ angeregten Wellentypen bezeichnet. (5.3.8.1) gilt sinngemäß für alle Feldkomponenten in jedem Punkt der Querschnittsebene und setzt natürlich Linearität des Materials voraus. Der Einfachheit halber wird im folgenden angenommen, die Anzahl der Wellentypen sei abzählbar, so daß das Integral in (5.3.8.1) weggelassen werden kann und die zugehörigen Feldverteilungen $f_p$ und Fortpflanzungskonstanten $\underline{\gamma}_p$ seien aus einer analytischen oder einer numerischen Rechnung bekannt.

Das Vorgehen zur Berechnung der Amplituden $A_p$ folgt weitgehend demjenigen der Berechnung der Parameter $A_k$ der Feldentwicklung (4.2.1.6′), welche im

Abschnitt 5.2 beschrieben wurde. Bei der MMT verwendet man dazu eine Projektionsmethode, bei der ein Skalarprodukt für die Feldverteilungen benötigt wird, welches (5.2.1) gleicht und folgende Bedingungen erfüllen soll:
1.) Die Projektion der Feldverteilung $f_p$ eines Wellentyps auf sich selbst ergibt den Wert eins:

$$||f_p|| = (f_p, f_p) = 1\,. \tag{5.3.8.2}$$

Die Wellentypen sind also normiert.
2.) Die Projektion der Feldverteilung $f_p$ eines Wellentyps auf diejenige eines andern Wellentyps $f_q$ verschwindet:

$$(f_p, f_q) = 0\,, \quad p \neq q\,. \tag{5.3.8.3}$$

Die Wellentypen sind also zueinander orthogonal.

Wegen der Linearität des Skalarprodukts folgt dann, daß die Projektion einer beliebigen Feldverteilung $f$ auf $f_{p'}$ die Amplitude $A_{p'}$ des, durch $f$ angeregten $p'$-ten Wellentyps ergibt:

$$(f, f_{p'}) = (\sum_p A_p f_p, f_{p'}) = \sum_p A_p (f_p, f_{p'}) = \sum_p A_p \delta_{pp'} = A_{p'}\,. \tag{5.3.8.4}$$

Es bietet zunächst keine Schwierigkeiten, Integrale über die Feldverteilungen $f_p, f_q$ zweier Wellentypen anzugeben, welche verschwinden müssen, wenn die Fortpflanzungskonstanten $\underline{\gamma}_p$ und $\underline{\gamma}_q$ voneinander verschieden sind. Beispielsweise folgt aus dem Greenschen Satz (2.5.3.12$T$) und den Helmholtz-Gleichungen (3.2.1.22)

$$\int_F (\underline{\kappa}_p^2 - \underline{\kappa}_q^{*2}) \underline{E}_{zp} \underline{E}_{zq}^* \,\mathrm{d}F = 0\,, \tag{5.3.8.5}$$

wenn das Integrationsgebiet (in der Querschnittsebene) so weit ausgedehnt wird, daß das Randintegral in (2.5.3.12$T$) verschwindet. (5.3.8.5) gilt auch für $p = q$, was der Bedingung 1.) widerspricht. Ist $\underline{\kappa}$ ortsunabhängig und reell, so folgt nach einer Division durch $\underline{\kappa}_p^2 - \underline{\kappa}_q^{*2}$, was nur für $\underline{\gamma}_p \neq \underline{\gamma}_q$ erlaubt ist:

$$\int_F \underline{E}_{zp} \underline{E}_{zq}^* \,\mathrm{d}F = 0\,, \quad \text{falls } \underline{\gamma}_p \neq \underline{\gamma}_q\,. \tag{5.3.8.6}$$

Für $p = q$ verschwindet dieses Integral nur noch, wenn der Integrand im ganzen Feldgebiet verschwindet, d.h. für H-Wellen*. Enthält die gegebene Feldverteilung nur E-Wellen, so ist man mit (5.3.8.6) dem Ziel schon recht nahe: Die Normierung

$$\int_F |\underline{\vec{E}}_{zp}|^2 \,\mathrm{d}F = 1 \tag{5.3.8.7}$$

* Mit (3.2.1.22) folgen ganz analoge Formeln mit $\underline{H}_z$ anstelle von $\underline{E}_z$.

kann durch geeignete Wahl der Amplitude des $p$-ten Wellentyps stets erreicht und damit vorausgesetzt werden. Bei entarteten Wellentypen gilt zwar $\underline{\gamma}_p = \underline{\gamma}_q$ auch für $p \neq q$, so daß das Integral (5.3.8.6) für diese nicht notwendigerweise verschwindet, eine Orthogonalisierung entarteter Wellentypen ist aber möglich. Enthält $f$ hin- und rücklaufende, d.h. nach $+z$ und nach $-z$ laufende Wellen, so können einander entsprechende Wellentypen mit den Indices $+p$ und $-p$ bezeichnet werden. Da der $-p$-te Typ aus dem $+p$-ten durch Spiegelung an der Ebene $z = 0$ hervorgeht, gilt

$$\underline{\gamma}_{-p} = -\underline{\gamma}_p \,, \tag{5.3.8.8}$$

$$\underline{E}_{z(-p)} = -\underline{E}_{zp} \,, \tag{5.3.8.9}$$

$$\underline{H}_{z(-p)} = +\underline{H}_{zp} \,, \tag{5.3.8.10}$$

$$\underline{\vec{E}}_{T(-p)} = +\underline{\vec{E}}_{Tp} \,, \tag{5.3.8.11}$$

$$\underline{\vec{H}}_{T(-p)} = -\underline{\vec{H}}_{Tp} \,, \tag{5.3.8.12}$$

wenn $\vec{E}$ ein Vektor und $\vec{H}$ ein Pseudovektor ist. Anstelle der Summation über positive und negative Werte von $p$ in (5.3.8.1) läßt sich deshalb vorteilhafter folgendes schreiben:

$$\underline{E}_z = \sum_{p=1}^{\infty} (\underline{A}_p - \underline{A}_{(-p)}) \underline{E}_{zp} \,, \qquad \underline{\vec{E}}_T = \sum_{p=1}^{\infty} (\underline{A}_p + \underline{A}_{(-p)}) \underline{\vec{E}}_{Tp} \,, \tag{5.3.8.13}$$

$$\underline{H}_z = \sum_{p=1}^{\infty} (\underline{A}_p + \underline{A}_{(-p)}) \underline{H}_{zp} \,, \qquad \underline{\vec{H}}_T = \sum_{p=1}^{\infty} (\underline{A}_p - \underline{A}_{(-p)}) \underline{\vec{H}}_{Tp} \,. \tag{5.3.8.14}$$

Mit (5.3.8.9) folgt aus (5.3.8.6)

$$\int_F \underline{E}_{zp} \underline{E}^*_{z(-p)} \, \mathrm{d}F = -1 \,. \tag{5.3.8.15}$$

(5.3.8.6) kann also zwischen rücklaufenden und hinlaufenden Wellentypen (mit negativer Amplitude) nicht unterscheiden. Enthält $f$ nur in eine Richtung laufende Wellen, so stört dies nicht weiter. Andernfalls ergibt sich anstelle von (5.3.8.4) nicht wie gewünscht die Amplitude $\underline{A}_{p'}$, sondern

$$\int_F \underline{E}_z \underline{E}^*_{zp'} \, \mathrm{d}F = \underline{A}_{+p'} - \underline{A}_{-p'} \,. \tag{5.3.8.16}$$

Kennt man ein zweites Integral, welches $\underline{A}_{+p'} + \underline{A}_{-p'}$ liefert, so kann man hin- und rücklaufende Wellen durch Addition bzw. Subtraktion dieses Integrals vom Integral (5.3.8.16) erhalten. Man findet leicht, daß

$$\int_F \underline{H}_z \underline{H}^*_{zp'} \, \mathrm{d}F = \underline{A}_{+p'} + \underline{A}_{-p'} \tag{5.3.8.17}$$

gilt, da $\vec{H}$ ein Pseudovektor ist. Leider sind die Integrale jedoch nur für hybride Wellen (mit $\underline{E}_z \neq 0$ und $\underline{H}_z \neq 0$) gleichzeitig zu gebrauchen, nicht aber für TE- und TM-Wellen. Man sucht deshalb nach weiteren, ähnlichen Integralen. Davon existieren sehr viele. Beispielsweise kann mit dem ersten Greenschen Satz (2.5.3.11$T$) und (5.3.8.6) gezeigt werden, daß

$$\int_F \mathrm{grad}_T\, \underline{E}_{zp} \mathrm{grad}_T\, \underline{E}_{zq}^* \,\mathrm{d}F = 0\,, \quad \text{falls } \underline{\gamma}_p \neq \underline{\gamma}_q \tag{5.3.8.18}$$

und analog

$$\int_F \mathrm{grad}_T\, \underline{H}_{zp} \mathrm{grad}_T\, \underline{H}_{zq}^* \,\mathrm{d}F = 0\,, \quad \text{falls } \underline{\gamma}_p \neq \underline{\gamma}_q \tag{5.3.8.19}$$

gilt. Daraus ergibt sich mit (3.2.1.19,20) beispielsweise

$$\int_F \underline{E}_{Tp} \underline{E}_{Tq}^* \,\mathrm{d}F = 0\,, \quad \text{falls } \underline{\gamma}_p \neq \underline{\gamma}_q \tag{5.3.8.20}$$

und

$$\int_F \underline{H}_{Tp} \underline{H}_{Tq}^* \,\mathrm{d}F = 0\,, \quad \text{falls } \underline{\gamma}_p \neq \underline{\gamma}_q\,. \tag{5.3.8.21}$$

Da die Transversalkomponenten weder bei TE- noch bei TM-Wellen verschwinden, lassen sich mit diesen beiden Integralen die Amplituden $\underline{A}_{+p}$ und $\underline{A}_{-p}$ bestimmen. Dabei ist lediglich noch zu beachten, daß im MKSA-System $E$ und $H$ unterschiedliche Dimensionen aufweisen. Normiert man die Wellentypen mit (5.3.8.20):

$$\int_F \underline{\vec{E}}_{Tp} \underline{\vec{E}}_{Tp}^* \,\mathrm{d}F = 1\,, \tag{5.3.8.22}$$

so ergibt sich mit (5.3.8.21):

$$\int_F \underline{\vec{H}}_{Tp} \underline{\vec{H}}_{Tp}^* \,\mathrm{d}F = \underline{C}_p\,, \tag{5.3.8.23}$$

wobei $\underline{C}_p \neq 1$ ist. Die Amplituden $\underline{A}_{\pm p}$ errechnen sich deshalb wie folgt:

$$\underline{A}_{\pm p} = \frac{1}{2} \int_F \left( \underline{\vec{E}}_T \underline{\vec{E}}_{Tp}^* \pm \underline{C}_p^{-1} \underline{\vec{H}}_T \underline{\vec{H}}_{Tp}^* \right) \mathrm{d}F\,, \tag{5.3.8.24}$$

wobei $\underline{\vec{E}}_T, \underline{\vec{H}}_T$ die komplexen Amplituden der transversalen Feldstärken der gegebenen Feldverteilung $f$ in der Querschnittsebene sind. Auf ähnliche Weise kann man zeigen, daß

$$\underline{A}_{\pm p} = \frac{1}{2} \int_F \left( \underline{\vec{E}}_T^o \underline{\vec{H}}_{Tp}^* \mp \underline{\vec{E}}_T^* \underline{\vec{H}}_{Tp}^o \right) \mathrm{d}F \tag{5.3.8.25}$$

mit der Normierung

$$\int_F \underline{\vec{E}}^o_{Tp} \underline{\vec{H}}^*_{Tp} \, \mathrm{d}F = \int_F \underline{S}_{zp} \, \mathrm{d}F = 1 \tag{5.3.8.26}$$

gilt. Diese Normierung des mittleren Energietransports in Richtung der Zylinderachse ist besonders in der Optik sehr beliebt und hat auch den Vorteil, daß die Dimensionen der beiden Integranden in (5.3.8.26) gleich sind. Es würde hier zu weit führen, die möglichen Definitionen von Skaparprodukten zur Wellentypenzerlegung ausführlicher zu zeigen. Weitere Hinweise sind beispielsweise bei [J1], [K2] und [T1] zu finden.

Betrachtet man nun nicht mehr nur eine Querschnittsebene sondern die ganze Struktur, auf der sich Wellen in Richtung $z$ ausbreiten, so kann man in jeder Querschnittsebene eine Wellentypenzerlegung (5.3.8.13,14) durchführen und

$$\underline{E}_z(u,v,z) = \sum_{p=1}^{\infty} (\underline{A}_p(z) e^{i\underline{\gamma}_p z} - \underline{A}_{(-p)}(z) e^{-i\underline{\gamma}_p z}) \underline{E}_{zp}(u,v) \,, \tag{5.3.8.27}$$

$$\underline{\vec{E}}_T(u,v,z) = \sum_{p=1}^{\infty} (\underline{A}_p(z) e^{i\underline{\gamma}_p z} + \underline{A}_{(-p)}(z) e^{-i\underline{\gamma}_p z}) \underline{\vec{E}}_{Tp}(u,v) \,, \tag{5.3.8.28}$$

$$\underline{H}_z(u,v,z) = \sum_{p=1}^{\infty} (\underline{A}_p(z) e^{i\underline{\gamma}_p z} + \underline{A}_{(-p)}(z) e^{-i\underline{\gamma}_p z}) \underline{H}_{zp}(u,v) \,, \tag{5.3.8.29}$$

$$\underline{\vec{H}}_T(u,v,z) = \sum_{p=1}^{\infty} (\underline{A}_p(z) e^{i\underline{\gamma}_p z} - \underline{A}_{(-p)}(z) e^{-i\underline{\gamma}_p z}) \underline{\vec{H}}_{Tp}(u,v) \tag{5.3.8.30}$$

schreiben, wobei angenommen wird, daß ein mit dem Index $p$ bezeichneter Wellentyp für alle Querschnitte auftritt und eine $z$-abhängige Amplitude $\underline{A}_p$ aufweist. Findet keine Wellentypenumwandlung statt, so bleibt $\underline{A}_p$ konstant und die Ableitung nach $z$ verschwindet. Diese Ableitung ist ein Maß für die Wellentypenumwandlung. Findet eine Umwandlung eines Wellentyps $p$ in einen Wellentyp $q$ statt, so ist diese in einem linearen Wellenleiter proportional zur Amplitude $A_p$ und es gilt

$$\frac{\partial}{\partial z} \underline{A}_q(z) = \underline{K}_{pq}(z) \underline{A}_p(z) \,. \tag{5.3.8.31}$$

Koppeln mehrere Wellentypen, so muß über diese summiert werden:

$$\frac{\partial}{\partial z} \underline{A}_q(z) = \sum_p \underline{K}_{pq}(z) \underline{A}_p(z) \,, \quad q = 1,2,... \tag{5.3.8.32}$$

Dies ist ein System von Differentialgleichungen mit nichtlinearen Koeffizienten, den Kopplungskoeffizienten $\underline{K}$. Da zur Berechnung der $\underline{K}_{pq}$* die Feldverteilungen

---

* Eine explizite Angabe der Kopplungskoeffizienten für gewisse Fälle ist z.B. bei [T1] zu finden.

in allen Querschnittsebenen für alle beteiligten Wellentypen bekannt sein müssen und Integrale über diese Feldverteilungen auszuwerten sind, ist verständlich, daß ohne vereinfachende Annahmen praktisch keine Lösungen gefunden werden können. Derartige Annahmen sind insbesondere 'schwache' Kopplung, bei der ein dominanter Wellentyp $p$ auftritt, so daß in (5.3.8.32) die Summation weggelassen werden kann und nur zwei miteinander koppelnde Wellen, was beispielsweise beim 'single-mode'-Betrieb von Wellenleitern der Fall ist. Es gilt dann $q = -p$ d.h. eine hinlaufende Welle koppelt mit einer rücklaufenden Welle desselben Typs.

Auf eine ausführlichere Beschreibung der MMT muß hier verzichtet werden. Praktisch stellt sich natürlich die Frage, ob dieser doch recht komplizierte Formalismus tatsächlich gegenüber dreidimensionalen Rechnungen (die ja mit der MMT umgangen werden sollen) vorteilhaft ist. Selbstverständlich muß auch diese Frage von Fall zu Fall beantwortet werden.

## 5.4 DIE MMP-METHODE

In den sechziger Jahren wurden verschiedene Probleme der Feldberechnung, welche sich analytisch nicht oder nur mit sehr großem Aufwand behandeln ließen, mit einfachen numerischen Prgrammen gelöst. Die untersuchten Aufgabenstellungen lagen dabei oft 'in der Nähe' von gerade noch analytisch beschreibbaren Modellen. Ein typisches Beispiel dafür ist die Berechnung geführter Wellen auf einem dielektrischen Wellenleiter mit zylindrischer Geometrie und rechteckigem Querschnitt: Dieser kann als Form zwischen dem kreiszylindrischen und dem planaren dielektrischen Wellenleiter verstanden werden. Die analytische Behandlung kreiszylindrischer Wellenleiter gelingt bekanntlich unter Verwendung von Kreiszylinderkoordinaten, diejenige planarer Wellenleiter mit kartesischen Koordinaten. Auch der Rechteckhohlleiter kann noch analytisch untersucht werden. Der rechteckige dielektrische 'Draht' gehört also zu den einfachsten Wellenleitern, welche eine numerische Berechnung erfordern. Dazu wird selbstverständlich ein stark idealisiertes Modell verwendet. In der Einteilung von Unterabschnitt 3.1.3 gilt insbesondere:

– *Idealisierung der Geometrie*: Zylindrische Geometrie mit rechteckigem Querschnitt. Der Raum wird also in lediglich zwei Gebiete, das 'Innere' und das 'Äußere' des Wellenleiters unterteilt.

– *Idealisierung der Zeit*: Harmonische Zeitabhängigkeit mit Übergang zu komplexen Größen. Wegen der Zylindergeometrie bezüglich der $z$-Achse gilt der harmonische $z, t$-Ansatz (3.1.1.17) für alle Feldgrößen.

– *Idealisierung der Materialien*: Das Material im Innern und im Äußern des Wellenleiters sei verlustfrei, linear, homogen und isotrop. Bezeichnet $G_j$ das Äußere und $G_i$ das Innere, so gilt $\sigma_j = \sigma_i = 0$ und $\mu_j, \mu_i, \epsilon_j, \epsilon_i$ sind skalare Konstanten. Darüber hinaus wird aus praktischen Gründen $\mu_j = \mu_i = \mu_0$ gefordert, was einige kleinere Erleichterungen mit sich bringt. Vom kreiszylindrischen und vom planaren Fall weiß man zudem, daß $\epsilon_j$ kleiner als $\epsilon_i$ sein muß, damit geführte Wellen überhaupt möglich sind. (Dies kann auch mit dem 'Strahlenmodell' erklärt werden: Für geführte Wellen muß der 'Strahl' im Innern eingeschlossen sein, d.h. an der Grenze $\partial G_{ij}$ vollständig reflektiert werden. Eine solche Totalreflexion bedingt aber, daß das Innere optisch dichter ist, d.h. daß $n_j < n_i$ gilt. Da hier für den Brechungsindex $n = \sqrt{\mu_r \epsilon_r} = \sqrt{\epsilon_r}$ geschrieben werden kann, folgt sofort $\epsilon_j < \epsilon_i$.)

Bei geführten Wellen wird angenommen, daß sich die Quellen außerhalb des betrachteten Feldgebietes befinden (Man beachte dazu Abschnitt 4.2!) und somit $\underline{\vec{j}} = \underline{\rho} = 0$ gesetzt, was auf homogene Feldgleichungen und homogene Grenzbedingungen führt.

Weil die analytische Behandlung – trotz dieser Vereinfachungen – nicht gelingt, ist eine numerische Berechnung angezeigt. Wegen der unendlichen Ausdehnung in der Querschnittsebene von $G_j$ ergaben sich in früheren Jahren Probleme bei der Anwendung von FE- und FD-Programmen, während sich 'semianalytische' Methoden als brauchbar erwiesen. Insbesondere die einfache PM-

Technik [G1] war zunächst erfolgreich. Die in den Abschnitten 5.1 und 5.2 angegebenen Wahlen werden dabei nach dem 'Prinzip der größten Einfachheit' getroffen. Für die Einteilung in Abschnitt 5.1 gilt insbesondere:

1.) Als primäre Feldgrößen werden die Longitudinalkomponenten $\underline{E}_z$ und $\underline{H}_z$ benützt. D.h. es handelt sich um ein direktes Verfahren mit der minimal notwendigen Anzahl von zwei skalaren Feldfunktionen.

2.) $\underline{E}_z$ und $\underline{H}_z$ werden den beiden skalaren Helmholtz-Gleichungen (3.2.1.22,23) unterworfen. Die Anzahl der verwendeten Feldgleichungen entspricht also wieder der minimalen Anzahl.

3.) $\underline{E}_z$ und $\underline{H}_z$ werden den vier skalaren Grenzbedingungen (4.2.2.8-11) unterworfen, welche aus den Stetigkeitsbedingungen (3.2.5.1,2) für die Tangentialkomponenten von $\vec{E}$ und $\vec{H}$ mit (3.2.1.19,20) folgen. In Unterabschnitt 3.2.5 wurde gezeigt, daß die Bedingungen (3.2.5.3,4) für die Normalkomponenten und damit (4.2.2.12,13) automatisch erfüllt sind, wenn die Feldgleichungen in den angrenzenden Feldgebieten $G_j, G_i$ und die Stetigkeitsbedingungen für die Tangentialkomponenten überall auf der Grenze $\partial G_{ij}$ gelten. Das Weglassen von zwei der sechs Bedingungen (4.2.2.8-13) erweist sich bei der einfachen PM-Technik als notwendig, da die Algorithmen sonst im allgemeinen keine brauchbaren Resultate liefern. Dies ist nicht unbedenklich, da ja die Stetigkeitsbedingungen bei diesem Verfahren nur in einzelnen Randpunkten und nicht auf dem ganzen Rand erfüllt werden.

4.) Die Fortpflanzungskonstante $\underline{\gamma}$ wird als iterativ zu bestimmender Eigenwert betrachtet. Die 'einfachste' Bestimmungsgleichung für $\underline{\gamma}$ ergibt sich, wenn man ein homogenes Gleichungssytem der Form

$$M \cdot P = 0 \tag{5.4.1}$$

herleitet, wobei $P$ ein (unbekannter) Spaltenvektor und $M$ eine Matrix mit den Elementen $m_{lk}$ ist. Diese sind (bekannte) Funktionen von $\underline{\gamma}$. Bei der üblichen PM-Technik ist $M$ quadratisch. Dies hat zur Folge, daß (5.4.1) nur dann nichttriviale Lösungen (mit $P \neq 0$) besitzt, wenn die Determinante der (quadratischen!) Matrix $M$ verschwindet.

$$\det(M(\underline{\gamma})) = 0 \tag{5.4.2}$$

ist also eine Bestimmungsgleichung für $\underline{\gamma}$, welche numerisch – z.B. mit einem Newton-Algorithmus – gelöst werden kann.

Da eine 'semi-analytische' Methode angestrebt wird, müssen Lösungen der Feldgleichungen, d.h. der skalaren, homogenen, ebenen Helmholtz-Gleichungen (3.2.1.22,23) als Basisfunktionen angesetzt werden. Derartige Basisfunktionen findet man auf verschiedenen Wegen, zum Beispiel durch Separation der Variablen unter Verwendung besonders einfacher Koordinatensysteme. Die einfachste Wahl fiele an sich auf kartesische Koordinaten (Siehe Unterabschnitt 3.3.1.), wie dies bei der (analytischen) Berechnung des Rechteckhohlleiters der Fall ist. Bereits bei der Beschreibung der SDA im Unterabschnitt 5.3.5 wurde erwähnt, daß sich daraus Schwierigkeiten bei der Auswahl einer endlichen Anzahl 'geeigneter' Basisfunktionen ergeben, da man sofort überabzählbar viele Lösungen findet. Bei Polarkoordinaten ist dies scheinbar nicht der Fall, da die Separationskonstante –

unter gewissen Voraussetzungen - ganzzahlig wird, was auf abzählbar unendlich viele Lösungen führt. Wie im Unterabschnitt 3.3.2 angegeben, ist der so erhaltene Ansatz allerdings für mehrfach zusammenhängende Feldgebiete nicht vollständig. Eine 'Approximationsbasis' ergibt sich erst unter Verwendung mehrerer Polarkoordinatensysteme, was auf Ansätze der Form (3.3.2.12) für die Longitudinalkomponenten $\underline{E}_z$ und $\underline{H}_z$ (mit unterschiedlichen Parametern) führt. Im hier betrachteten Beispiel des rechteckigen Wellenleiters genügt ein einziges Polarkoordinatensystem, dessen Ursprung sinnvollerweise in den Schwerpunkt des Rechtecks gesetzt wird. Die Ansätze der Form (4.2.1.6') für $\underline{E}_{z_j}$, $\underline{H}_{z_j}$ in $G_j$ und $\underline{E}_{z_i}$, $\underline{H}_{z_i}$ in $G_i$ lauten damit relativ einfach:

$$\underline{E}^0_{z_j} = \underline{A}_{j0} H_0^{(1)}(\underline{\kappa}_j r) + \sum_{k=1}^{K_{E_j}} H_k^{(1)}(\underline{\kappa}_j r)\Big(\underline{A}_{jk}\cos(k\varphi) + \underline{B}_{jk}\sin(k\varphi)\Big)\,, \tag{5.4.3}$$

$$\underline{H}^0_{z_j} = \underline{C}_{j0} H_0^{(1)}(\underline{\kappa}_j r) + \sum_{k=1}^{K_{H_j}} H_k^{(1)}(\underline{\kappa}_j r)\Big(\underline{C}_{jk}\cos(k\varphi) + \underline{D}_{jk}\sin(k\varphi)\Big)\,, \tag{5.4.4}$$

$$\underline{E}^0_{z_i} = \underline{A}_{i0} J_0(\underline{\kappa}_i r) + \sum_{k=1}^{K_{E_i}} J_k(\underline{\kappa}_i r)\Big(\underline{A}_{ik}\cos(k\varphi) + \underline{B}_{ik}\sin(k\varphi)\Big)\,, \tag{5.4.5}$$

$$\underline{H}^0_{z_i} = \underline{C}_{i0} J_0(\underline{\kappa}_i r) + \sum_{k=1}^{K_{H_i}} J_k(\underline{\kappa}_i r)\Big(\underline{C}_{ik}\cos(k\varphi) + \underline{D}_{ik}\sin(k\varphi)\Big)\,. \tag{5.4.6}$$

Üblicherweise wird dabei $K_{E_j} = K_{H_j} = K_{E_i} = K_{H_i} = K$ gesetzt, so daß hier (neben der Fortpflanzungskonstanten $\underline{\gamma}$) $8K + 4$ Unbekannte* bestimmt werden müssen, was die Angabe von mindestens $8K + 4$ Gleichungen erfordert. Bei der PM-Technik notiert man dazu einfach in $2K + 1$ 'Matching'-Punkten $P_l$ (mit den Koordinaten $r_l$, $\varphi_l$ auf $\partial G_{ij}$) je 4 Grenzbedingungen, d.h. man setzt (5.4.3-6) in (4.2.2.8-11) ein, was auf ein homogenes Gleichungssystem der Form (5.4.1) führt. Die iterative Berechnung von $\underline{\gamma}$ erfolgt dann mit (5.4.2).

Praktisch ergeben sich sofort verschiedenste numerische Probleme, die zum Teil durch Verbesserung der Algorithmen vermieden oder wenigstens vermindert werden können [H1]. Merkwürdigerweise lassen sich nur dann brauchbare Resultate erzielen, wenn die Winkel zwischen benachbarten 'Matching'-Punkten $P_l$ und $P_{l+1}$ konstant sind, d.h. wenn

$$|\varphi_{l+1} - \varphi_l| = 2\pi/(2K+1) \tag{5.4.7}$$

gilt. Dies hat zur Folge, daß in der Nähe der Ecke des Rechtecks die Dichte der 'Matching'-Punkte relativ klein ist, was stoßend ist, da gerade dort das Feld kompliziert und die Rechenfehler groß werden.

---

* N.B. Die Parameter $\underline{A}, \underline{B}$ sind komplexwertig. Da hier die Verluste vernachläßigt werden, ist eine reelle Rechnung mit $\underline{\gamma} = \beta$ und reellwertigen Parametern möglich, wenn die Hankelfunktionen $H_k^{(1)}$ durch die modifizierten Hankelfunktionen $K_k$ ersetzt werden.

Um zu quantitativen Aussagen zu kommen, muß ein Fehler definiert werden. Schon im Abschnitt 5.2 wurden verschiedenste Varianten skizziert. Physikaisch plausibel ist die auf dem Rand $\partial G_{ij}$ definierte Funktion

$$\begin{aligned} \eta^2 = & |\underline{E}_{z_j} - \underline{E}_{z_i}|^2 + |\underline{E}_{t_j} - \underline{E}_{t_i}|^2 + \epsilon_{ij}^{-2} |\underline{D}_{n_j} - \underline{D}_{n_i}|^2 \\ & + Z_{w_j} Z_{w_i} \left( |\underline{H}_{z_j} - \underline{H}_{z_i}|^2 + |\underline{H}_{t_j} - \underline{H}_{t_i}|^2 + \mu_{ij}^{-2} |\underline{B}_{n_j} - \underline{B}_{n_i}|^2 \right) , \end{aligned} \tag{5.4.8}$$

welche das 'Mis-Matching' angibt. Die Gewichte

$$\epsilon_{ij} = \sqrt{\epsilon_j \epsilon_i} \, , \quad \mu_{ij} = \sqrt{\mu_j \mu_i} \tag{5.4.9}$$

und

$$Z_{w_j} = \sqrt{\mu_j / \epsilon_j} \, , \quad Z_{w_i} = \sqrt{\mu_i / \epsilon_i} \tag{5.4.10}$$

gleichen numerische Ungleichheiten aus, die durch das MKSA-System bedingt sind.

Selbstverständlich ist die Größe der Fehlerfunktion nicht nur vom verwendeten Verfahren und der Diskretisierung, d.h. der Wahl der 'Matching'-Punkte, sondern auch von der Amplitude des untersuchten Wellentyps abhängig. Um eine brauchbare Vergleichsmöglichkeit zu erhalten, muß diese festgelegt bzw. $\eta$ durch die Amplitude dividiert werden. Da verschiedenste Feldgrößen beteiligt sind, läßt sich die Amplitude einer Welle unterschiedlich definieren. Dazu werden oft die Amplituden integraler Größen, wie Spannung, Strom, Energie und Leistung beigezogen. Je nach Anwendung gibt man unterschiedlichen Definitionen den Vorzug. So sind in der Leitungstheorie Ströme und Spannungen besonders beliebt. Bei höheren Frequenzen und insbesondere im optischen Bereich - wo der dielektrische Wellenleiter als 'optische Fiber' Verwendung findet - wird die Definition von Spannung $U$ und Strom $I$ problematisch, da dann die Integrale

$$U = \int_{\ell} \vec{E} \, d\vec{\ell} \, , \tag{5.4.11}$$

$$I = \int_{F} \vec{j} \, d\vec{F} \tag{5.4.12}$$

von der Form der Integrationsgebiete $\ell$ bzw. $F$ und nicht nur von deren Berandung abhängig sind. (Man vergleiche auch Abschnitt 2.4 und beachte, daß in obiger Definition der Strom $I$ der *Fluß* der Stromdichte $\vec{j}$ durch $F$ ist, also keine Verschiebungsströme enthält.) Gerne wird deshalb die von einem Wellentyp längs der $z$-Achse transportierte, mittlere Leistung

$$\underline{P}(z) = \int_{F} \underline{\vec{S}}(z) \, d\vec{F} = \frac{1}{2} \int_{F} \underline{\vec{E}}_T^o \cdot \underline{\vec{H}}_T^* \, e^{-2\alpha z} \, dF \tag{5.4.13}$$

benützt*, wobei über die Querschnittsebene zu integrieren ist. Die Normierung $\underline{P}(0) = 1$ sieht zwar einfach aus, ist aber praktisch mit einigem numerischen Aufwand verbunden, da dazu das elektromagnetische Feld in der ganzen Querschnittsebene berechnet und numerisch integriert werden muß.

Einfacher ist offenbar die Normierung des Maximalwertes von $\underline{S}_z$ in der Querschnittsebene $F$, was die Integration überflüssig macht. Die Suche nach dem Maximalwert wird dadurch erleichtert, daß nur im 'Innern' des Wellenleiters und nur relativ grob gesucht werden muß. Oft kennt man sogar den Ort mit maximaler $z$-Komponente $\underline{S}_z$ des Poynting-Vektors schon zum vorneherein, wie z.B. beim $HE_{11}$-Modus des rechteckigen dielektrischen Drahtes, wo $\underline{S}_z$ im Schwerpunkt maximal wird. Dieser Wellentyp spielt eine hervorragende Rolle, da seine untere Grenzfrequenz bei Null liegt.

Für den $HE_{11}$-Modus existieren zwei 'Polarisationsrichtungen'. Den folgenden Vergleichen wurde jeweils der $HE_{11}^y$-Modus für einen rechteckigen Wellenleiter mit Seitenverhältnis $a/b = 2/3$ und Polarisation des elektrischen Feldes in Richtung der kürzeren, d.h. der $y$-Achse zugrunde gelegt. Figur 5.4.1 zeigt die verwendeten Größen.

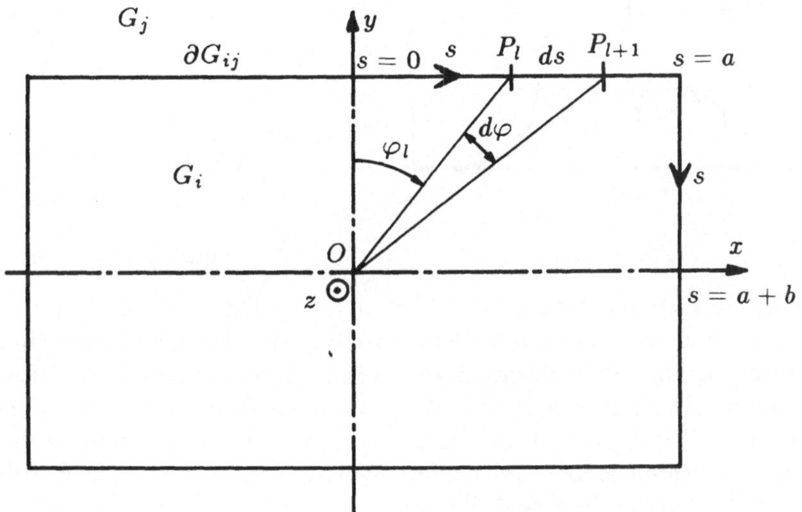


Figur 5.4.1

Alle Berechnungen wurden bei einer relativ niedrigen Frequenz, bei der noch keine höheren Wellentypen ausbreitungsfähig sind, durchgeführt, was zu relativ geringen numerischen Problemen führt. Bei einem Seitenverhältnis $a/b \approx 1$ ist die Konvergenz ziemlich gut und die PM-Technik liefert schon mit recht wenig (sechzig) 'Matching'-Punkten brauchbare Resultate [G1]. Zur Reduktion

* Im Falle verlustloser Wellenleiter wird $P$ reell und von $z$ unabhängig, da dann $\underline{\vec{E}}_T$ und $\underline{\vec{H}}_T$ in Phase sind und die Dämpfung $\alpha$ verschwindet.

der Rechenzeit und des Speicherbedarfs wurden die vorhandenen Symmetrien berücksichtigt. Im vorliegenden Fall ist $\underline{E}_z$ symmetrisch bezüglich der $y$-Achse, antisymmetrisch bezüglich der $x$-Achse und $\underline{H}_z$ symmetrisch bezüglich $x$, antisymmetrisch bezüglich $y$. (Für eine ausführlichere Beschreibung der Symmetrien siehe [H2],[S2].) Es genügt deshalb, jeweils nur den ersten Quadranten zu betrachten, wie dies im folgenden stets der Fall ist. Bei fünfzehn 'Matching'-Punkten pro Quadrant ergibt sich ein System von sechzig Gleichungen mit sechzig Parametern.

Betrachtet man die Fehlerfunktion $\eta$ auf $\partial G_{ij}$ in Funktion der Winkelkoordinate $\varphi$ (Figur 5.4.2a) so fällt der große 'Fehler' in der Nähe der Ecke des Rechtecks auf*, der auch im Feldbild (Figur 5.4.2b), welches einige transversale $E$-Feldlinien im Innern des Rechtecks zeigt, deutlich wird. Da die Feldstärke dort aber klein ist** sind diese Resultate trotzdem praktisch brauchbar.

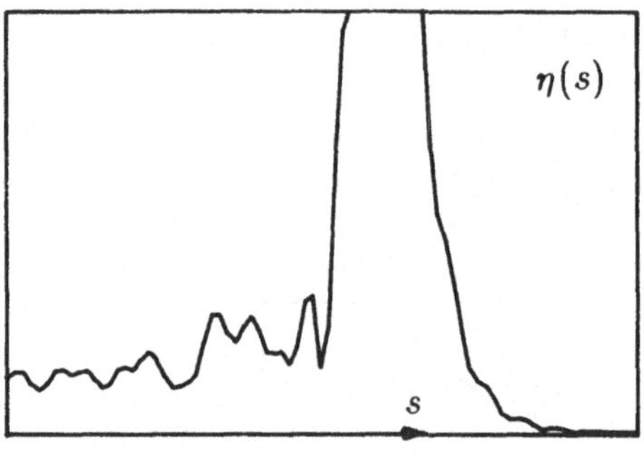


Figur 5.4.2a

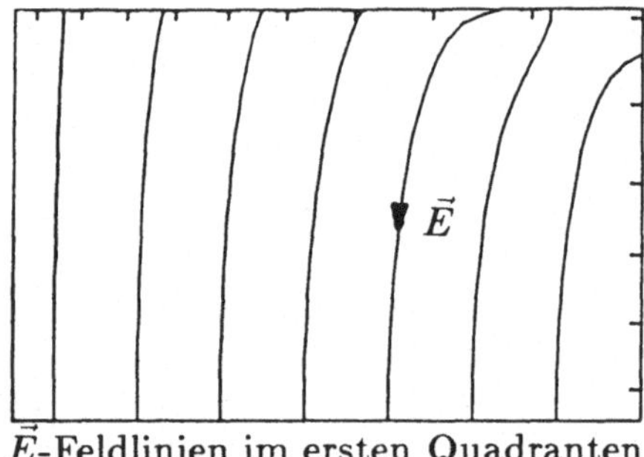


$\vec{E}$-Feldlinien im ersten Quadranten

Figur 5.4.2b

Verteilt man die 'Matching'-Punkte so, daß die *Abstände ds* anstelle der *Winkel dφ* zwischen benachbarten 'Matching'-Punkten konstant sind, ohne im übrigen etwas am PM-Programm zu verändern, so kann man auf bessere Ergebnisse hoffen, da dann die Dichte der 'Matching'-Punkte in der Nähe der Ecke größer wird. Wie Figur 5.4.3a zeigt, wird nun $\eta$ in der Umgebung der Ecke viel kleiner, stattdessen jedoch bei kleinen Werten von $s$, d.h. nahe bei der $y$-Achse enorm groß. Wie aus dem Feldbild (Figur 5.4.3b zeigt wieder einige $E$-Feldlinien.) hervorgeht, ist dieses Resultat völlig falsch. Kleine Werte der Fehlerfunktion $\eta$ – wie in Figur 5.4.3a – besagen eben keineswegs, daß das Feld dort genau berechnet

* Der zahlenmäßige Wert (0.1 am oberen Bildrand) von $\eta$ ist nicht sehr aussagekräftig und wurde deshalb weggelassen. Die Skalierung für diese und die folgenden Figuren wurde stets gleich vorgenommen, so daß ein Quervergleich möglich ist.

** Dies wird in Figur 5.4.2b nicht deutlich, da die Feldliniendichte nicht proportional zur Feldstärke gezeichnet werden kann, handelt es sich hier doch lediglich um Projektionen dreidimensionaler Feldlinien.

worden ist. Erst wenn $\eta$ auf dem *ganzen* Rand klein ist, kann man annehmen, daß eine genaue Rechnung vorliegt. Die Beurteilung von Feldbildern erfordert zwar mehr Erfahrung, ist aber meist zuverläßiger.

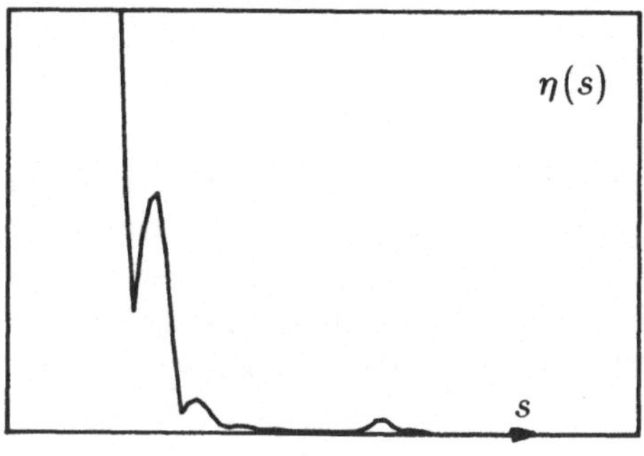


Figur 5.4.3a

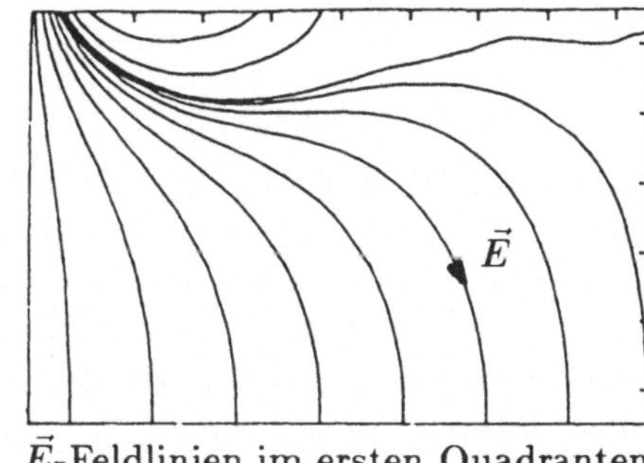


$\vec{E}$-Feldlinien im ersten Quadranten

Figur 5.4.3b

Erhöht man die Anzahl der 'Matching'-Punkte und damit der Parameter, so steigt der Rechenaufwand grob gesagt mit der dritten Potenz von $K$ an. Zwar kann dadurch das Integral über die Fehlerfunktion $\eta$ verringert werden, in der Nähe der Ecke bleibt $\eta$ jedoch stets hoch. Wie bereits gesagt, ist dies im vorliegenden Beispiel nicht gravierend. Bei sehr vielen technischen Problemen sind aber gerade dort die Feldgrößen von besonderem Interesse, wo die Ränder stark gekrümmt sind, so daß eine feinere Diskretisierung, d.h. eine flexiblere 'Matching'-Punktdichte (die vom Anwender festgelegt werden kann) sehr wünschenswert ist. Hinzu kommt, daß die Konvergenz der PM-Programme bei größeren Seitenverhältnissen $a/b$ des Rechtecks so schlecht wird, daß an die Behandlung komplizierterer Geometrien gar nicht zu denken ist.

Es ist heute schwer zu sagen, welche Mängel der PM-Technik schließlich zur Abkehr von diesem Verfahren führten, da jeweils fehlgeschlagene Berechnungsversuche nicht publiziert werden. Merkwürdigerweise wurden sehr oft 'analytische' Bedenken zum Ansatz (5.4.3-6) ins Feld geführt. Gerade dieser Ansatz ist aber analytisch sehr gut gestützt durch [V1]. Fragwürdig ist hingegen seine numerische Brauchbarkeit. Auf der andern Seite wurde die heikle Wahl einer geeigneten Verteilung von 'Matching'-Punkten scheinbar übersehen und jedenfalls nicht kritisiert. Die konsequente Analyse und Verbesserung des analytischen Teils, d.h. des Ansatzes (5.4.3-6) und des numerischen Teils (Wahl der 'Matching'-Punkte, Herleitung eines Gleichungssystems zur Berechnung der Parameter und Angabe eines iterativen Prozesses zur Bestimmung des Eigenwertes $\underline{\gamma}$) führten auf die MMP-Methode, welche im folgenden eingehender besprochen wird. Dabei bleibt das 'semi-analytische' Vorgehen und damit die Forderung nach linearen Feldgleichungen und Grenzbedingungen bestehen. Im analytischen Teil wird ein MMP-Ansatz zur Lösung von zwei- und dreidimensionalen, skalaren Laplace- und Helmholtz-

Gleichungen angegeben und untersucht. Dies macht die Verbesserung des numerischen Teils notwendig. Zur Veranschaulichung wird weiterhin das Beispiel des rechteckigen dielektrischen Wellenleiters (mit denselben Daten wie bisher) betrachtet.

### 5.4.1 Analytischer Teil

In der Physik und speziell in der Elektrodynamik trifft man immer wieder auf Helmholtz- und – als Spezialfall davon – Laplace-Gleichungen. Wie im Kapitel 3 gezeigt wurde, ergeben sich diese (wenigstens innerhalb gewisser Feldgebiete $G$) z.B. durch Separation der Zeitabhängigkeit aus der Wellengleichung, aber auch aus Diffusions-, Schwingungs-, Schrödinger-Gleichungen usw. Die skalare, homogene Helmholtz-Gleichung

$$(\Delta + \underline{k}^2)\underline{F} = 0\,, \quad \text{in } G \tag{5.4.1.1}$$

und (als Spezialfall mit $\underline{k} = 0$) die Laplace-Gleichung

$$\Delta F = 0\,, \quad \text{in } G \tag{5.4.1.2}$$

sowie deren zweidimensionale Formen

$$(\Delta_T + \underline{\kappa}^2)\underline{F} = 0\,, \quad \text{in } G \tag{5.4.1.3}$$

und

$$\Delta_T F = 0\,, \quad \text{in } G \tag{5.4.1.4}$$

stehen deshalb hier im Zentrum des Interesses. Bereits im Kapitel 3 wurden Lösungswege und konkrete Lösungen dieser Gleichungen angegeben. Eine mathematisch interessante und anspruchsvolle Aufgabe ist die Suche nach einer 'Entwicklungsbasis', d.h. nach (meist abzählbar unendlich vielen) Lösungen $\underline{F}_k$ einer der obigen Gleichungen, so daß *jede* Lösung $\underline{F}$ der betreffenden Gleichung gemäß

$$\underline{F} = \sum_{k=1}^{\infty} \underline{A}_k \underline{F}_k\,, \quad \text{in } G \tag{5.4.1.5}$$

entwickelt werden kann. Dabei wird meist nach einer *vollständigen Orthonormalbasis* gesucht. Im Kapitel 4 (Man vergleiche insbesondere mit Unterabschnitt 4.2.1.) wurde darauf hingewiesen, daß bei numerischen Feldberechnungen die Eigenschaften einer solchen Basis nicht besonders wesentlich sind. Da die $\underline{F}_k$ einer vollständigen Orthonormalbasis nicht nur vom Typ der Feldgleichung sondern auch von der Form des Feldgebietes $G$ abhängig sind, muß diese Aufgabe für jedes Problem erneut gelöst werden, was nicht im Sinne effizienter numerischer

Methoden ist. Außerdem ist die unendliche Summation mit den unendlich vielen Parametern $\underline{A}_k$ in (5.4.1.5) numerisch nicht durchführbar. Läßt man die Forderungen nach Vollständigkeit, Orthogonalität und Normierung weg und sucht lediglich nach einer 'Approximationsbasis', so daß

$$\underline{F} \approx \underline{F}^0 = \sum_{k=1}^{K} \underline{A}_k \underline{F}_k \,, \quad \text{in } G \tag{5.4.1.6}$$

gilt, so wird die Aufgabe zunächst wesentlich einfacher und das Angebot an möglichen Basisfunktionen sofort enorm groß. Aus numerischen Gründen müssen aber sehr viele davon gleich wieder ausgeschlossen werden. Offenbar ist es sinnvoll, zu fordern, daß die $\underline{F}_k$ 'billig' zu berechnen sind und daß wenige $\underline{F}_k$ ausreichen, um die *gesuchte* (und nicht jede!) Lösung genügend genau zu approximieren (Konvergenz!). Praktisch kommen deshalb fast nur die in Abschnitt 3.3 angegebenen Funktionen in Frage.

Besonders interessant sind Funktionen, welche in einem Punkt des Raumes einen Pol aufweisen und insbesondere*:

1.) Als Lösung von (5.4.1.1):

$$\frac{1}{\sqrt{r}} H^{(1)}_{m+1/2}(\underline{k}r) P^n_m(\cos\vartheta) \sin(n\varphi) \,, \quad \frac{1}{\sqrt{r}} H^{(1)}_{m+1/2}(\underline{k}r) P^n_m(\cos\vartheta) \cos(n\varphi) \,. \tag{5.4.1.7}$$

2.) Als Lösung von (5.4.1.2):

$$r^{-m} P^n_m(\cos\vartheta) \sin(n\varphi) \,, \quad r^{-m} P^n_m(\cos\vartheta) \cos(n\varphi) \,. \tag{5.4.1.8}$$

3.) Als Lösung von (5.4.1.3):

$$H^{(1)}_n(\underline{\kappa} r) \sin(n\varphi) \,, \quad H^{(1)}_n(\underline{\kappa} r) \cos(n\varphi) \,. \tag{5.4.1.9}$$

4.) Als Lösung von (5.4.1.4):

$$\ln(r) \,, \quad r^{-n} \sin(n\varphi) \,, \quad r^{-n} \cos(n\varphi) \,. \tag{5.4.1.10}$$

Mit Ausnahme von $\ln(r)$ verschwinden alle diese Funktionen mit zunemender Entfernung $r \rightarrow \infty$ vom Pol, 'wirken' also *lokal*, in der Nähe von $r = 0$. Diese Eigenschaft erweist sich praktisch als sehr angenehm. Da die Funktionen (5.4.1.7-10) auch numerisch einigermaßen 'billig' berechnet werden können, bilden sie das Fundament der MMP-Methode. Wegen ihres Pols bei $r = 0$ werden sie 'Multipole' (deren nullte Ordnung ($n = 0$) auch 'Monopol') genannt.

---

* In der Literatur findet man oft die Hankelfunktionen zweiter Gattung anstelle der Hankelfunktionen erster Gattung zur Beschreibung auslaufender Wellen. Dies ist eine Folge einer andersartigen Definition der Konstanten $\underline{k}$ bzw. $\underline{\kappa}$, welche hier im ersten, in den betreffenden Büchern jedoch im zweiten oder vierten Quadranten der komplexen Ebene liegen.

Die Überlagerung mehrerer Multipole in einem Ansatz ergibt einen MMP-, d.h. 'Mehrfach MultiPol'-Ansatz. (Dazu sind mehrere sphärische bzw. Polarkoordinatensysteme erforderlich.) Die Wahl der Lage der verschiedenen Pole $O_\ell(r_\ell = 0)$ und der Ordnungen $n$ sowie $m$ ist von größter Bedeutung für die Brauchbarkeit eines solchen MMP-Ansatzes. Dabei beschränkt man sich gerne auf ganzzahlige Ordnungen, was bequem, aber nicht notwendig ist. (Siehe auch Abschnitt 3.3.)

Rekursionsformeln ermöglichen eine sehr effiziente Berechnung der Hankelfunktionen $H$, deren Ordnungen sich um ganze Zahlen voneinander unterscheiden. Bequemerweise wird deshalb oft über die Indices $n$ und $m$ bis zu einem obern Wert $N_\ell$ bzw. $M_\ell$ summiert, wobei die $N_\ell$ bzw. $M_\ell$ für jeden Pol $O_\ell$ separat gewählt werden können. Dies ergibt im Fall der zweidimensionalen Helmholtz-Gleichung den Ansatz (3.3.2.12) ohne die Besselfunktionen $J_n$ und entsprechende Ansätze für (5.4.1.1,2,4). (3.3.2.12) ist theoretisch – im Sinne einer Approximationsbasis – sehr gut abgesichert, so daß man sich natürlich fragen muß, 1.) ob das Weglassen der Besselfunktionen (bzw. der Funktionen $r^n$ bei der Laplace-Gleichung)* zuläßig ist und 2.) welches die Vorteile eines MMP-Ansatzes sind.

Die erste Frage ist analytisch nur schwer zu beantworten. Einen Hinweis gibt das Ersatzladungsverfahren, bei welchem nur Monopole** verwendet werden und damit einen Spezialfall des MMP-Ansatzes mit $m = n = 0$ darstellt. Damit – und eben auch mit der MMP-Methode – findet man praktisch sehr gute Resultate. Zudem soll der MMP-Ansatz keineswegs so dogmatisch verfochten werden, daß eine 'Bereicherung' durch die Funktionen $J_n(\underline{\kappa} r)$ bzw. $r^n$ prinzipiell ausgeschlossen wird. Praktisch erweisen sich diese Funktionen nur in Feldgebieten mit kugel- (im dreidimensionalen Fall) bzw. kreisförmiger äußerer Berandung als brauchbar, wenn $r = 0$ ungefähr im Schwerpunkt des Feldgebietes liegt. Dies ist z.B. beim rechteckigen dielektrischen Wellenleiter mit Seitenverhältnis $a/b \approx 1$ der Fall. Die Berechnungen an diesem Wellenleiter (Siehe Unterabschnitt 5.4.2) zeigen deutlich, daß die $J_n$ bzw. $r^n$ angewendet, aber auch ohne weiteres weggelassen werden *können*.

Ein großer Vorteil der MMP-Ansätze liegt in der erhöhten Flexibilität. So werden im allgemeinen mehr Pole $O_\ell$ als (gemäß Unterabschnitt 3.3.2 und [V1]) nötig angesetzt. Umgekehrt ist es erlaubt, gewisse Ordnungen auszulassen, d.h. die Summationen in (3.3.2.12) nicht über alle $n$ zu führen. Wichtig ist in diesem Zusammenhang, daß meist bestimmte, physikalische Lösungen gesucht werden und der MMP-Ansatz so zu gestalten ist, daß sich *diese* – und nicht *alle* mathematisch denkbaren – Lösungen approximieren lassen. Die gewonnene Freiheit wirkt sich aber auch beunruhigend aus. Es fragt sich nämlich sofort, wie denn ein MMP-Ansatz gefunden werden kann, welcher brauchbare Resultate liefert. Mit den folgenden Überlegungen findet man einfache Regeln, die weiterhelfen:

---

* Da diese Funktionen nicht wie die Multipole lokal, sondern 'in der Ferne' wirken, ist ihre Anwendung problematisch.

** Monopole repräsentieren in der Elektrostatik Punkt- bzw. Linienladungen, haben also eine offensichtliche physikalische Bedeutung. Man beachte dazu auch Unterabschnitt 3.2.4.

- Es ist klar, daß Multipole, welche nahe beieinander liegen, 'ähnliche' Feldfunktionen beschreiben und somit zu numerischen Abhängigkeiten und schließlich zu schlecht konditionierten Matrizen führen.
- Im numerischen Teil der MMP-Methode wird auf den Grenzen $\partial G$ der Feldgebiete gearbeitet. Da die Multipole 'lokal' wirken. beeinflußt ein bestimmter Multipol $O_\ell$ haupsächlich die Grenzbedingungen auf demjenigen Teil von $\partial G$, der in seiner Nähe liegt. Je näher $O_\ell$ bei $\partial G$ liegt, umso stärker schwanken auch die Werte der zugehörigen Feldfunktion auf $\partial G$. Umgekehrt ergeben sehr weit entfernte Pole nahezu konstante Feldfunktionen auf $\partial G$. Sowohl zu starke als auch zu schwache Werteschwankungen der Feldfunktionen auf $\partial G$ führen zu numerischen Problemen und sind zu vermeiden.

Diese Regeln sind noch sehr diffus. Um präziser zu werden, ist eine eingehendere Kenntnis des numerischen Teils nötig. Eine separate Behandlung, wie sie in Lehrbüchern wünschenswert erscheint, ist bei der praktischen Entwicklung von Verfahren nur selten möglich, da sich sofort Wechselwirkungen ergeben. Ein Abstecher in den numerischen Teil der Aufgabe ist hier angebracht. Will man in gleicher Weise wie bei der PM-Technik vorgehen, also im Falle des rechteckigen dielektrischen Wellenleiters lediglich die Ansätze (5.4.3-6) durch MMP-Ansätze ersetzen, so steht man sofort vor dem Problem, die Orte der 'Matching'-Punkte adäquat zu wählen, was aber kaum gelingt: Die Resultate werden fast mit Sicherheit unbrauchbar. Es liegt nahe, die Schuld dafür dem MMP-Ansatz zu geben und das ganze Verfahren beiseite zu legen. ('Analytische' Argumente gegen diesen Ansatz sind rasch bei der Hand, wenn auch nicht stichhaltig.) Da man sich bei der Entwicklung numerischer Verfahren immer wieder vor die Situation gestellt sieht, daß ein Programm mit dem besten Willen immer nur haarsträubende Resultate liefert, ist 'eine dicke Haut' unerläßlich. Bei der Analyse dieses Problems erinnert man sich an das Versagen der PM-Technik bei einer äquidistanten Wahl der 'Matching'-Punkte: Problematisch ist offenbar die Angabe einer geeigneten 'Matching'-Punktverteilung. Daß bei der Verwendung von MMP-Ansätzen die Angabe einer passenden Verteilung nicht auf Anhieb gelingt, muß der PM-Technik angelastet werden.

Aus der genaueren Untersuchung der Berechnung, welche das 'falsche' Feldbild (Figur 5.4.3) ergab, findet man wichtige Hinweise: Die Feldfunktionen werden gewissermaßen in den 'Matching'-Punkten 'aufgehängt'. Dies erinnert an das Abtasten von Funktionen, welches dem Ingenieur sehr geläufig ist. Tatsächlich sind für den besonders einfachen Fall eines kreisförmigen Feldgebietes $G$ mit Ansätzen der Form (5.4.3-6) die Zylinderfunktionen auf $\partial G$ konstant, wenn $O(r = 0)$ in der Kreismitte liegt, so daß die Ansätze (5.4.3-6) nichts anderes als Fourierreihen der Feldfunktionen auf dem Kreis $\partial G$ sind. Das 'Abtasttheorem' gibt bekanntlich einen Zusammenhang zwischen den Dichten der Abtastwerte und der höchsten erfaßbaren Frequenz des Fourierspektrums. Entsprechend kann der folgende Zusammenhang der 'Matching'-Punktdichte (bzw. dem Winkel $d\varphi_l$ zwischen benachbarten 'Matching'-Punkten $P_l$ und $P_{l+1}$) und der maximalen 'Winkelfrequenz' $K_{max}$ der Funktionen sin und cos und damit der höchsten zuläßigen

Ordnung der Zylinderfunktionen formuliert werden:

$$d\varphi_l \leq d\varphi_{max} = \frac{2\pi}{2K_{max}+1}\,. \qquad (5.4.1.11)$$

Diese Formel läßt sich auf beliebige Feldgebiete $G$ mit beliebiger Verteilung der 'Matching'-Punkte $P_l$ auf $\partial G$ – im Sinne einer Empfehlung – übertragen: Der 'Sehwinkel' $d\varphi_{\ell l}$ zwischen den benachbarten 'Matching'-Punkten $P_l$ und $P_{l+1}$, den ein Beobachter von einem Multipol $O_\ell$ aus sieht, sollte stets kleiner als $2\pi/(2K_{\ell_{max}}+1)$ sein, wenn $K_{\ell_{max}}$ die höchste Ordnung des betreffenden Multipols ist. (Siehe Figur 5.4.1.1.)

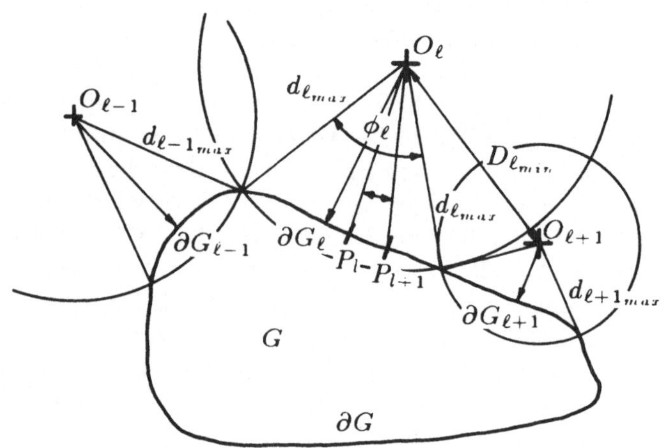


Figur 5.4.1.1

Dadurch ist umgekehrt die höchste zuläßige Ordnung eines Multipols festgelegt: Es muß

$$K_{\ell_{max}} \leq \frac{\pi}{d\varphi_{\ell_{max}}} - \frac{1}{2} \qquad (5.4.1.12)$$

gelten. Bei der PM-Technik wird diese *Sehwinkel-Bedingung* nur dann eingehalten, wenn man eine Verteilung der 'Matching'-Punkte mit konstantem Zwischenwinkel $d\varphi_{\ell l}$ (für alle Multipole $O_\ell$) verwendet, wie dies bei der Berechnung von Figur 5.4.2, nicht aber von Figur 5.4.3 der Fall war.

Daß die Sehwinkel-Bedingung für den Spezialfall eines kreisförmigen Randes gilt, scheint vernünftig zu sein. Wie weit durch Abweichungen von der idealen Geometrie Modifikationen dieser Bedingung erforderlich sind, ist aber keineswegs klar. So ist es an sich denkbar, daß größere 'Sehwinkel' zuläßig sind. Praktisch macht man jedoch die Erfahrung, daß die Resultate schon bei einer leichten Verletzung dieser Regel katastrophal werden. Figur 5.4.3 zeigt ein Beispiel dafür.

Bei Monopolen mit $K_{\ell_{max}} = 0$ wird (5.4.1.12) stets erfüllt. Für das Ersatzladungsverfahren ergibt sich daraus also keine Einschränkung. Praktisch sollte jedoch ein maximaler Sehwinkel $\varphi_{\ell_{max}} = \pi/2$ nicht leichtfertig überschritten werden, da sich sonst starke Oszillationen auf $\partial G$ ergeben. Verschärft man (5.4.1.12) aus diesem und ähnlichen Gründen nur leicht, so erhält dadurch das einfache PM-Verfahren den Todesstoß: Der Ansatz (5.4.3-6) im einfachen Beispiel des rechteckigen dielektrischen Drahtes muß dann schon bei tieferen Ordnungen abgebrochen werden, so daß sich $8K + 4$ Gleichungen mit weniger als $8K + 4$ Parametern ergeben. Gerade dieser Übergang zu überbestimmten Gleichungssystemen zeigt sich im folgenden Unterabschnitt als sehr bedeutungsvoll.

Mit der Sehwinkelbedingung (5.4.1.12) ist ein einfacher Zusammenhang zwischen den Multipolen $O_\ell$ und den 'Matching'-Punkten $P_l$ gegeben, der sich praktisch als sehr bequem und hilfreich erweist. Bei einer vorgegebenen höchsten Ordnung $K_{\ell_{max}}$ von $O_\ell$ und einer vorgegebenen Verteilung der 'Matching'-Punkte $P_l$ wird dadurch der minimale Abstand $d_{\ell min}$ des Multipoles von der Grenze $\partial G$ implizite festgelegt. Wird $O_\ell$ so verschoben, daß sich $d\varphi_{\ell_{max}}$ verringert ($d_{\ell min}$ vergrößert) und werden in $O_\ell$ alle Ordnungen $k = 0, 1, 2, ... K_{\ell_{max}}$ angesetzt, so ergeben sich ***numerische Abhängigkeiten*** zwischen den Lösungsfunktionen $\underline{F}_k$ des Ansatzes (5.4.1.6), d.h. einzelne Lösungsfunktionen $\underline{F}_i$ können durch die übrigen $\underline{F}_k$ gemäß

$$\underline{F}_i \approx \sum_{k \neq i} \underline{B}_k \underline{F}_k \,, \quad \text{in } G \tag{5.4.1.13}$$

approximiert werden. Dies führt auf schlecht konditionierte Matrizen, welche vermieden werden sollten. Man kann deshalb entweder weit vom Feldgebiet $G$ entfernte Multipole verbieten oder bei einem solchen Multipol nicht alle (ganzzahligen) Ordnungen ansetzen.

'Numerische Abhängigkeiten' können nicht nur zwischen den verschiedenen Ordnungen eines Ansatzes in $O_\ell$ sondern auch zwischen zwei benachbarten Multipolen $O_\ell$ und $O_{\ell+1}$ entstehen, wenn der Abstand $D_\ell$ zu klein wird. Dies ist insbesondere dann der Fall, wenn in $O_\ell$ und $O_{\ell+1}$ alle (ganzzahligen) Ordnungen $k = 0, 1, 2, ... K_{\ell_{max}}$ bzw. $K_{\ell+1_{max}}$ angesetzt werden. Es existieren verschiedene mathematische Sätze, wie das Additionstheorem für Zylinderfunktionen (Siehe z.B. [G2].), welche eine Analyse ermöglichen, die jedoch nicht ausgeführt wird.

Wie bereits weiter oben – im Zusammenhang mit dem Ersatzladungsverfahren mit Monopolen – erwähnt, führt das Abstandsverhalten der Multipolfunktionen zu starken Werteschwankungen in der Nähe des Pols. Diese werden problematisch, wenn sich $O_\ell$ nahe bei $\partial G$ befindet.

Es ist nicht leicht, die hier angetönten Probleme sauber zu analysieren. Aus dem praktischen Umgang mit der MMP-Methode, d.h. aus zahlreichen Berechnungen verschiedenartigster Modelle, sammelt man jedoch Erfahrungen, aus welchen sich einfache Richtlinien herauskristallisieren. Als sehr bequem hat sich folgendes Vorgehen erwiesen:

1.) Jedem Multipol $O_\ell$ wird ein Teil $\partial G_\ell$ der Grenze $\partial G$ zugeordnet, welcher sich in unmittelbarer Nähe von $O_\ell$ befindet. Die Abstände von $O_\ell$ zu allen Punkten

in $\partial G_\ell$ sollen kleiner sein als die Abstände von $O_\ell$ zu allen übrigen Punkten auf $\partial G$. (Man vergleiche auch Figur 5.4.1.1.)
2.) Der Winkel $\phi_\ell$ unter dem man $\partial G_\ell$ von $O_\ell$ aus sieht, ist bedeutsam für die oben genannten 'numerischen Abhängigkeiten'. Diese werden mit abnehmendem $\phi_\ell$ größer. Erfahrungsgemäß sollten bei $\phi_\ell < \pi/3$ nicht mehr alle (ganzzahligen) Ordnungen $k$ – sondern beispielsweise nur jede zweite Ordnung – in $O_\ell$ angesetzt werden.
3.) Wegen des Abstandsverhaltens der Multipole ergeben sich starke Werteschwankungen auf $\partial G_\ell$, wenn die Abstände von $O_\ell$ zu den Punkten auf $\partial G_\ell$ zu stark variieren, d.h., wenn das Verhältnis $d_{\ell_{max}}/d_{\ell_{min}}$ groß wird. Praktisch ist ein Wert $d_{\ell_{max}}/d_{\ell_{min}} = \sqrt{2}$ noch zuläßig, was bei einem geraden Randstück $\partial G_\ell$ dem minimalen Winkel $\phi_\ell = \pi/2$ entspricht. (Figur 5.4.1.1)
4.) Die Sehwinkelbedingung (5.4.1.12) legt die maximale Ordnung fest, welche für den Multipol in $O_\ell$ erlaubt ist.
5.) Um Abhängigkeiten zwischen benachbarten Multipolen zu vermeiden, sollte der Abstand $D_{\ell_{min}}$ von $O_\ell$ zu seinem nächsten Nachbarn größer als $d_{\ell_{max}}$ sein.

Diese mehr oder weniger heuristisch gefundenen Regeln sind als Empfehlungen zu verstehen, welche das Auffinden geeigneter MMP-Ansätze erleichtern, aber nicht unbedingt eingehalten werden müssen. Regelverletzungen sind also erlaubt, erfordern aber einige Erfahrung im Umgang mit MMP-Programmen. Daneben besteht natürlich die Möglichkeit, 'numerische Abhängigkeiten' auch numerisch zu detektieren und die verantwortlichen Funktionen durch geeignete Algorithmen zu eliminieren. Umgekehrt können Routinen zur Erzeugung und Optimierung von MMP-Ansätzen entwickelt werden [L2].

Schon früher wurde auf die besondere Bedeutung von 'verlustfreien' Modellen hingewiesen, da diese oft reellwertige Rechnungen ermöglichen. Dies trifft auch auf den Fall verlustfreier Wellenleiter zu, der hier zur Verdeutlichung betrachtet werden soll. Aus der Verlustfreiheit folgt sofort eine reelle Wellenzahl $k_i$ in jedem (verlustfreien) Feldgebiet $G_i$ und eine reelle Fortpflanzungskonstante $\gamma = \beta$ für alle geführten Wellen. Gilt $k_i \geq \beta$ in $G_i$, so wird auch die transversale Wellenzahl $\kappa_i = \sqrt{k_i^2 - \beta^2}$ in $G_i$ und damit das Argument der Hankelfunktionen in (5.4.1.9) reell. Die MMP-Ansätze für die Amplituden der Longitudinalkomponeneten $E_{zi}$ und $H_{zi}$

$$E_{zi} \approx E_{zi}^0 = \sum_{\ell=1}^{L_i} \Big[ A_{\ell 0} H_0^{(1)}(\kappa_i r_\ell) + \sum_{k=1}^{K_\ell} H_k^{(1)}(\kappa_i r_\ell) \big( A_{\ell k} \cos(k\varphi_\ell) + B_{\ell k} \sin(k\varphi_\ell) \big) \Big] , \tag{5.4.1.14}$$

$$H_{zi} \approx H_{zi}^0 = \sum_{\ell=1}^{L_i} \Big[ C_{\ell 0} H_0^{(1)}(\kappa_i r_\ell) + \sum_{k=1}^{K_\ell} H_k^{(1)}(\kappa_i r_\ell) \big( C_{\ell k} \cos(k\varphi_\ell) + D_{\ell k} \sin(k\varphi_\ell) \big) \Big] \tag{5.4.1.15}$$

werden mit reellen Parametern $A, B, C, D$ sofort reell*. Ist hingegen $k_i < \beta$ in

* Es ist selbstverständlich möglich, für $E_{zi}$ und $H_{zi}$ völlig verschiedene MMP-

einem verlustfreien Gebiet $G_i$, so wird $\underline{\kappa}_i$ imaginär. Die Hankelfunktionen mit imaginärem Argument werden aber – je nach Ordnung – reell oder imaginär. Man verwendet dann gerne die *modifizierten Hankelfunktionen* [G2]

$$K_n(z) = \frac{i\pi}{2} e^{\frac{in\pi}{2}} H_n^{(1)}(iz) , \tag{5.4.1.16}$$

welche bei reellem $z$ reell werden. Dies ergibt die MMP-Ansätze

$$E_{zi} \approx E_{zi}^0 = \sum_{\ell=1}^{L_i} \Big[ A_{\ell 0} K_0(|\kappa_i| r_\ell) + \sum_{k=1}^{K_\ell} K_k(|\kappa_i| r_\ell) \big( A_{\ell k} \cos(k\varphi_\ell) + B_{\ell k} \sin(k\varphi_\ell) \big) \Big] , \tag{5.4.1.17}$$

$$H_{zi} \approx H_{zi}^0 = \sum_{\ell=1}^{L_i} \Big[ C_{\ell 0} K_0(|\kappa_i| r_\ell) + \sum_{k=1}^{K_\ell} K_k(|\kappa_i| r_\ell) \big( C_{\ell k} \cos(k\varphi_\ell) + D_{\ell k} \sin(k\varphi_\ell) \big) \Big] , \tag{5.4.1.18}$$

welche bei imaginärem $\kappa_i$ reellwertig sind, wenn alle Parameter reell sind. (Die modifizierten Hankelfunktionen $K$ sollten nicht mit den oberen Grenzen der Multipolordnungen verwechselt werden!)

Wie aus (3.2.1.19,20) hervorgeht, müssen die transversalen Feldkomponenten imaginär werden, wenn die Longitudinalkomponenten reell sind. Man verwendet deshalb mit Vorteil die reellwertigen Feldfunktionen $\vec{E}_T^r = i\underline{\vec{E}}_T$ und $\vec{H}_T^r = i\underline{\vec{H}}_T$ anstelle von $\underline{\vec{E}}_T$ und $\underline{\vec{H}}_T$.

Bei dreidimensionalen Resonatoren mit den Funktionen (5.4.1.7) kann ganz analog vorgegangen werden. Streufeldprobleme erfordern jedoch stets komplexe Rechnungen, was formal einfacher aber numerisch aufwendiger ist.

Im Falle der Laplace-Gleichungen (4.2.1.2,4), welche in der Statik anzutreffen sind, sind die Ansätze (5.4.1.8,10) schon zum vorneherein reell. Bekanntlich werden statische Modelle zur Berechnung langsam veränderlicher Felder verwendet. Ist ein Programm vorhanden, welches elektrodynamische Probleme lösen kann, so sollte dieses stets auch in der Lage sein, elektro- und magnetostatische Aufgaben zu behandeln, was einem Grenzübergang $\omega \to 0$ und damit $\underline{k} \to 0$ bzw. $\underline{\kappa} \to 0$ entspricht. Wegen des Pols der Hankelfunktionen bei verschwindendem Argument ist aber der zugehörige Übergang von den Entwicklungsfunktionen (5.4.1.7,9) zu (5.4.1.8,10) nicht trivial. Tatsächlich ergeben sich daraus einige Probleme, welche für den wichtigen Fall der Leitungstheorie ausführlicher besprochen werden sollen.

Ausgangspunkt der Untersuchung von Leitungswellen auf Mehrdrahtleitungen, Kabeln etc. sind meist sogenannte TEM-Rechnungen, bei welchen die Longitudinalkomponenten $E_z, H_z$ vernachläßigt werden. Dies entspricht der Beobachtung, ergibt sich aber auch aus den Gleichungen (3.2.1.19,20) mit dem

---

Ansätze zu machen. Wie bereits gesagt, ist es auch nicht nötig, die Summationen jeweils über alle Werte von $k$ laufen zu lassen: Die hier angegebenen Ansätze sind bequem, weisen aber nicht die allgemeinste Form auf.

Grenzübergang $\omega \to 0$ (und damit $\underline{\kappa} \to 0$.). Damit wird es unmöglich, die Longitudinalkomponenten als 'primäre Feldfunktionen' zu verwenden. Meist werden dazu in der Elektrostatik das skalare elektrische Potential $\phi^e$ und in der Magnetostatik das magnetische Vektorpotential $\vec{A}^m$ herangezogen, wobei zu beachten ist, daß $\vec{A}^m$ nur eine Longitudinalkomponente $A_z^m$ aufweist. Wegen der vorausgesetzten Quellenfreiheit (Siehe Abschnitt 4.2.) kann aber ebensogut in der Elektrostatik ein elektrisches Vektorpotential $\vec{A}^e = A_z^e \vec{e}_z$ und in der Magnetostatik ein skalares magnetisches Potential $\phi^m$ definiert werden. Alle diese Potentiale erfüllen die Laplace-Gleichung (5.4.1.3) in der Transversalebene der Leitung. Für die Transversalkomponenten gilt dann in der Elektrostatik

$$\vec{E}_T = -\mathrm{grad}_T\, \phi^e \quad \text{oder} \quad \vec{E}_T = -\frac{1}{\epsilon}\mathrm{grad}_T{}^o A_z^e \tag{5.4.1.19}$$

und in der Magnetostatik

$$\vec{H}_T = -\mathrm{grad}_T\, \phi^m \quad \text{oder} \quad \vec{H}_T = -\frac{1}{\mu}\mathrm{grad}_T{}^o A_z^m\,. \tag{5.4.1.20}$$

Vergleicht man diese Gleichungen mit (3.2.1.19,20), so wird die Verwandtschaft von $E_z$ mit $\phi^e$ bzw. $A_z^m$ und von $H_z$ mit $A_z^e$ bzw. $\phi^m$ deutlich. Durch geringfügige Modifikation können damit dynamische Programme zur Behandlung von statischen Problemen herangezogen werden und zwar sowohl unter Verwendung skalarer Potentiale, als auch von Vektorpotentialen. Es ist also möglich, recht universelle Programme zu entwickeln, mit welchen feldtheoretische Aufgaben aus verschiedensten Bereichen der Elektrotechnik gelöst werden können. Wie im folgenden Unterabschnitt gezeigt wird, ergeben sich aus dem Übergang $\omega \to 0$ auch numerische Schwierigkeiten, die eine besondere Beachtung verdienen.

### 5.4.2 Numerischer Teil

Einige der numerischen Probleme, welche sich bei der PM-Technik ergeben, wurden bereits angetönt. Es wurde auch bereits erwähnt, daß es nicht genügt, den Ansatz (5.4.3-6) durch einen MMP-Ansatz (5.4.1.14-18) zu ersetzen, da sich dadurch neue, numerische Probleme ergeben. Diese sollen nun genauer untersucht werden.

Im numerischen Teil der PM-Technik notiert man üblicherweise die Grenzbedingungen für die Tangentialkomponenten von $\vec{E}$ und $\vec{H}$ in so vielen Rand-, d.h. 'Matching'-Punkten $P_l$, daß sich ein Gleichungssystem mit ebenso vielen Gleichungen wie Unbekannten ergibt. Damit wird das 'Mismatching' der *Tangential*komponenten in den Punkten $P_l$ – bis auf numerische Ungenauigkeiten – verschwindend klein. Der 'tangentiale Fehler'

$$\eta_t^2 = |\underline{E}_{z_j} - \underline{E}_{z_i}|^2 + |\underline{E}_{t_j} - \underline{E}_{t_i}|^2 + Z_{w_j} Z_{w_i} \left( |\underline{H}_{z_j} - \underline{H}_{z_i}|^2 + |\underline{H}_{t_j} - \underline{H}_{t_i}|^2 \right) \quad (5.4.2.1)$$

wird also in allen 'Matching'-Punkten $P_l$ nahezu Null. Dies ist auf den ersten Blick beruhigend. Bei genauerer Betrachtung findet man aber oft große Fehler $\eta_t$ auf $\partial G_{ij}$, neben den 'Matching'-Punkten. Das *Integral* von $\eta_t$ über $\partial G_{ij}$ braucht also gar nicht klein zu sein. Wie schon die Figuren 5.4.2,3 zeigen, verschwindet der gemäß (5.4.8) definierte Fehler $\eta$, welcher auch die Normalkomponenten* von $\vec{D}$ und $\vec{B}$ enthält, in keinem Punkt der Grenze $\partial G_{ij}$ und insbesondere in keinem 'Matching'-Punkt $P_l$. Daß bei der PM-Technik weder $\eta$ noch $\eta_t$ noch sonst ein Fehler** (über die gesamte Grenze genommen) minimal wird, d.h. die Parameter (z.B. $A, B, C, D$) des Lösungsansatzes und allenfalls der Eigenwert (z.B. $\underline{\gamma}$) nicht so bestimmt werden, daß das betreffende Fehlerintegral minimal wird, ist unbefriedigend und wohl auch der wichtigste Mangel dieses Verfahrens.

Historisch hat dies dazu geführt, daß die PM-Technik durch Projektionsmethoden und insbesondere die MM verdrängt wurde. Tatsächlich verwenden diese Methoden – im 'semi-analytischen' Falle – Integrale über die Grenzen $\partial G_{ij}$ der Feldgebiete. Wie im Abschnitt 5.2 gezeigt wurde, können mit der Fehlermethode, der Projektionsmethode und der Kollokationsmethode im wesentlichen dieselben Gleichungssysteme hergeleitet werden, wenn man beachtet, daß die Integrale, welche bei den ersten beiden Methoden vorkommen, numerisch zu lösen sind.Es ist also keineswegs notwendig, die Kollokationsmethode aufzugeben. Der wichtigste Schritt, der getan werden muß, besteht darin, daß überbestimmte Gleichungssysteme aufgestellt, d.h. die Grenzbedingungen in mehr 'Matching'-Punkten als nötig notiert werden. Dadurch räumt man die im Unterabschnitt 5.4.1 genannten Schwierigkeiten mit dem MMP-Ansatz aus und minimiert gleichzeitig den Fehler $\eta_t$ in einem (numerisch) integralen Sinn über $\partial G_{ij}$, wenn die einzelnen Gleichungen geeignet gewichtet werden.

---

* Für diese gelten ebenfalls Stetigkeitsbedingungen auf $\partial G_{ij}$ (Siehe Unterabschnitt 3.2.5.), welche bei der PM-Technik jedoch weggelassen werden (müssen).

** Für andersartige Fehlerdefinitionen sei auf Abschnitt 5.2 verwiesen.

Man notiert also in jedem 'Matching'-Punkt $P_l$ z.B. die Stetigkeisbedingungen (3.2.5.1,2) bzw. (4.2.2.8-11) und multipliziert diese mit 'geeigneten' Gewichten. Die Wahl dieser Gewichte ist eminent wichtig für die Brauchbarkeit der Resultate. Der Vergleich der Kollokationsmethode mit der Fehlermethode im Abschnitt 5.2 zeigt, daß eine Gewichtung mit der Wurzel des Abstandes $d_l$ des betreffenden 'Matching'-Punktes $P_l$ mit seinen beiden Nachbarn $P_{l-1}$ und $P_{l+1}$ mathematisch sinnvoll ist. (Im Falle unregelmäßiger Abstände zwischen den 'Matching'-Punkten ist $d_l$ der Mittelwert der Abstände von $P_l$ zu seinen beiden Nachbarn.) Die Erweiterung für dreidimensionale Probleme liegt auf der Hand: Dort tritt eine Fläche $F_l$ um $P_l$ an die Stelle von $d_l$. Auch bei der Behandlung idealer Leiter trifft man auf keine nenneswerten Schwierigkeiten: Wie schon in Unterabschnitt 3.2.5 angegeben, ist dort (3.2.5.2) eine Bestimmungsgleichung für die Oberflächenstromdichte und braucht deshalb in den betreffenden 'Matching'-Punkten nicht notiert zu werden.

Neben der genannten 'geometrischen' Gewichtung ist – wegen der maßsystemabhängigen Größe der verschiedenen Feldstärken – eine 'physikalische' Gewichtung notwendig, welche in den Definitionen der Fehler $\eta$ und $\eta_t$ bereits enthalten ist und für das hier vorausgesetzte MKSA-System gilt. Diese Gewichtung wird plausibel, wenn man die Feldenergiedichte als Einheit betrachtet, welche die verschiedenen Feldstärken miteinander verbindet. Bekanntlich haben die Größen

$$\epsilon E^2, \quad \frac{1}{\epsilon} D^2, \quad \mu H^2, \quad \frac{1}{\mu} B^2 \tag{5.4.2.2}$$

die Dimension einer Energiedichte. Es liegt damit auf der Hand, die Stetigkeitsbedingungen für die Tangentialkomponenten von $\vec{E}$, $\vec{H}$ mit $\sqrt{\epsilon}$ bzw. $\sqrt{\mu}$ und diejenigen für die Normalkomponenten von $\vec{D}$, $\vec{B}$ mit $1/\sqrt{\epsilon}$ bzw. $1/\sqrt{\mu}$ zu gewichten. Leider sind aber $\epsilon$ und $\mu$ auf den Grenzen $\partial G_{ij}$ unstetig, so daß unklar ist, welche Werte hier einzusetzen sind. Bei den Fehlerdefinitionen (5.4.8) bzw. (5.4.2.1) wurden die geometrischen Mittel der Werte links und rechts Grenze eingesetzt, was sich bisher bewährt hat. Gleichzeitig wurden alle Feldgrößen durch $\epsilon_{ij}$ dividiert, so daß $E$ das Gewicht eins erhält. Dies ist zwar nicht nötig, in der Elektrotechnik aber gängige Praxis. $\vec{H}$ wird dann mit dem geometrischen Mittel der Wellenwiderstände $Z_w$ gewichtet.

Da die genannte Gewichtung zwar plausibel, aber doch nicht vollständig befriedigend ist, sollte eine zusätzliche Gewichtung, welche der speziellen Anwendung angepaßt werden kann, implementiert werden*. Zusammenfassend werden also die Grenzbedingungen auf $\partial G_{ij}$ im 'Matching'-Punkt $P_l$ wie folgt gewichtet:
1.) alle Gleichungen in $P_l$ mit $\sqrt{d_l}$ bzw. $\sqrt{F_l}$,
2.) alle Stetigkeitsbedingungen für $\vec{E}$, $\vec{D}$, $\vec{H}$, $\vec{B}$ entweder mit $(\epsilon_{ij})^{1/4}$, $(\epsilon_{ij})^{-1/4}$, $(\mu_{ij})^{1/4}$, $(\mu_{ij})^{-1/4}$ oder mit 1, $1/\sqrt{\epsilon_{ij}}$, $\sqrt{Z_{w_i} Z_{w_j}}$, $\sqrt{Z_{w_i} Z_{w_j} / \mu_{ij}}$,
3.) jede Gleichung – nach Wunsch – separat mit einem Gewicht, welches vom Anwender anzugeben ist.

---

* Diese wird sich beim Grenzübergang $\omega \to 0$, der noch zu diskutieren ist, als bedeutsam erweisen.

Neben der Frage der Gewichtung ist zu klären, wie stark überbestimmt die verwendeten Gleichungssysteme sein sollen, d.h. wie groß das Verhältnis $N/M$ sein soll, wenn $N$ die Anzahl der Gleichungen und $M$ die Anzahl der Unbekannten ist. Praktisch hat sich ein Wert von 1/2 bis etwa 1/4 als sinnvoll erwiesen. Verteilt man die Multipole bei der MMP-Methode auf die im Unterabschnitt 5.4.1 beschriebene Weise, so ist es sinnvoll, für die Anzahl der Gleichungen $N_\ell$, welche im Teilstück $\partial G_\ell$ notiert werden und die Anzahl $M_\ell$ der Parameter, welche im zugehörigen Multipol $O_\ell$ angesetzt werden ein ähnliches Verhältnis $M_\ell/N_\ell \approx M/N$ zu verwenden. Dabei ist zu beachten, daß dieses Verhältnis durch die 'Sehwinkelbedingung' limitiert sein kann.

Verwendet man überbestimmte Gleichungssysteme, so spricht nichts mehr dagegen, die Grenzbedingungen (3.2.5.3,4) bzw.(4.2.2.12,13) in die Rechnung einzubeziehen. Im Falle zylindrischer Geometrie ergibt sich daraus – wegen der Ähnlichkeit der Gleichungen (4.2.2.12,13) mit (4.2.2.10,11) nur ein geringfügiger zusätzlicher Aufwand. Damit wird der Fehler $\eta$ anstelle von $\eta_t$ minimiert.

Bei Eigenwertproblemen ist eine Bestimmungsgleichung für den Eigenwert anzugeben. In der PM-Technik wird dazu die Bedingung, daß die Determinante eines homogenen Gleichungssystems verschwindet, herangezogen (Gleichung (5.4.2)). Bei überbestimmten Gleichungssystemen ist dies nicht mehr möglich, so daß nach andern Wegen gesucht werden muß. Es existieren verschiedene Varianten, unabhängig von der verwendeten Methode zur Herleitung der Gleichungssysteme. Im Unterabschnitt 3.2.6 wurden eine Resonanzbedingung (3.2.6.10) für den dreidimensionalen Fall von Resonatoren und eine Fortpflanzungsbedingung (3.2.6.14i) für zylindrisch geführte Wellen angegeben. Diese beinhalten Integrale über das gesamte Feldgebiet, deren Berechnung relativ aufwendig ist. (Ein wesentlicher Vorteil 'semi-analytischer' Methoden besteht gerade darin, daß numerisch nur auf den Grenzen und nicht in den Feldgebieten selber gearbeitet werden muß.) Trotzdem ist der in Abschnitt 5.2 erwähnte iterative Prozeß natürlich möglich: Man startet mit einem Schätzwert $\underline{\gamma}_j$ bzw. $\omega_j$ (Die Argumente $\underline{\kappa}$ bzw. $\underline{k}$ in den Entwicklungsfunktionen (5.4.1.7,9) etc. sind damit festgelegt.) und notiert die Grenzbedingungen in den 'Matching'-Punkten, was ein überbestimmtes Gleichungssystem der Form (5.4.1) (mit einer rechteckigen Matrix $M$) ergibt. Dieses System wird z.B. mit einem 'least-sqares'-Algorithmus aufgelöst. Die so bestimmten Parameter beschreiben eine erste Näherung des elektromagnetischen Feldes*. Die numerische Auswertung des Integrals in (3.2.6.14i) (bzw.(3.2.6.10)) liefert einen Wert $I$, der verschwindet, wenn die exakte Lösung vorliegt. $I$ ist von der Fortpflanzungskonstante $\underline{\gamma}$ (bzw. der Resonanzfrequenz $\omega$) abhängig, die Bedingung $I(\underline{\gamma}) = 0$ ersetzt also (5.4.2). Man berechnet nun $I$ auf gleiche Weise, mit einem zweiten Schätzwert $\underline{\gamma}_i$ bzw. $\omega_i$. Durch lineare Interpola-

---

* Durch Einsetzen in den MMP-Ansatz ergeben sich zunächst die primären Feldgrößen $\underline{E}_z, \underline{H}_z$. Daraus lassen sich dann die Transversalkomponenten mit (3.2.1.19,20) und weitere sekundäre Feldgrößen bestimmen. Bei dreidimensionalen Feldproblemen geht man sinngemäß vor.

tion, dem Newton-Algorithmus oder andern Verfahren errechnet man einen Wert $\underline{\gamma}_3$ bzw. $\omega_3$, bei dem $I$ kleiner sein sollte, als in den bisherigen Werten usw.

Die angedeutete Eigenwertbestimmung ist keineswegs trivial. Insbesondere bei komplexen Eigenwerten, wo in der komplexen Ebene gesucht werden muß, ergeben sich enorme Probleme, wenn nicht zum vorneherein ein Gebiet eingeschränkt werden kann, in dem zu suchen ist. Glücklicherweise sind nur schwach gedämpfte geführte Wellen technisch interessant, so daß $\underline{\gamma}$ nur in einem schmalen Streifen um die reelle Achse gesucht werden muß. Praktisch beginnt man meist mit einer 'verlustfreien' Rechnung, bei der $\underline{\gamma} = \beta$ reell wird und berechnet die Dämpfungskonstante $\alpha$ anschließend, entweder mit einer Störungsrechnung (3.2.6.27') oder durch Suche in der komplexen Ebene in der Nähe des Wertes, der aus der 'verlustfreien' Rechnung bekannt ist.

Bei rellen Eigenwerten ergeben sich vorallem bei hohen Frequenzen Probleme, da dann die Zahl der Eigenwerte groß wird. Dies hat beispielsweise zur Folge, daß die Funktionen $M(\beta)$, $I(\beta)$ etc. starke Schwankungen aufweisen und die Nullstellen dieser Funktionen sehr nahe beieinander liegen. Dabei ist zu beachten, daß $\beta$ für geführte Wellen in einem beschränkten Bereich liegt. (Für Hohlleiter ohne 'Füllung' gilt z.B. $0 < \beta < k_0$ und für den dielektrischen Wellenleiter $k_j < \beta < k_i$, wobei $k_0$ die Wellenzahl des Vakuums und $k_j$, $k_i$ die Wellenzahlen der Umgebung bzw. des Innern des dielektrischen Wellenleiters sind.) Der Aufwand steigt deshalb mit zunehmenden Frequenzen stark an. Bei sehr hohen Frequenzen versagen schließlich alle numerischen Feldberechnungsmethoden, welche direkt auf den Maxwell-Gleichungen basieren. (Siehe auch Unterabschnitt 5.2.6!)

Auf einen Vergleich der verschiedenen Verfahren zur Bestimmung der Eigenwerte wird verzichtet. Es muß jedoch darauf hingewiesen werden, daß es sich um nichtlineare Eigenwertprobleme handelt, da die Matrixelemente des Gleichungssystems im allgemeinen nichtlineare Funktionen der Eigenwerte sind. Die meisten Routinen zur Lösung von Eigenwertproblemen, welche sich in Programmbibliotheken finden lassen, sind deshalb hier unbrauchbar.

Ein weiterer Punkt, der beachtet werden muß, ist die Fixierung der Amplitude der geführten Welle, auf die schon früher hingewiesen wurde. Wird dies nicht oder falsch gemacht, so findet man gerne 'Lösungen', bei denen das Feld – und damit der 'Fehler' $\eta$ – überall sehr klein wird, was aber keine brauchbaren Resultate ergibt. Praktisch geht man mit Vorteil folgendermaßen vor: Man wählt unter den Komponenten des Parametervektors $P$ in (5.4.1) einen Parameter $p_k$, von dem man annehmen kann, daß er für den gesuchten Wellentyp dominant ist oder wenigstens nicht verschwindet. (Im Beispiel des rechteckigen dielektrischen Wellenleiters ist dies z.B. der Parameter $\underline{A}_{i1}$ im Ansatz (5.4.3) für den $HE_{11}^x$-Modus, $\underline{B}_{j1}$ für den $HE_{11}^y$-Modus. Der Grund dafür liegt darin, daß bei der (analytischen) Lösung der $HE_{11}$-Wellen des runden dielektrischen Wellenleiters nur die Zylinderfunktionen erster Ordnung und damit die Parameter mit dem Index $k = 1$ auftreten.) Diesem Parameter wird der Wert eins zugewiesen und die zugehörige $k$-te Kolonne der Matrix $M$ auf die rechte Seite von (5.4.1) gebracht. Das so erhaltene *inhomogene* Gleichungssystem wird aufgelöst, die restlichen Parameter bestimmt. Soll die, vom Wellentyp im Zeitmittel transportierte Leistung normiert werden, so errechnet man zunächst mit den gegebenen Parametern die mittlere Leistung $\underline{S}^0$ und dividiert anschließend alle Parameter durch $\sqrt{\underline{S}^0}$. (N.B. Die Leistung ist proportional zum Quadrat der Feldstärken.) Dazu ist allerdings wieder eine numerische Integration über die Querschnittsebene notwendig, die glücklicherweise meist sehr 'schlampig' durchgeführt werden kann. Weiß man, daß der gesuchte Wellentyp in einer bestimmten Gegend des Wellenleiters eine hohe Intensität aufweist (Beim $HE_{11}$-Modus ist dies beim Schwerpunkt des Wellenleiters der Fall.), so genügt es meist, $\underline{S}$ in einem einzigen Punkt zu normieren, so daß die numerische Integration entfällt. Das Gesagte gilt sinngemäß auch für die Berechnung von Resonatoren, bei denen man meist die Gesamtenergie bzw. eben die Energiedichte in einem speziellen Punkt zu eins normiert. Auch für die Normierung mit andern Größen (z.B. Spannungen und Ströme, gemäß (5.4.11,12)) gilt ähnliches.

Bei der Festlegung der Amplitude kann also (fast immer) die numerisch aufwendige Integration über die Feldgebiete vermieden werden. Dies ist selbstverständlich auch bei der Bestimmung der Eigenwerte erstrebenswert. Dazu sind verschiedene Vorgehensweisen denkbar. So kann man beispielsweise versuchen, die Integrationen auf ähnliche Weise, wie dies bei den Sätzen von Gauß und Stokes geschieht, durch Randintegrale zu ersetzen. Weit einfacher ist es jedoch - ähnlich wie bei der PM-Technik - aus dem Gleichungssystem (5.4.1) direkt eine Bestimmungsgleichung für den Eigenwert zu finden. Folgende Überlegungen helfen sofort weiter: Das überbestimmte Gleichungssystem (5.4.1) kann nicht exakt aufgelöst weden, sondern nur 'so gut wie möglich'. Dabei gilt im Prinzip dasselbe, was schon bei der 'Fehlermethode' ausgeführt wurde: Es ist ein Fehler zu definieren und zu minimieren. Man schreibt etwa anstelle von (5.4.1)

$$M \cdot P = E \,, \tag{5.4.2.3}$$

wobei $E$ ein Fehlehrvektor mit den Elementen $e_i$ ist. Der Parametervektor $P$ wird nun so berechnet, daß $E$ 'möglichst klein' wird. Besonders beliebt ist wiederum die Methode der kleinsten Fehlerquadrate, bei der die Summe

$$\Sigma = E^T \cdot E = \sum e_i^2 \tag{5.4.2.4}$$

minimiert wird. Selbstverständlich ist $\Sigma$ von der Fortpflanzungskonstanten $\underline{\gamma}$ (bzw. der Resonanzfrequenz $\omega$) abhängig, so daß $\Sigma(\underline{\gamma})$ an die Stelle von (5.4.2) oder an die Stelle von $I(\underline{\gamma})$ treten kann. Der Fehler läßt sich bei überbestimmten Gleichungssystemen normalerweise nicht zum Verschwinden bringen. $\Sigma$ ist also immer positiv. Man hat deshalb $\underline{\gamma}$ so zu bestimmen, daß

$$\Sigma(\underline{\gamma}) = \text{minimal} \tag{5.4.2.5}$$

wird. Das numerische Auffinden von Minima einer Funktion ist bekanntlich schwieriger als die Berechnung von Nullstellen. Praktisch hat sich dieses Vorgehen aber bisher gut bewährt, wie die Beispiele im Kapitel 6 und auch die folgenden Rechnungen am Beispiel des rechteckigen dielektrischen Drahtes zeigen.

Verwendet man dieselbe 'äquidistante' Verteilung der 'Matching'-Punkte und *reduziert* die Anzahl Parameter auf die Hälfte, so findet man (mit etwa um den Faktor vier verringertem Aufwand!) bereits wesentlich bessere Resultate als bisher (Figur 5.4.2.1). Dies ist sehr erstaunlich, scheint es doch so, als seien die nun weggelassenen höheren Ordnungen im Ansatz (5.4.3-6) kontraproduktiv. Tatsächlich liegt die Ursache aber bei der schlechten Bestimmung der Parameter durch die PM-Technik.

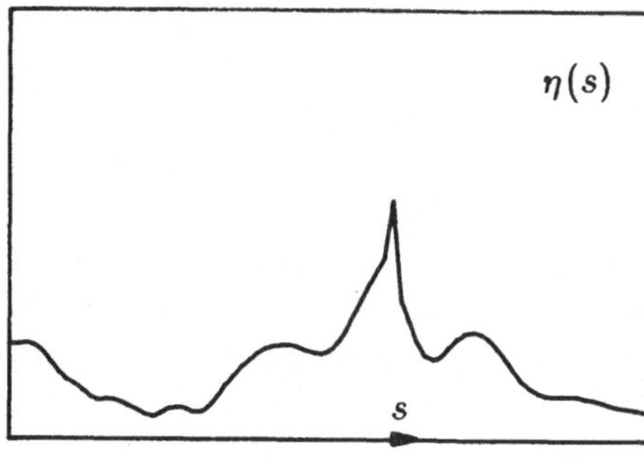


Figur 5.4.2.1

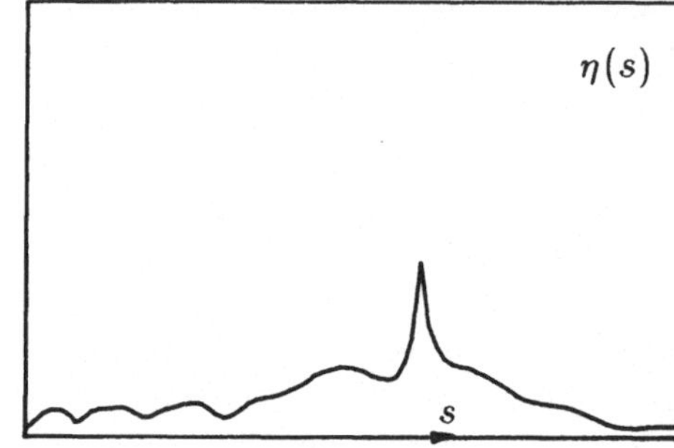


Figur 5.4.2.2

Figur 5.4.2.1 zeigt zwar die Fehlerfunktion $\eta$, für die Berechnung wurden jedoch - wie bei der PM-Technik - nur die vier Stetigkeitsbedingungen für die Tangentialkomponenten berücksichtigt, d.h. $\eta_t$ minimiert. Erfüllt man auch die beiden Stetigkeitsbedingungen für die Normalkomponenten, so ergibt sich eine Fehlerverteilung $\eta$ auf $\partial G_{ij}$ gemäß Figur 5.4.2.2. Diese Verbesserung wurde allerdings mit einer Erhöhung des Rechenaufwandes (gegenüber Figur 5.4.2.1) um fast die Hälfte erkauft. Erhöht man stattdessen die Anzahl der 'Matching'-Punkte und notiert wieder nur je vier Stetigkeitsbedingungen, so findet man – mit nochmals leicht erhöhtem Rechenaufwand - Figur 5.4.2.3. Der Verleich der Figuren 5.4.2.2 und 5.4.2.3 ergibt, daß es sinnvoll aber nicht unbedingt notwendig ist, jeweils alle sechs Grenzbedingungen zu erfüllen.

Bei allen bisherigen Berechnungen wurde nur der numerische Teil der PM-Technik verbessert, d.h. durch das oben beschriebene Verfahren mit überbestimmten Gleichungssystemen ersetzt. Der verwendete Ansatz (5.4.3-6) besteht aus einer Multipolentwicklung für das Äußere, jedoch nicht für das Innere des Wellenleiters. Verwendet man für das Innere stattdessen einen einfachen MMP-Ansatz der Form (5.4.1.14,15) mit vier Multipolen in den Punkten $O_1, O_2, O_3, O_4$, welche in Figur 5.4.2.5 skizziert sind, so ergibt sich eine Fehlerverteilung gemäß Figur 5.4.2.4, welche sich von Figur 5.4.2.2 kaum unterscheidet. Dabei wurde jedem Multipol $O_\ell$ eine Seite des Rechtecks zugeordnet. Alle zugehörigen Sehwinkel $\phi_\ell$ sind gleich $\pi/2$, das Verhältnis $d_{\ell_{max}}/d_{\ell_{min}} = \sqrt{2}$. Verschiebt man die Multipole auf der $x$- und $y$-Achse nur geringfügig, so bleiben die Resultate nahezu gleich, bei größeren Verschiebungen werden sie hingegen deutlich schlechter. Läßt man im MMP-Ansatz jede zweite Ordnung aus und erhöht gleichzeitig die höchste Ordnung um den Faktor 2, so daß der Rechenaufwand etwa konstant bleibt, so wird die Fehlerfunktion nur unwesentlich verändert. Es ist also möglich, durch *verschiedene*, 'reine' MMP-Ansätze ebenso gute Resultate zu erzielen, wie mit dem Ansatz (5.4.3-6), welcher übrigens – im Sinne einer Approximationsbasis – vollständig ist [V1].

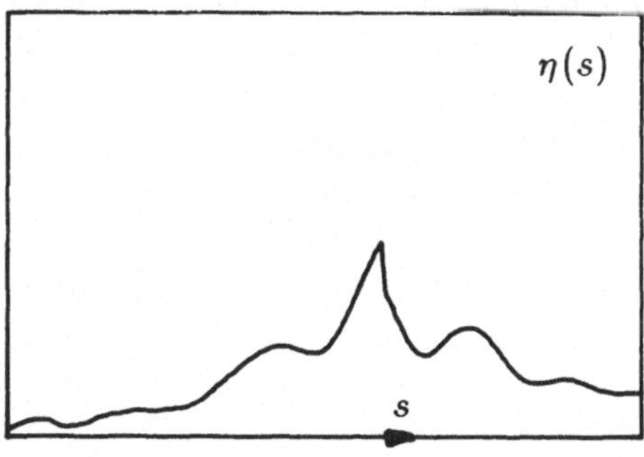


Figur 5.4.2.3

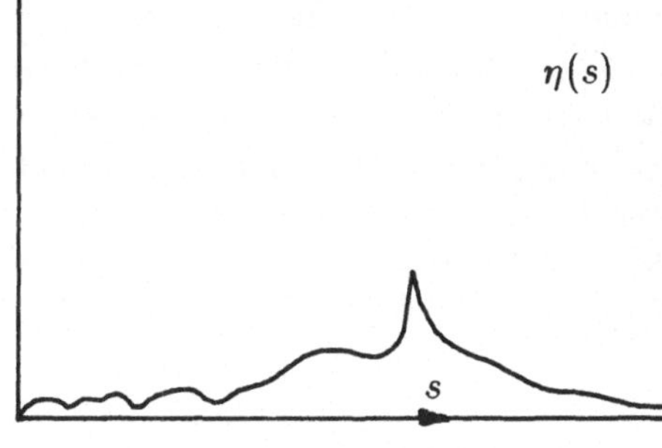


Figur 5.4.2.4

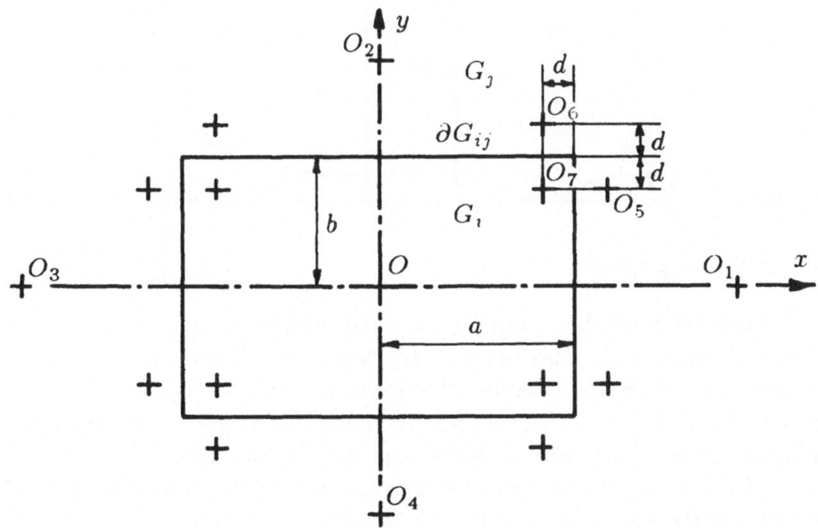


Figur 5.4.2.5

Die MMP-Methode erlaubt es nun, durch einen geeigneten MMP-Ansatz der Form (5.4.1.14-17) die Fehlerfunktion $\eta$ – dank den 'lokalen' Eigenschaften der

Multipole – 'lokal' zu beeinflussen. Will man $\eta$ in einer bestimmten Gegend, z.B. in der Nähe der Ecke des Rechtecks verringern, so bringt man Multipole in dieser Gegend an. Im vorliegenden Beispiel kann man etwa zwei Pole $O_5, O_6$ bei der Ecke des Rechtecks im ersten Quadranten zur 'Unterstützung' des MMP-Ansatzes für daß Innere $G_i$, einen Pol $O_7$ (Siehe Figur 5.4.2.5.) zur 'Unterstützung' des MMP-Ansatzes für $G_j$ und dazu symmetrische Pole bei den übrigen Ecken benützen, was einen MMP-Ansatz mit fünf Multipolen für $G_j$ und einen solchen mit zwölf Multipolen für $G_i$ ergibt. Berücksichtigt man die beiden Symmetrieachsen [H2], so braucht man allerdings nur die insgesamt sechs Pole $O_0, O_1, O_2, O_5, O_6, O_7$ explizite zu notieren. Durch eine geeignete Wahl der zusätzlichen Multipole kann tatsächlich $\eta$ nochmals – bei etwa gleichbleibendem Rechenaufwand! – reduziert werden. (Figur 5.4.2.6 zeigt $\eta$ für den Abstand $d = 0.1 * b$ der Pole $O_5, O_6, \ldots$ vom Rand $\partial G_{ij}$.) Dabei ist eine gewisse Vorsicht geboten: Werden die zusätzlichen Pole zu stark von der Ecke weg plaziert, so ergeben sich numerische Abhängigkeiten zwischen verschiedenen Entwicklungsfunktionen, weil dann die Regel 5.) von Unterabschnitt 5.4.1 verletzt ist, d.h. die Abstände zwischen benachbarten Multipolen zu klein werden. Damit ergeben sich sofort schlechtere Resultate, wie Figur 5.4.2.7 (mit $d = 0.3 * b$) zeigt.

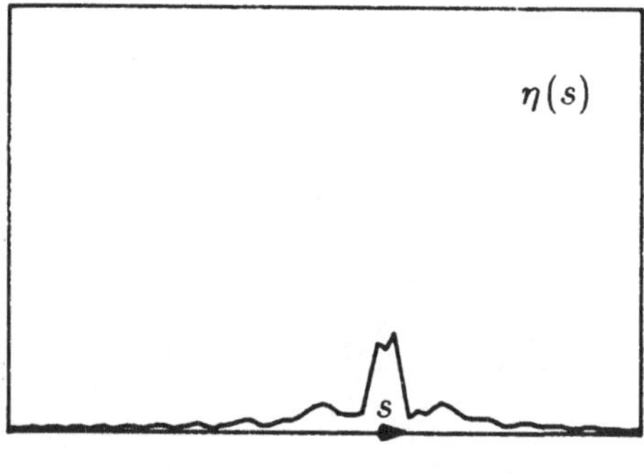


Figur 5.4.2.6

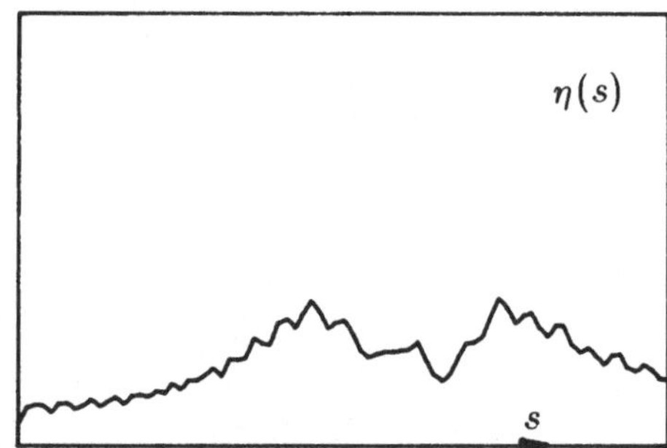


Figur 5.4.2.7

Tatsächlich ist auch bei Figur 5.4.2.6 der Fehler in der Nähe der Ecke des Rechtecks noch maximal. Dies liegt in der Natur der Sache, ist doch die genaue Form des Randes durch die 'Matching'-Punkte niemals festgelegt. Mit der MMP-Methode ist es möglich, die Dichte der 'Matching'-Punkte in der Nähe der Ecke nach Belieben zu erhöhen und weitere, zusätzliche Multipole zu verwenden, so daß $\eta$ nach Wunsch verkleinert werden kann. Wie die Feldbilder zeigen, erübrigt sich dies, da die Rechengenauigkeit auch in den Ecken schon genügend hoch ist. (In Figur 5.4.2.8 sind – wie schon in Figur 5.4.2b – einige elektrische, in Figur 5.4.2.9 die zugehörigen magnetischen Feldlinien der $HE_{11}^{y}$-Welle im Innern des Wellenleiters gezeichnet.)

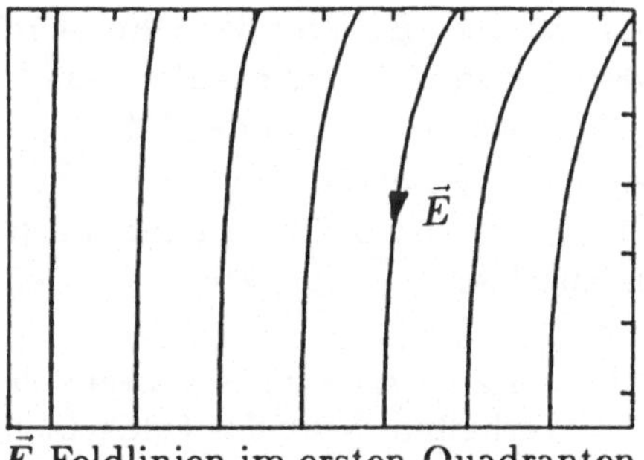


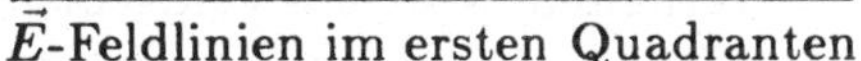
$\vec{E}$-Feldlinien im ersten Quadranten

Figur 5.4.2.8

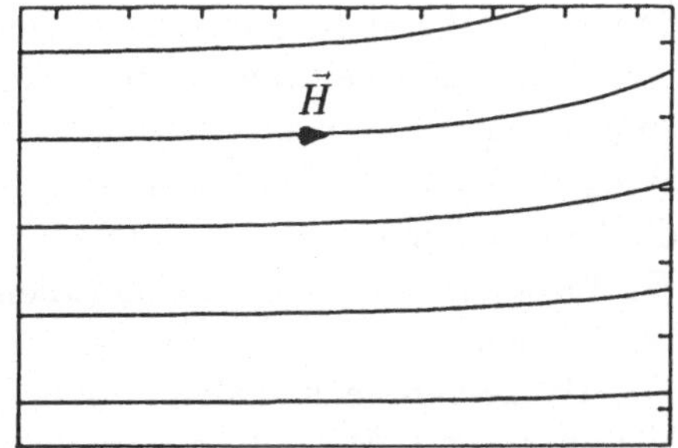


$\vec{H}$-Feldlinien im ersten Quadranten

Figur 5.4.2.9

Im Unterabschnitt 5.4.1 wurde auf die Problematik des Überganges $\omega \to 0$ zu statischen Feldberechnungen hingewiesen, welche insbesondere in der Leitungstheorie wichtig sind. Betrachtet man zunächst den Fall der Elektrostatik, mit dem skalaren elektrischen Potential $\phi^e$ als primäre Feldgröße, so ergeben sich offenbar Probleme bei der Gewichtung der verschiedenen Grenzbedingungen, wird doch auf der Grenze $\partial G_{ij}$ zweier Dielektrika üblicherweise gefordert, daß das Potential, die Tangentialkomponente von $\vec{E}$ und die Normalkomponente von $\vec{D}$ stetig verlaufen. Wie oben gezeigt, können die Dimensionen von $\vec{E}$ und $\vec{D}$ mit Hilfe der Energiedichte 'in Einklang' gebracht werden. Beim Potential ist dies nicht mehr der Fall. Dabei ist folgendes zu beachten: Die Stetigkeit des Potentials in allen Grenzpunkten ist gewährleistet, wenn das Potential in einem einzigen Grenzpunkt $P_N$ und die Tangentialkomponenten von $\vec{E}$ überall auf $\partial G_{ij}$ stetig sind. Da das Potential nur bis auf eine Normierungskonstante festgelegt ist und an sich in jedem Feldgebiet unterschiedlich normiert werden kann, so muß $\phi^e$ nur bis auf eine Konstante stetig sein. Man kann die Stetigkeitsforderung im Punkt $P_N$ deshalb fallen lassen oder durch geeignete Normierung in $P_N$ erreichen.

Auf Elektrodenoberfächen $\partial G_{0i}$ ist bekanntlich $\phi^e$ konstant. Fordert man hier nur, daß die Tangentialkomponenten von $\vec{E}$ – und damit die Ableitungen von $\phi^e$ tangential zum Rand $\partial G_{0i}$ – verschwinden, so können die Äquipotentiallinien bzw. -flächen den Rand schneiden, was sehr unbefriedigend aussieht. Dem kann entgegengewirkt werden, indem entweder $\phi^e$ in einzelnen (meist wenigen) Randpunkten fixiert wird oder indem die Randbedingung für $\phi^e$ in diesen Randpunkten notiert und mit einem hohen Gewicht versehen wird. Dasselbe kann natürlich auch auf Grenzen zwischen Dielektrika und in der Magnetostatik sinnvoll sein.

Eine ähnliche Problematik ergibt sich bei tiefen Frequenzen auf Leitungen, d.h. Materialien mit hoher Leitfähigkeit. Hier wird insbesondere die Longitudinalkomponente $\underline{E}_z$ der elektrischen Feldstärke klein, so daß die zugehörigen Grenzbedingungen kaum mehr ins Gewicht fallen. $\underline{E}_z$ wird damit sehr ungenau bestimmt, was auf den ersten Blick nicht tragisch zu sein scheint, da ja die

Transversalkomponenten von $\vec{E}$ dominieren. Nun ist aber $\underline{E}_z$ über das Ohm'sche Gesetz mit den Leitungsströmen verbunden, welche eben nicht unbedeutend sind, so daß eine präzise Berechnung von $\underline{E}_z$ nötig ist. Dazu kann man das 'Mismatching' von $\vec{j}$ in die Fehlerfunktion $\eta$ aufnehmen, wobei zu beachten ist, daß $j^2/\sigma$ die Dimension einer Energiedichte aufweist. Wie das Potential läßt sich aber auch $\underline{E}_z$ durch erhöhte Gewichtung (allenfalls nur in einzelnen Grenzpunkten) genauer bestimmen.

Bei zweidimensionalen Problemen hat der Monopol $\ln(r_\ell)$ – im Gegensatz zu allen übrigen MMP-Entwicklungen – kein 'lokales' Verhalten, wenn das Feldgebiet Punkte mit $r_\ell > 1$ enthält, da der Logarithmus für $r_\ell > 1$ monoton wächst. Man erinnert sich an dieser Stelle daran, daß statische Feldberechnungen nur dann gültig sind, wenn die Abmessungen des Feldgebietes viel kleiner als die Wellenlänge $\lambda$ sind. Da bei statischen Aufgabenstellungen die Wellenlänge gar nicht explizite auftritt, ist es schwierig, das Problem klar zu erkennen: Sinnvoll wäre die Verwendung maßsystemunabhängiger Koordinaten mit $r_\ell^* = r_\ell/\lambda$. Mit $r_\ell < \lambda$ hat dann auch der Monopol $\ln(r_\ell^*)$ 'lokales' Verhalten. Auch ohne Angabe der Wellenlänge kann man in der Statik die Maße entsprechend mit der maximalen Abmessung $D$ des Feldgebietes skalieren.

Interessant ist, daß bei tiefen Frequenzen – mit statischen Rechnungen – Feldverteilungen und daraus Kapazitäten, Induktivitäten auf Leitungen berechnet werden, aus denen sich die Fortpflanzungskonstante $\underline{\gamma}$ erst im nachhinein bestimmen läßt. Im bisher geschilderten Vorgehen zur Lösung von Eigenwertproblemen ist dies umgekehrt: Dort muß *zuerst* $\underline{\gamma}$ angegeben werden, da ja die Feldgleichungen (insbesondere die Helmholtz-Gleichungen) und damit die Feldfunktionen von $\underline{\gamma}$ abhängig sind. Aus den MMP-Berechnungen von Leitungen bei tiefen Frequenzen ergibt sich merkwürdigerweise, daß die gesuchten Minima von $\Sigma$ (5.4.2.5) mit $\omega \to 0$ immer weniger ausgeprägt und betragsmäßig kleiner werden. Bei tiefen Frequenzen ist $\Sigma(\underline{\gamma})$ also nahezu konstant und klein. Eine genaue Bestimmung von $\underline{\gamma}$ durch Minimierung von $\Sigma$ ist deshalb aussichtslos. Gleichzeitig kann aber – wie mit statischen Programmen – die Feldverteilung mit einem halbwegs plausiblen Wert für $\underline{\gamma}$ berechnet werden. Daraus läßt sich dann $\underline{\gamma}$ – über die Leitungsbeläge oder durch Auswertung von Integralen gemäß Unterabschnitt 3.2.6 etc. – angeben. Ein iteratives Verfahren erübrigt sich.

### 5.4.3 Erweiterungsmöglichkeiten

Im praktischen Umgang mit MMP-Programmen stößt man oft auf Probleme, die eine Erweiterung der bisherigen Technik nahelegen. Eine solche Erweiterung beinhaltet stets Ideen, welche bei andern Feldberechnungsmethoden ebenfalls anzutreffen sind und kann deshalb als Kombination mit andern Verfahren verstanden werden. Einige davon sollen hier skizziert werden.

Der MMP-Ansatz ist an sich so flexibel, daß damit Feldfunktionen in Gebieten mit beliebiger Geometrie approximiert werden können. Bei komplizierten Geometrien und speziell bei 'dünnen' Elektroden, wo die Multipole innerhalb eines schmalen Gebietes (in den Elektroden) zu plazieren sind, können Schwierigkeiten beim Auffinden eines geeigneten MMP-Ansatzes auftreten. In solchen Fällen hilft die *Methode der fiktiven Gebietsunterteilung* weiter. Dabei wird ein Feldgebiet $G_i$ in zwei oder mehrere Feldgebiete $G_{ik}$ mit einfacherer Geometrie unterteilt. (Man vergleiche dazu z.B. Beispiel 4 in Kapitel 6.) Da damit zusätzliche Gebietsgrenzen geschaffen werden, ergibt sich scheinbar ein erhöhter Rechenaufwand. Dieser kann aber durch eine bessere Konvergenz wettgemacht werden. Zudem ist zu beachten, daß dadurch zwar größere, aber gleichzeitig weniger dicht besetzte, besser konditionierte Matrizen erzeugt werden, welche erhebliche Vorteile mit sich bringen können. Die Methode der fiktiven Gebietsunterteilung kann als Schritt in Richtung FE aufgefaßt werden.

Weil die Wahl der Grenze zwischen zwei fiktiven Gebieten $G_{ik}$ willkürlich ist, liegt die Idee der *überlappenden Regionen* nahe, bei der sich die $G_{ik}$ in einer Grenzregion überlappen. Man notiert dann die verschiedenen Stetigkeitsbedingungen nicht auf einer Grenze sondern in einem ganzen Gebiet, eben der Grenzregion. Im Zusammenhang mit der Methode der Kollokation und der MMP-Methode hat sich dieses Vorgehen nicht besonders bewährt, ist aber auch nicht sehr ausführlich untersucht worden.

Es wurde bereits darauf hingewiesen, daß ein MMP-Ansatz durch weitere, 'artfremde' Funktionen unterstützt werden kann. Von Bedeutung sind:

1.) Lösungen der Laplace- und Helmholtz-Gleichungen, welche sich durch Separation der Variablen in Kugel- bzw. Polarkoordinaten ergeben, jedoch keinen Pol im Ursprung des Koordinatensystems aufweisen (Siehe Unterabschnitt 3.3.2,3.). Diese wurden bereits im Unterabschnitt 5.4.2 verwendet.

2.) Lösungen der Laplace- und Helmholtz-Gleichungen in kartesischen Koordinaten (Siehe Unterabschnitt 3.3.1.), insbesondere ebene Wellen. Diese spielen bei Streufeldproblemen, in der SDA und der GTD eine große Rolle, womit auch eine Kombination der MMP-Methode mit diesen Verfahren möglich ist. Ein Beispiel für die Unterstützung des MMP-Ansatzes durch ebene Wellen ist in Kapitel 6 (Beispiel 4) zu finden.

3.) Lösungen der Laplace- und Helmholtz-Gleichungen in andern Koordinatensystemen (Unterabschnitt 3.3.4). Diese sind numerisch nicht leicht zu berechnen und kommen daher meist nicht in Frage. Eine Ausnahme ist in Beispiel 5, Kapitel 6 zu finden.

4.) Überlagerungen von Lösungen der Laplace- und Helmholtz-Gleichungen.

Diese werden beim Ersatzladungsverfahren oft verwendet: Durch analytische Auswertung der Coulombintegrale für einfachere, technisch interessante Ladungsverteilungen, wie (endlich lange) Linienladungen, Flächenladungen, Ringladungen etc. entstehen Lösungen, mit welchen sich viele praktische Ladungsverteilungen gut simulieren lassen. In der Elektrodynamik ist eine analytische Auswertung der entsprechenden Integrale (Unterabschnitt 3.2.4) meist unmöglich. Die numerische Integration wird relativ aufwendig, erfordert aber nur unwesentliche Modifikationen der MMP-Programme.

Selbstverständlich kann die MMP-Methode zur 'Vervollständigung' der SEM und der MMT beigezogen werden: In den Unterabschnitten 5.3.7,8 wurde darauf hingewiesen, daß bei diesen Methoden die 'Singularitäten' bzw. die Feldverteilungen der Wellentypen als bekannt vorausgesetzt werden. Die dazu nötigen Rechnungen lassen sich unter anderem mit MMP-Programmen durchführen.

Neben der Kombination der MMP-Methode mit modernen Verfahren, wie FE, SDA, GTD, SEM und MMT ist es aber oft auch sinnvoll, auf alte Techniken zurückzugreiffen. Ein Beispiel dafür ist das Spieglungsprinzip, das in Unterabschnitt 5.3.4 skizziert ist. Dieses ermöglicht in manchen Fällen eine Reduktion des Rechenaufwandes: Zunächst wird dabei zwar das Feldgebiet vergrößert, durch anschließende Berücksichtigung der Symmetrie [H2],[S2] jedoch wieder reduziert, wie im Beispiel 3 von Kapitel 6 zu sehen ist.

Bei der praktischen Anwendung beliebiger Feldberechnungsprogramme treten Routinen zur Unterstützung des Benützers immer mehr in den Vordergrund. Zu beachten sind hier die riesigen Datenmengen, welche verarbeitet werden. Diese erfordern übersichtliche Darstellungen, Hilfsroutinen zur Erkennung von Eingabe- und Rechenfehlern etc. Ein wichtiger Vorteil 'semi-analytischer' Verfahren liegt darin, daß nur auf den Gebietsgrenzen numerisch gearbeitet werden muß, was einen geringeren Aufwand bei der Diskretisierung, kleinere Mengen von Eingabedaten und eine einfachere Kontrolle der Resultate ermöglicht. Trotzdem schleichen sich auch hier – insbesondere bei dreidimensionalen Problemen – gerne Eingabefehler ein, die nicht leicht zu finden sind, wenn keine entsprechenden Eingabe- und Kontrollroutinen zur Verfügung stehen.

# 6 ANWENDUNGSBEISPIELE

In diesem Kapitel soll an einigen praxisnahen Beispielen das Vorgehen bei der Analyse feldtheoretischer Aufgaben mit Hilfe numerischer Programme demonstriert werden. Alle gezeigten Beispiele wurden mit demselben zweidimensionalen MMP-Programm berechnet, mit Ausnahme der 'optischen Linse', welche mit einem dreidimensionalen MMP-Programm von G. Klaus [K3] untersucht wurde. Da jede der folgenden Aufgabenstellungen eine Reihe unterschiedlichster Aspekte aufweist, welche durch eine Serie von Rechnungen abzuklären sind, ist eine ausführliche Schilderung unmöglich. Einzig das erste Beispiel wird etwas breiter behandelt.

Im Grunde genommen ist das Vorgehen immer wieder gleich: In einem ersten Schritt wird ein vereinfachtes Modell entwickelt, von dem man annimmt, daß es die wichtigsten, interessierenden Effekte aufweist. Dieses Modell wird diskretisiert. D.h. es wird ein Modell zugeordnet, das den vorhandenen Programmen angepaßt ist. Im Falle der MMP-Methode enthält dieses die Angabe der 'Matching'-Punkte $P_l$ (inklusive Tangentenrichtung in $P_l$, Abstand $d_l$ von $P_l$ zu seinen Nachbarn, in $P_l$ zu erfüllende Grenzbedingungen und allfällige Gewichte), die Angabe der Multipole $O_\ell$ (inklusive zu verwendende Ordnungen), allenfalls die Angabe zusätzlicher Entwicklungen (z.B. ebene Wellen) sowie die Angabe der Materialeigenschaften, allfälliger Symmetrien, der Frequenz und Steuergrößen.

Die Resultate sind stets einer kritischen Prüfung zu unterziehen, geschehen doch bei der Diskretisierung gerne Eingabefehler, die bei der Kontrolle der Eingabedaten leicht übersehen werden. Das diskretisierte Modell kann auch zu grob sein, so daß sich zu hohe Fehler ergeben. Die Abschätzung der gemachten Fehler ist übrigens sehr heikel und erfordert einige Erfahrung. Zur Abklärung der Fehler oder zur Verbesserung der Resultate sind oft weitere Rechnungen mit feinerer oder verbesserter Diskretisierung notwendig. Bei 'semi-analytischen' Verfahren wie der MMP-Methode genügt es meist, sich bei dieser Kontrolle auf die Gebietsgrenzen und deren unmittelbare Umgebung zu beschränken, was die Aufgabe wesentlich vereinfacht. Stößt man bei der Betrachtung von Feldbildern auf Ungereimtheiten oder gibt es kritische Stellen, die man sich genauer ansehen möchte, so kann man leicht Ausschnittvergrößerungen herstellen (Siehe Feldbilder 21,23.). Dazu müssen keine neuen Diskretisierungen vorgenommen und keine neuen Parameter bestimmt werden, so daß dieses 'Zooming' recht billig ist. Wegen der 'lokalen' Wirkung der Multipole ist eine Verbesserung der Resultate meist einfach: Die MMP-Entwicklungen und allenfalls die Verteilung der 'Matching'-Punkte müssen nur dort modifiziert werden, wo zu große Fehler auftreten.

Nach der 'numerischen' Kontrolle sind die Resultate physikalisch zu interpretieren und allenfalls weitere Feldgrößen und integrale Größen, wie Ströme, Spannungen, Kapazitäten etc. zu bestimmen, welche mit Messungen vergleichbar sind. Oft muß anschließend das physikalische Modell abgeändert und erneut diskretisiert, berechnet und kontrolliert werden. Das erste Beispiel verdeutlicht dieses Vorgehen: Dort wird untersucht, wie Störungen auf Netzkabel gelangen, welche Rolle der Kabelmantel dabei spielt und ob allenfalls durch einen halbleitenden Schirm eine Reduktion der Störempfindlichkeit erzielt werden kann. Dazu werden drei unterschiedliche physikalische Modelle verwendet, welche jeweils 'überdiskretisiert' werden. D.h. man verwendet sofort relativ viele 'Matching'-Punkte und relativ viele Parameter, so daß sich Resultate ergeben, die weit genauer sind als nötig. Daß die Rechenzeit ebenfalls viel größer wird als nötig, ist dadurch gerechtfertigt, daß man sich die aufwendige numerische Kontrolle und allfällige Neudiskretisierungen erspart und der Rechenaufwand für dieses Problem auch so noch gering ist.

## 6.1 GEFÜHRTE WELLEN UND STRAHLUNGSEINKOPPLUNG

In den letzten Jahren hat die Frage der Einkopplung von Störungen auf Netzkabel vermehrt an Aktualität gewonnen, ist es doch möglich, elektronische Geräte, welche an sich 'gut abgeschirmt' sind, über die angeschlossenen Kabel und insbesondere Netzkabel zu stören. Dabei stellt man sich folgenden 'Mechanismus' vor: Eine elektromagnetische Welle trifft auf ein Kabel und erzeugt in diesem Ströme, welche ins Gerät gelangen. Die Filterung dieser Ströme erweist sich als problematisch, da hauptsächlich ein Wellentyp angeregt wird, bei dem die Ströme in allen Leitern gleichsinnig fließen und die Rückleitung über Verschiebungsströme oder allenfalls die Erde erfolgt.

Bei der Analyse derartiger Probleme geht man meist schrittweise vor: Man wählt zunächst ein besonders einfaches Modell und verfeinert dieses nach Bedarf. Im vorliegenden Fall ist es sinnvoll, zunächst eine symmetrische Anordnung mit zwei ideal leitenden, kreiszylindrischen Drähten zu betrachten. Das zugehörige Feldproblem weist ein Feldgebiet $G_0$, das Innere der beiden Drähte und ein Feldgebiet $G_1$, das Äußere der Drähte auf. $G_0$ ist feldfrei. Es muß damit ein MMP-Ansatz für $G_1$ gemacht werden. Wegen der besonderen geometrischen Einfachheit der Anordnung ist je ein Multipol im Mittelpunkt jedes Drahtes völlig ausreichend. Will man bei tiefen Frequenzen 'quasi-statische' Berechnungen durchführen, so kann man nach Belieben $\underline{E}_z = 0$ oder $\underline{H}_z = 0$ setzen, was den Ansatz vereinfacht. (Siehe auch Unterabschnitt 5.4.2.) Eine weitere Vereinfachung ergibt die Berücksichtigung d metrie [H2],[S2], welche auch eine Trennung der auftretenden Wellentypen ermöglicht. Diese Trennung ist nicht unbedeutend, sind doch bei tiefen Frequenzen die Minima der Funktion $\Sigma$ zur Bestimmung der Fortpflanzungskonstanten $\underline{\gamma}$ sehr flach, so daß irgend ein plausibler Wert von $\underline{\gamma}$ vorausgesetzt wird (Unterabschnitt 5.4.2). Die nachfolgende Feldberechnung ergibt dann - ohne Symmetrieberücksichtigung - ein Gemisch der Feldbilder der verschiedenen Wellen, was nicht besonders angenehm ist. Berücksichtigt man die Symmetrie, so ist dies nicht mehr der Fall, haben doch die beiden Wellen der Doppeldrahtleitung eine unterschiedliche Symmetrie der Feldverteilungen, welche in de,2 dargestellt sind. Neben der Leitungswelle, bei der die Ströme in den beiden Drähten gegensinnig fließen und die zur Übertragung von Information und Energie ausgenützt wird, existiert eine zweite Welle, bei der die Ströme in beiden Drähten gleichsinnig fließen. Diese wird hier mit 'Gleichtakt' bezeichnet. Im Grunde genommen existieren zwei verschiedene Möglichkeiten für 'Gleichtakt'-Wellen: Entweder geschieht die Rückleitung der Ströme über die 'Erde', die weit von den Drähten entfernt ist oder über Verschiebungsströme. Im ersten Fall kann mit einem TEM-Modell statisch gerechnet und die Leitungstheorie angewendet werden. Der zweite Fall erfordert jedoch eine dynamische Rechnung, die mit der MMP-Methode problemlos durchgeführt werden kann. Die Feldbilder werden für beide Fälle in der Nähe der Drähte bei tiefen Frequenzen praktisch deckungsgleich, was die statische Rechnung nachträglich rechtfertigt.

Beim Aufstellen des Gleichungssystems ist das in Unterabschnitt 5.4.2 über den Grenzübergang $\omega \to 0$ Gesagte zu beachten. Die Grenzbedingungen für $\underline{E}_z$

müssen in einigen wenigen Punkten der Grenzen mit starkem Gewicht notiert werden. Andernfalls ergeben sich viel zu hohe Werte von $\underline{E}_z$ und viel zu tiefe Werte für die Transversalkomponenten und zwar hauptsächlich bei der Berechnung der Anregung der Gleichtaktwellen durch einfallende Strahlung.

Vorallem aus den Feldbildern 3a,b wird deutlich, daß die Gleichtaktwelle viel stärker 'nach außen' gerichtet ist, als die Leitungswelle. Dies läßt vermuten, daß sie störempfindlicher ist. Um die Anregung dieser beiden Wellentypen zu untersuchen, läßt man - wieder besonders einfach - eine ebene Welle auf die Doppeldrahtleitung einfallen und berechnet die zugehörigen Feldbilder. Nun sind schon so viele verschiedene Variable (neben der Frequenz auch die Amplitude, die Polarisationsrichtung und die Einfallsrichtung der ebenen Welle) beteiligt, daß man sich auf einige spezielle Werte beschränken muß. Man kann beispielsweise die Frequenz variieren und die übrigen Größen festhalten. Häufig wird der spezielle, 'vertikale' Einfall betrachtet, bei dem die ebene Welle senkrecht auf die Drähte trifft, der Wellenvektor $\vec{k}$ also keine Longitudinalkomponente aufweist. Genau bei diesem Spezialfall wird aber keine Energie in Richtung der Drähte, d.h. der $z$-Achse transportiert, so daß ein wesentlicher Aspekt der Strahlungseinkopplung unterdrückt wird. Variiert man den Einfallswinkel, d.h. den Winkel von $\vec{k}$ zur $z$-Achse, so ergibt sich eine deutliche Abhängigkeit der angeregten Leitungsströme. Diese werden umso stärker, je flacher der Einfall ist. Daneben ergibt sich auch eine Abhängigkeit von der Einfallsrichtung in der Transversalebene und eine Abhängigkeit von der Polarisationsrichtung. Ist die einfallende Welle so polarisiert, daß $\underline{H}_z$ verschwindet, so wird die Gleichtaktwelle sehr stark angeregt. Das errechnete Feldbild ist dann in der Umgebung der Drähte nahezu identisch mit dem Feldbild der Gleichtaktwelle und wird deshalb nicht extra wiedergegeben. Ist andererseits $\underline{E}_z = 0$, so wird das Feld der einfallenden Welle nur in der unmittelbaren Nähe der Drähte gestört (Bild 4,5) und die Gesamtströme werden - nahezu unabhängig von der Einfallsrichtung - sehr klein, wenn die Wellenlänge viel größer als der Drahtabstand ist.

Als nächstes fragt man nach dem Einfluß eines isolierenden Mantels, der bei Kabeln praktisch immer vorhanden ist und eine relative Dielektrizitätskonstante aufweist, welche größer als eins ist. Das zugehörige Modell weist neben dem feldfreien Gebiet $G_0$ zwei Feldgebiete $G_1$, das Äußere und $G_2$, das Innere des Kabelmantels auf. Der MMP-Ansatz für $G_1$ kann gleich gewählt werden wie bei der nicht isolierten Leitung. Für $G_2$ werden ebenfalls zwei Multipole auf den Drahtachsen angesetzt. Ihnen wird die Grenze $\partial G_{02}$ zugeordnet. Es sind nun noch Multipole in der Nähe der Grenze $\partial G_{12}$, außerhalb $G_2$ (in $G_1$) anzusetzen. Für die vorliegenden Rechnungen wurden zwei Pole auf der $y$-Achse angesetzt, welche in den Feldbildern undeutlich zu erkennen sind und auf dem flachen Teil von $\partial G_{12}$ wirken. Zur Unterstützung dieses MMP-Ansatzes kam eine Entwicklung vom Typ (5.4.5,6) zur Anwendung. Diese beeinflußt hauptsächlich die Grenzbedingungen im gekrümmten Teil von $\partial G_{12}$. Da anschließend ein Kabel mit doppelter Isolation untersucht werden soll, welches aus den Feldgebieten $G_0$ (Drähte), $G_1$ (Äußeres), $G_2$ (äußere Isolation bzw. Schirm) und $G_3$ (innere Isolation) zusammengesetzt ist und welches mit dem hier vorliegenden einfacheren Kabel zusammenfällt, wenn $G_2$ und $G_3$ dieselben Materialeigenschaften aufweisen, wurde nur das kompliziertere Kabel (Figur 6.1.1) diskretisiert. Bei den Berechnungen der Feldbilder 6-11 des einfachen Kabels ist also eine 'fiktive' Grenze (Siehe Unterabschnitt 5.4.3.) $\partial G_{23}$ vorhanden, welche allerdings keinerlei numerische Vereinfachung mit sich bringt und lediglich die Zeit reduziert, welche der Anwender bei der Diskretisierung aufwenden muß. (Selbstverständlich wäre es auch möglich, den noch einfacheren Fall der nicht isolierten Doppeldrahtleitung mit diesem Modell und zwei 'fiktiven' Grenzen $\partial G_{12}$, $\partial G_{23}$ zu behandeln.) Für die beiden Feldgebiete $G_2$ und $G_3$ können zwei ähnliche MMP-Ansätze gemacht werden, wie der oben beschriebene Ansatz für $G_2$. Die Interpretation der so erzielten Resultate (Feldbilder 6-11) sei dem Leser überlassen. Hervorzuheben ist folgendes: Beim Einfall der ebenen Welle mit $\underline{E}_z = 0$ von oben wird hier die Leitungswelle ungleich stärker angeregt, als bei der nicht isolierten Leitung. Dies kann so erklärt werden, daß die einfallende Welle beim Durchgang durch den Kabelmantel (zu dessen Oberfläche sie schräg einfällt) Longitudinalkomponenten des $\vec{E}$-Feldes erhält, welche ihrerseits die Leitungswelle anregen. Der Kabelmantel verstärkt also die Störempfindlichkeit der Leitungswelle, wesentlich. N.B. Gleichzeitig wird die Störempfindlichkeit des Gleichtaktmodus etwas reduziert.

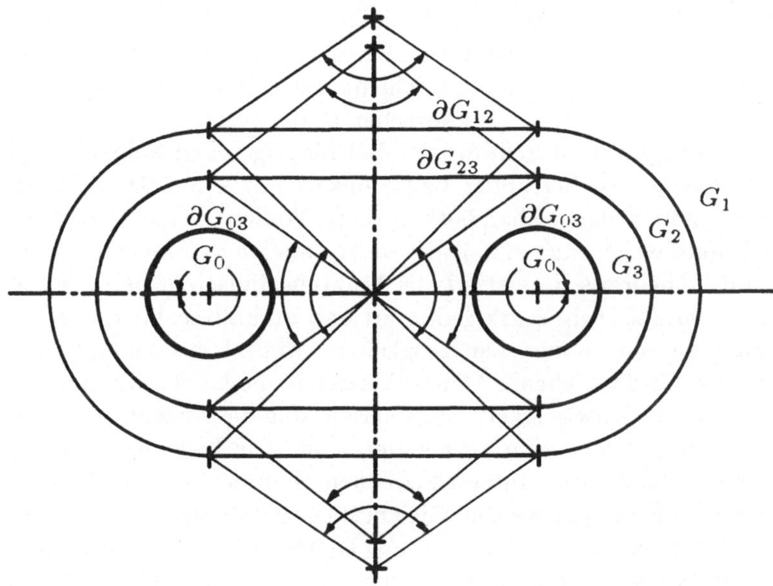


Figur 6.1.1

Bekanntlich wird zur Abschirmung von Störungen meist ein metallisches Geflecht um den Kabelmantel verwendet. Derartige Geflechte sind recht teuer. Man kann sich nun fragen, ob diese nicht durch einen 'halbleitenden' Kunststoff ersetzt werden können. Dazu ist das bereits genannte Modell mit den Feldgebieten $G_0, G_1, G_2, G_3$ hilfreich. Für die vorliegenden Rechnungen wurde ein hoher Verlustwinkel tg$\delta$ = 1000 des Schirms angesetzt. Der Schirm ist also ein sehr schlechter Isolator. Andererseits ist die entsprechende Leitfähigkeit bei $f = 1\text{MHz}$ viel kleiner als diejenige von Kupfer und die Skintiefe viel größer als die Schirmdicke. Aus den Feldbildern 12-14 ist ersichtlich, daß das elektrische Feld im Innern des Schirms sehr klein wird. Außerhalb des Schirms wird das elektrische Feld offenbar nur im Falle der Leitungswelle durch den Schim reduziert. Beim magnetischen Feld ergeben sich keine nennenswerten Veränderungen. Daraus läßt sich vermuten, daß hauptsächlich die Störempfindlichkeit der Leitungswelle reduziert wird, was auch die entsprechenden Rechnungen bestätigen. Vergleicht man insbesondere die Feldbilder 10a und 16a, so sieht man sofort, daß das Umlaufintegral von $\vec{H}$ um einen Leiter und damit der Gesamtstrom im Leiter für das Kabel ohne Schirm viel größer wird als für das Kabel mit Schirm. Dasselbe ergibt die Betrachtung des Poyntingvektors, d.h. der Bilder 11a und 17a: Im ersten Fall wird ein gewisser Teil der Energie in der Nähe der Leiter in $z$-Richtung transportiert, im zweiten Fall wird hingegen die Energie fast vollständig um den Schirm herumgeführt. Der halbleitende Schirm macht offenbar die Wirkung des Kabelmantels in Bezug auf die Ankopplung der Leitungswelle wieder rückgängig und ist für die Gleichtaktwellen praktisch wirkungslos: Um die Anregung dieser Wellen zu verhindern, müßte die Skintiefe im Schirm viel kleiner sein als die Schirmdicke, was bei der betrachteten Frequenz von 1MHz nur für Metalle der Fall ist. Daneben ist zu beachten, daß die geführten Wellen durch die Verluste im Schirm gedämpft werden, was nicht wünschenswert ist. Interessant ist, daß mit zunehmender Leitfähigkeit $\sigma_S$ des Schirms die Dämpfungskonstante zunächst zu- und dann wieder abnimmt. (Entsprechende Rechnungen lassen sich ebenfalls mit dem MMP-Programm durchführen.) Bei niedriger Leitfähigkeit $\sigma_S$ hat man es mit einem Zweileiter-, bei hoher Leitfähigkeit mit einem Dreileitersystem zu tun, auf dem – neben den bisher betrachteten Wellen – eine weitere Welle, die sogenannte 'Mantelwelle' existiert. Diese weist dieselbe Symmetrie wie der Gleichtaktmodus auf. Theoretisch existiert die Mantelwelle schon bei beliebig kleinen Werten von $\sigma_S$, ist aber sehr stark gedämpft und deshalb technisch uninteressant. Beim Übergang zu einer hohen Leitfähigkeit $\sigma_S$ nimmt ihre Dämpfung monoton ab und erreicht schließlich ebenso kleine Werte wie die beiden übrigen Wellen. Es wurde bereits auf die Schwierigkeit hingewiesen, daß die verschiedenen Wellen bei der Feldberechnung voneinander zu trennen sind. Die Leitungs- und die Gleichtaktwelle können dank ihrer unterschiedlichen Symmetrie recht bequem unterschieden werden. Hingegen weisen Gleichtakt- und Mantelwelle dieselbe Symmetrie auf. Sie lassen sich ebenfalls unterscheiden, wenn man beachtet, daß die Feldenergie der Mantelwelle außerhalb des Schirms viel größer ist als innerhalb und bei der Gleichtaktwelle das Umgekehrte gilt.

## 6.2 STRAHLUNGSEINKOPPLUNG AUF SCHIENE

Im Zusammenhang mit NEMP-Störungen werden Pulse mit Spektren bis zu sehr hohen Frequenzen untersucht. Zur Abklärung der auf verschiedene Leitersysteme (z.B. Eisenbahnschienen) eingekoppelten Störungen werden meist geometrisch einfache Modelle mit kreisrunden Leitern verwendet. Um den Einfluß der Geometrie, welche bei Bahnschienen recht stark von der Kreisform abweicht, abschätzen zu können, wurden verschiedene Berechnungen durchgeführt, bei denen eine ebene elektromagnetische Welle einerseits auf einen kreiszylindrischen Leiter und andererseits auf einen Leiter mit etwa dem Querschnitt einer Bahnschiene einfällt. Diese Berechnungen ergaben bei hohen Frequenzen einen geringen 'Geometrieeffekt', d.h. in sehr guter Näherung dieselben Ströme in beiden Leitern, wenn Modelle mit gleichem Leiter*umfang* verwendet wurden. Die Feldbilder 18a,b zeigen typische Feldbilder bei 10MHz. Bei zunehmenden Frequenzen werden die Ströme in den Schienen monoton kleiner. Gleichzeitig werden die Feldbilder stärker zeitabhängig, wie die Bilder 19a-d bei 1GHz zeigen. Die Wellenlänge ist dabei bereits in der Größenordnung der Schienenhöhe ($h = 14.5$cm) und es macht sich eine Schattenzone unterhalb der Schiene bemerkbar, welche mit zunehmender Frequenz ausgeprägter wird. Es ist selbstverständlich, daß bei diesen Frequenzen statische Rechnungen versagen. Für das MMP-Programm ergaben sich noch keine nennenswerten Probleme. Zu beachten ist, daß die Anzahl der benötigten Parameter im Ansatz mit zunehmender Frequenz steigt. Ist die Wellenlänge $\lambda$ kleiner als die typischen Querschnittsabmessungen, so muß auch der Rand feiner diskretisiert werden, da selbstverständlich der Abstand benachbarter 'Matching'-Punkte um einiges kleiner als $\lambda$ sein sollte. Im vorliegenden Fall wurde eine Überdiskretisation verwendet, so daß die Erhöhung der 'Matching'-Punktedichte erst bei Frequenzen über 10GHz nötig werden dürfte.

## 6.3 MICROSTRIP (STREIFENLEITUNG)

Microstrip-Leitungen sind heute in der Mikrowellentechnik sehr verbreitet. Auf die verschiedenartigen Probleme, welche sich in diesem Zusammenhang ergeben, kann hier nicht eingegangen werden. Wegen der sehr stark von der Kreisform abweichenden Geometrie der Leiter ist es interessant zu wissen, wie derartige Strukturen durch die MMP-Programme zu berechnen sind. (Die PM-Technik versagt hier mit Sicherheit.) Figur 6.3.1 zeigt den Querschnitt zweier benachbarter Streifen.

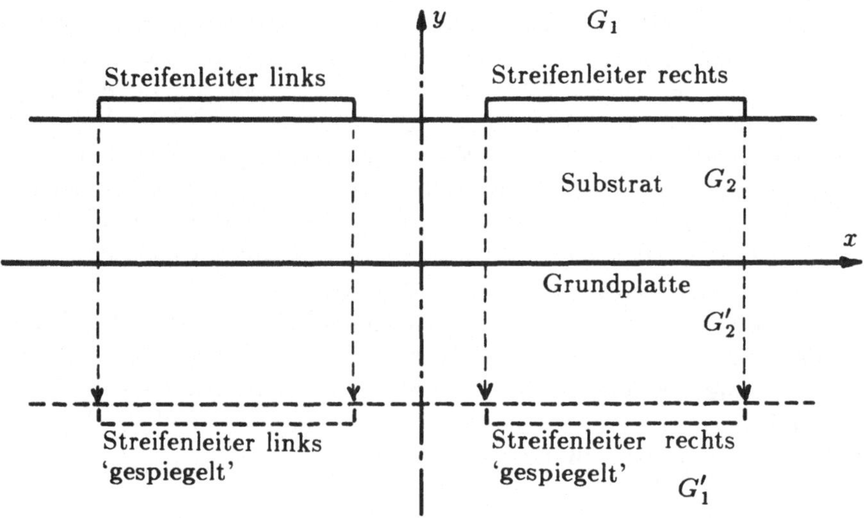


Figur 6.3.1

Die Aufgabenstellung soll dadurch erschwert werden, daß zwar dünne Leiter vorausgesetzt werden, deren Dicke aber nicht vernachläßigt werden darf und das Feld auch in der Nähe der Kanten dieser Streifen darzustellen ist. Bei einer konstanten 'Matching'-Punktdichte wird die Anzahl der 'Matching'-Punkte unendlich, da die Grenzen $\partial G_{12}$ zwischen Substrat und Luft sowie $\partial G_{02}$ zwischen Substrat und Bodenplatte im Modell unendlich ausgedehnt sind. Aber auch wenn diese Grenze 'abgebrochen' wird, ergeben sich sehr viele 'Matching'-Punkte allein schon auf den Streifenleitern, da in der Nähe der Ecken eine sehr feine Diskretisation des Randes nötig ist. Wie aus den Feldbildern 20a-c ersichtlich, ermöglicht es die MMP-Methode die 'Matching'-Punktdichte den lokalen Gegebenheiten anzupassen. Aus der Feldverteilung ist ersichtlich, daß es sich um den Gegentaktmodus mit gegensinnigen Strömen in den beiden Streifen handelt. Beachtenswert ist, daß hier ein großer Teil der Energie im Gebiet zwischen den beiden Streifen transportiert wird.

Die Feldbilder 21a,b zeigen das Feld in der Nähe der beiden Kanten der Streifenleitung rechts und zwar 21a den 'innern' Teil, welcher der zweiten Streifenleitung zugewandt ist. Hier wird sofort deutlich, daß in der Gegend der 'innern, obern' Ecke des Streifens Fehler gemacht wurden. Diese sind auf eine ungünstige Wahl der Multipole in dieser Gegend zurückzuführen (Die Abstandsregel 5 von Unterabschnitt 5.4.1 wurde verletzt.) und lassen sich durch eine Verschiebung der betreffenden Multipole beheben. Daß nicht das gesamte Feldbild durch diesen Fehler betroffen wird, verdeutlicht einmal mehr die angenehme 'lokale' Wirkung der Multipole.

Bei den vorliegenden Berechnungen wurde übrigens das Spieglungsverfahren (Siehe Unterabschnitt 5.3.4.) verwendet. D.h. die gesamte Anordnung wird an der Grundplatte gespiegelt, was ein Modell mit vier Streifenleitern ohne Grundplatte ergibt. Dieses Modell scheint zunächst komplizierter zu sein. Berücksichtigt man aber die beiden Symmetrieachsen, so braucht man nur den Streifen im ersten Quadranten tatsächlich zu diskretisieren und die Randbedingungen auf der Grundplatte $\partial G_{01}$ werden 'automatisch' und exakt erfüllt. Im Gegensatz zum ursprünglichen Modell entfallen die 'Matching'-Punkte auf der Grundplatte und auch der MMP-Ansatz wird etwas einfacher.

## 6.4 HOHLLEITER MIT LÄNGSSCHLITZ

Bekanntlich lassen sich Hohlleiterwellen durch Schlitze in der Wand anregen. Eine ausführliche Besprechung dieser Thematik ist auch in diesem Fall unmöglich. Die folgenden Berechnungen sollen vielmehr zeigen, wie derartige Probleme mit einem MMP-Programm untersucht werden können.

Da das Feld außerhalb des Hohlleiters in größerer Entfernung vom Schlitz nicht interessiert und auch keinen Einfluß auf das Feld im Innern hat, wurde ein Modell verwendet, welches in Figur 6.4.1 skizziert ist.

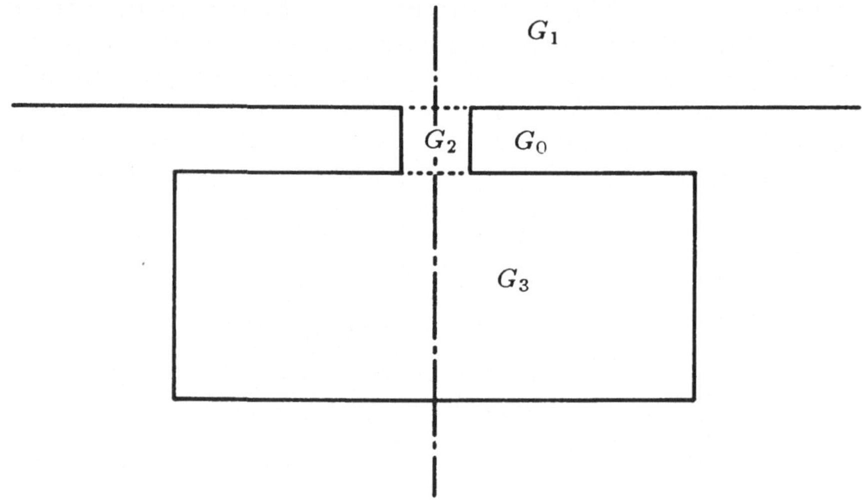


Figur 6.4.1

Neben dem feldfreien Gebiet $G_0$ (der Hohlleiterwand) existiert ein einziges Feldgebiet $G_1$. Wegen der besonderen Geometrie, insbesondere bei einer dünnen Wand, ist man bei der Wahl der Multipole sehr stark eingeschränkt. Trennt man $G_1$ fiktiv in die drei Feldgebiete $G_1$ (Äußeres), $G_2$ (Schlitz) und $G_3$ (Inneres bzw. eigentlicher Hohlleiter), so ergeben sich geometrisch sehr einfache Gebiete ($G_1$: Halbebene, $G_2$ und $G_3$: Rechtecke), für die problemlos geeignete MMP-Ansätze gefunden werden können. Es ist klar, daß in der Nähe des Schlitzes feiner diskretisiert werden muß, was bei der MMP-Methode ohne weiteres möglich ist. (Siehe auch Abschnitt 6.3.)

Betrachtet man das Feldgebiet $G_1$, in dem eine einfallende ebene Welle vorausgesetzt wird, so ist klar, daß diese am Rand $\partial G_{01}$ vollständig reflektiert wird, so daß in $G_1$ hauptsächlich die einfallende und eine reflektierte ebene Welle zu beobachten sein werden, während der Schlitz lediglich eine kleine Störung darstellt. Es ist daher sinnvoll, den MMP-Ansatz durch den Ansatz einer (reflektierten) ebenen Welle zu unterstützen, welcher dafür sorgt, daß die Randbedingungen auf $\partial G_{10}$ in einigem Abstand vom Schlitz erfüllt werden. Entsprechend wäre es möglich, den MMP-Ansatz in $G_3$ durch ebene Wellen bzw. Lösungen der Helmholtz-Gleichungen in kartesischen Koordinaten zu unterstützen, welche aus der analytischen Lösung des Rechteckhohleiters bekannt sind. Da für den Rechteckhohlleiter schon einfache MMP-Ansätze sehr rasch konvergieren, wurde darauf verzichtet.

Die Fortpflanzungskonstante $\underline{\gamma}$ in Richtung der $z$-Achse ist bei Streufeldproblemen durch die $z$-Komponente des Wellenvektors und damit durch den Einfallswinkel der einfallenden Welle gegeben. Damit eine Anregung von außen möglich ist, muß die Welle den Schlitz passieren können. Dies ist hier für eine H-Welle (mit $E_z = 0$) der Fall. Zudem muß der Einfallswinkel so gewählt werden, daß sich eine Fortpflanzungskonstante ergibt, welche möglichst genau mit der Fortpflanzungskonstanten des anzuregenden Wellentyps im Hohlleiter übereinstimmt. Die Feldbilder 22c,d zeigen die Anregung der $H_{02}$- und $H_{01}$-Welle. Ist der Einfallswinkel nur geringfügig (um $1^\circ$) verstimmt, so werden die Feldstärken im Hohlleiter schon wesentlich kleiner, was im Feldbild 22b – wegen der automatischen Skalierung der Feldvektoren in der Zeichenroutine – nicht sehr deutlich wird. Bei stärkerer 'Verstimmung' dringt das Feld kaum mehr in den Hohlleiter ein (Feldbild 22a).

Auch in diesem Fall erlauben Ausschnittvergrößerungen das Studium interessanter Details, wie etwa das Feldverhalten in der Umgebung des Schlitzes (Feldbilder 23a,b).

## 6.5 OPTISCHE LINSE

Zum Schluß sei ein dreidimensionales Feldproblem angegeben, das mit einem MMP-Programm von G. Klaus berechnet wurde. (In [K3] finden sich daneben weitere dreidimensionale Streufeldprobleme, mit und ohne Rotationssymmetrie.)

Optische Linsen werden üblicherweise strahlenoptisch* berechnet. Daraus resultiert ein Fokus (Unterabschnitt 5.3.6), in dem sich alle parallel auf die Linse einfallenden Strahlen schneiden. Die vorliegenden Berechnungen mit der MMP-Methode, d.h. einem 'Wellenmodell' zeigen deutlich, daß die Intensität im Fokus nicht unendlich wird, daß aber die Linse mit zunehmenden Frequenzen immer deutlicher 'fokussiert' (Bild 24a,b). Umgekehrt kann man sagen, daß der Durchmesser der Linse größer als die Wellenlänge sein muß, damit sich eine deutlich spührbare Fokussierung ergibt. Diese wird vorallem durch Angabe des mittleren Poyntingvektors (Feldbilder 25a,b) deutlich, während $\vec{E}$- und $\vec{H}$-Feldbilder jeweils nur schwer zu interpretieren und zu verstehen sind, da sie je nach Wahl der Schnittebene und des Zeitpunktes sehr unterschiedlich aussehen.

---

* Ein Beispiel ist in Unterabschnitt 5.3.6, Figur 5.3.6.2 dargestellt.

## 6.6 FELDBILDER

Zur Darstellung der Resultate wurden hauptsächlich Feldbilder des elektrischen Feldes $\vec{E}$. des magnetischen Feldes $\vec{H}$ und des Poynting-Feldes $\vec{S}$ benüzt. Dabei ist zu beachten, daß die Feldstärken $\vec{E}$ und $\vec{H}$ zeitlich veränderlich sind, die betreffenden Feldbilder also nicht zu allen Zeitpunkten gleich aussehen. Dies verdeutlichen die Feldbilder 19a-d. Bei tieferen Frequenzen findet man für fast alle Zeiten visuell identische Bilder mit zeitabhängigen Amplituden, welche in den Feldbildern nicht zum Ausdruck kommen, da die Längen der gezeichneten Feldvektoren so skaliert werden, daß deren Maximalwerte eine gestalterisch befriedigende Größe erhalten. Abweichende Feldbilder ergeben sich jeweils in der Umgebung des 'Nulldurchgangs' bzw. des 'Phasenwechsels' (Man vergleiche dazu die Feldbilder 23a,b.), wo die Feldstärken relativ klein sind. Dies hat zur Folge, daß das Zeichnen derartiger Bilder eine hohe Rechengenauigkeit erfordert und damit eine kritische Kontrolle der Resultate ergibt. Bei der Berechnung integraler Größen (Ströme, Spannungen etc.) fallen hingegen Ungenauigkeiten der Feldberechnungen in der Nähe des 'Nulldurchgangs' kaum ins Gewicht. Auch der Poyntingvektor $\vec{S}$ ist eine zeitabhängige Größe. Interessanter ist das zeitliche Mittel $\Re(\underline{\vec{S}})$, welches die mittlere Leistungsflußdichte angibt.
Auch bei 'zweidimensionalen' Feldproblemen sind die Feldbilder meist dreidimensional, was die Darstellung erheblich erschwert. Im Falle zylindrischer Wellenausbreitung erscheint es sinnvoll, die Feldstärken in der Transversalebene darzustellen. Man kann hier die Transversalkomponenten alleine darstellen, so daß sich 'quasi-ebene' Bilder ergeben. Zeichnet man Feldlinien (Siehe z.B. Figur 5.4.2b.), so kann nur die dreidimensionale, nicht aber die (darstellbare) zweidimensionale Feldliniendichte proportional zur Feldstärke gezeichnet werden. Zweidimensionale Feldlinienbilder enthalten damit keinerlei Aussage über die Beträge der Feldstärken. Aus diesem Grunde wurden hier die Vektordarstellungen vorgezogen. Um auch die Longitudinalkomponenten veranschaulichen zu können, werden jeweils um den Anfangspunkt des Pfeils, welcher den transversalen Vektor darstellt, Quadrate gezeichnet, deren Seitenlänge zur betreffenden Longitudinalkomponente proportional ist. Negative Werte werden durch ein Kreuz in diesem Quadrat markiert. Nun ist noch zu beachten, daß bei 'verlustfreien' Rechnungen die Longitudinalkomponenten geführter Wellen um $90^o$ gegenüber den Transversalkomponenten zeitlich phasenverschoben sind. Es existieren dann Zeitpunkte, in denen das Feld in einer Transversalebene rein transversal oder rein longitudinal erscheint. Man dreht deshalb mit Vorteil die Phase der Transversalkomponenten um $90^o$ und kann dann in einer Transversalebene die zeitlichen Maximalwerte der Longitudinal- und der Transversalkomponenten gleichzeitig darstellen. (Man vergleiche auch die Anmerkung in Unterabschnitt 5.4.1 in Bezug auf die Einführung von $\vec{E}_T^r = i\underline{\vec{E}}_T$.) Bei Wellenleitern mit geringen Verlusten, d.h. praktisch immer gilt nahezu dasselbe. Im folgenden wurden deshalb die Phasen der Transversalkomponeneten *stets* um $90^o$ gedreht. Aus diesen Bildern ist sofort ersichtlich, welche Feldkomponenten dominieren.

Die verwendeten 'Matching'-Punkte und Multipole werden in den Feldbildern zu den Beispielen 1-4 durch Kreuze markiert. In den 'Matching'-Punkten geben diese zugleich die Tangenten- und die Normalenrichtung zum Rand an. Der verlängerte Arm der Kreuze in den Polen $O_\ell$ zeigt in die Richtung $\varphi_\ell = 0$, des in $O_\ell$ angesetzten Polarkoordinatensystems $(r_\ell, \varphi_\ell)$.
Figur 6.6.1 gibt eine Übersicht über die, in den Feldbildern verwendeten Symbole.

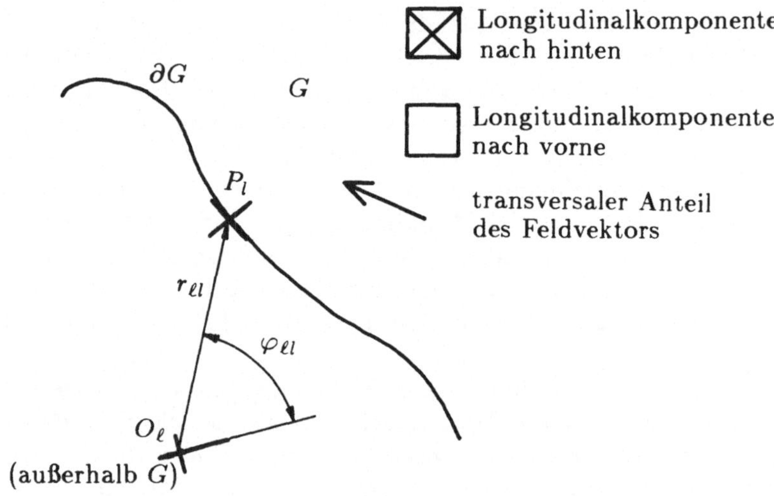


Figur 6.6.1

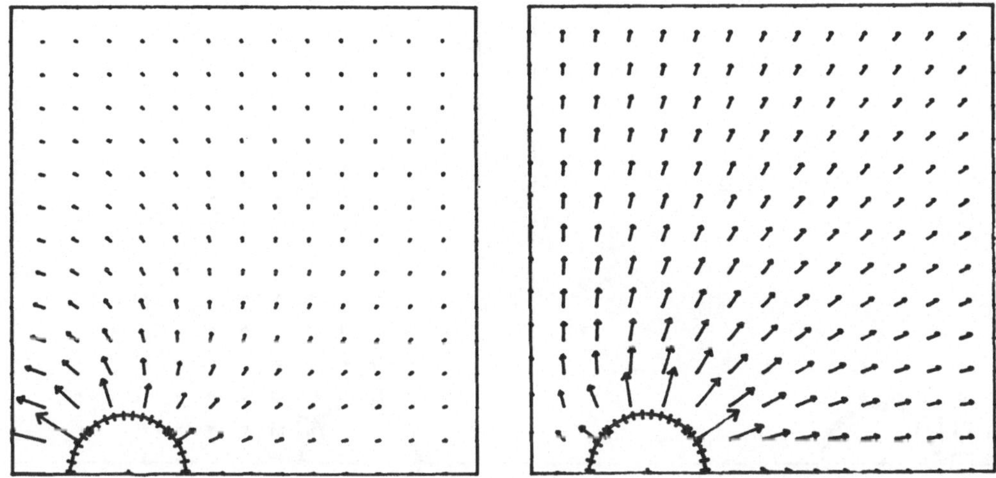

Feldbild 1a

Feldbild 1b

$\vec{E}$-Feld im ersten Quadranten einer symmetrischen, nicht isolierten Doppeldrahtleitung. Frequenz $f$ = 1MHz, Drahtdurchmesser 1mm. Bild 1a: Leitungswelle, Bild 1b: 'Gleichtakt' (Rückleitung über Verschiebungsströme).

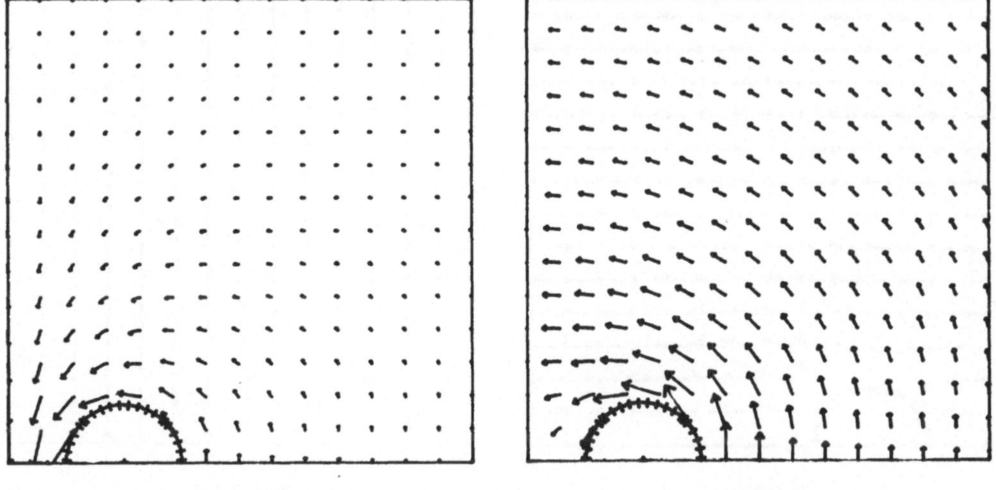

Feldbild 2a

Feldbild 2b

$\vec{H}$-Feld im ersten Quadranten einer symmetrischen, nicht isolierten Doppeldrahtleitung. Frequenz $f$ = 1MHz, Drahtdurchmesser 1mm. Bild 2a: Leitungswelle, Bild 2b: 'Gleichtakt' (Rückleitung über Verschiebungsströme).

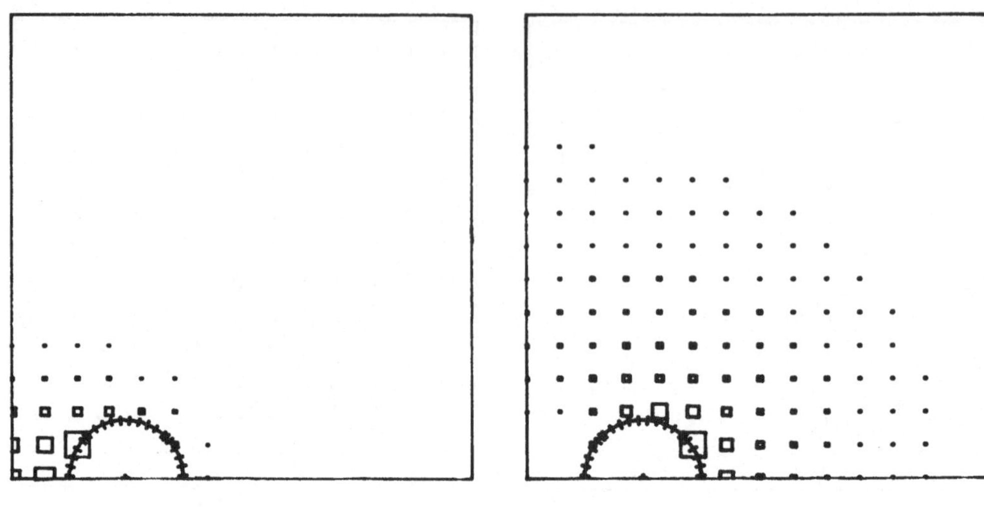

Feldbild 3a Feldbild 3b

$\Re(\vec{\underline{S}})$-Feld im ersten Quadranten einer symmetrischen, nicht isolierten Doppeldrahtleitung. Frequenz $f = 1\text{MHz}$, Drahtdurchmesser 1mm. Bild 3a: Leitungswelle, Bild 3b: 'Gleichtakt' (Rückleitung über Verschiebungsströme).

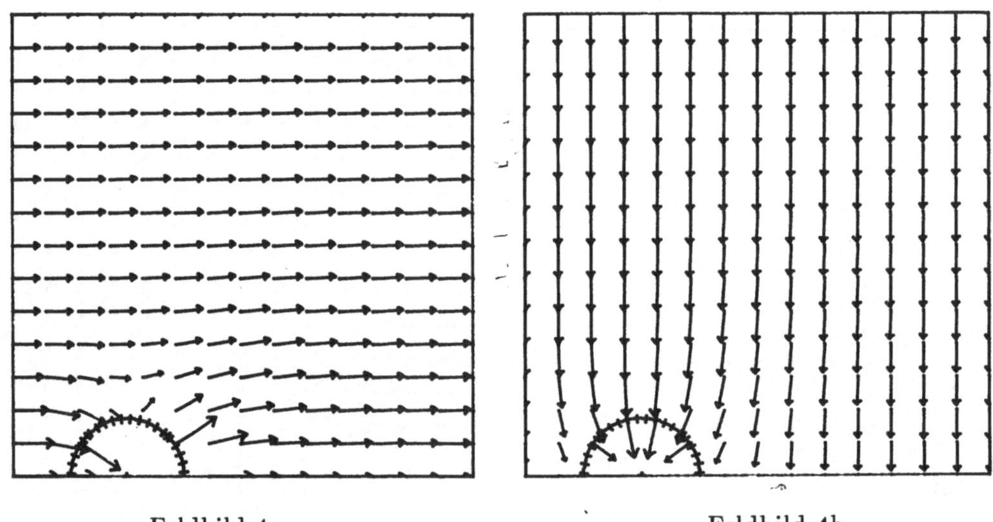

Feldbild 4a Feldbild 4b

$\vec{E}$-Feld im ersten Quadranten einer symmetrischen, nicht isolierten Doppeldrahtleitung. Frequenz $f = 1\text{MHz}$, Drahtdurchmesser 1mm. Anregung durch eine ebene H-Welle ($E_z = 0$) im Winkel $45^o$ zur $z$-Achse. Bild 4a: Einfall von unten, Bild 4b: Einfall von links.

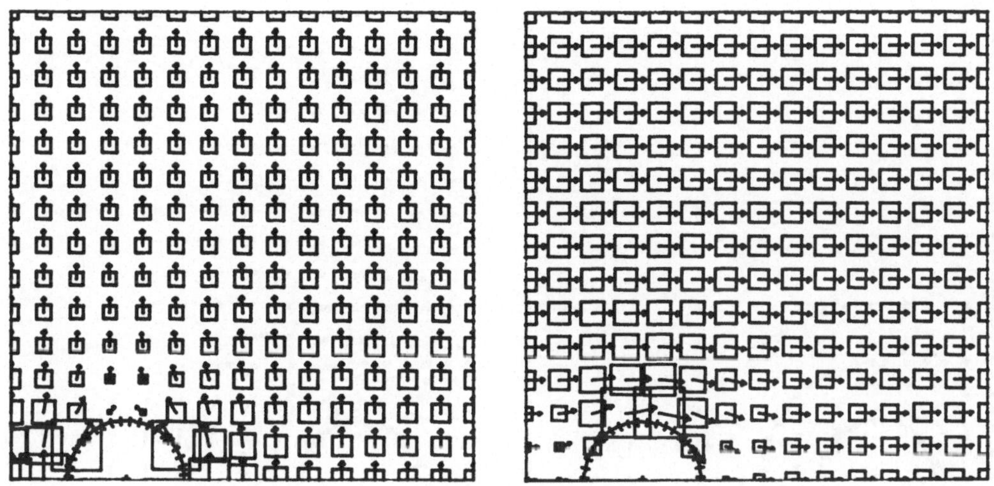

Feldbild 5a

Feldbild 5b

$\Re(\vec{\underline{S}})$-Feld im ersten Quadranten einer symmetrischen, nicht isolierten Doppeldrahtleitung. Frequenz $f = 1$MHz, Drahtdurchmesser 1mm. Anregung durch eine ebene H-Welle ($E_z = 0$) im Winkel 45° zur $z$-Achse. Bild 5a: Einfall von unten, Bild 5b: Einfall von links.

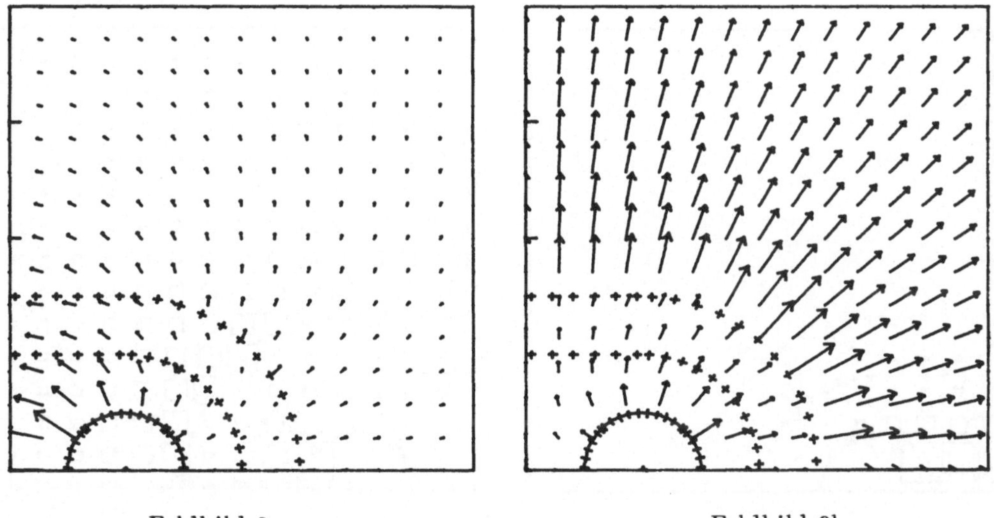

Feldbild 6a

Feldbild 6b

$\vec{E}$-Feld im ersten Quadranten eines symmetrischen Kabels. Frequenz $f = 1$MHz, Drahtdurchmesser 1mm, Isolation: $\epsilon_r = 4$. Bild 6a: Leitungswelle, Bild 6b: 'Gleichtakt' (Rückleitung über Verschiebungsströme).

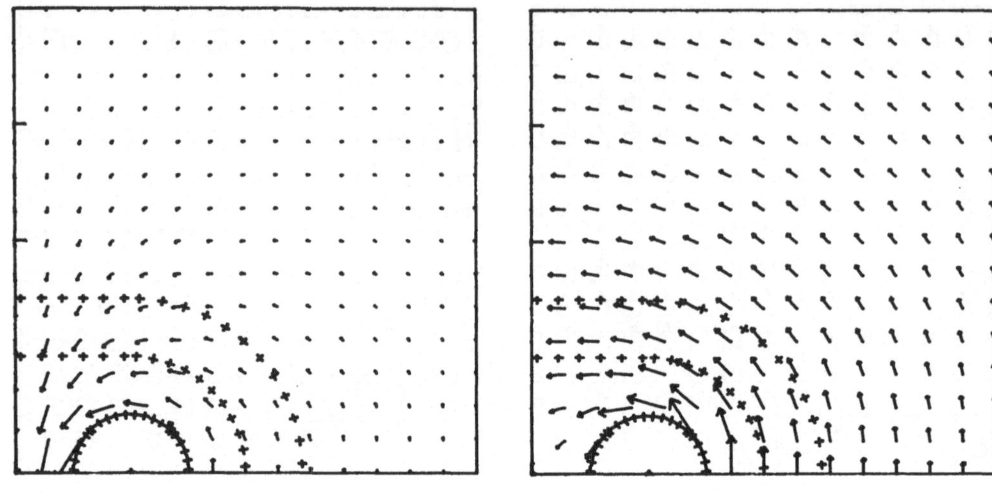

Feldbild 7a

Feldbild 7b

$\vec{H}$-Feld im ersten Quadranten eines symmetrischen Kabels. Frequenz $f = 1\text{MHz}$, Drahtdurchmesser 1mm, Isolation: $\epsilon_r = 4$. Bild 7a: Leitungswelle, Bild 7b: 'Gleichtakt' (Rückleitung über Verschiebungsströme).

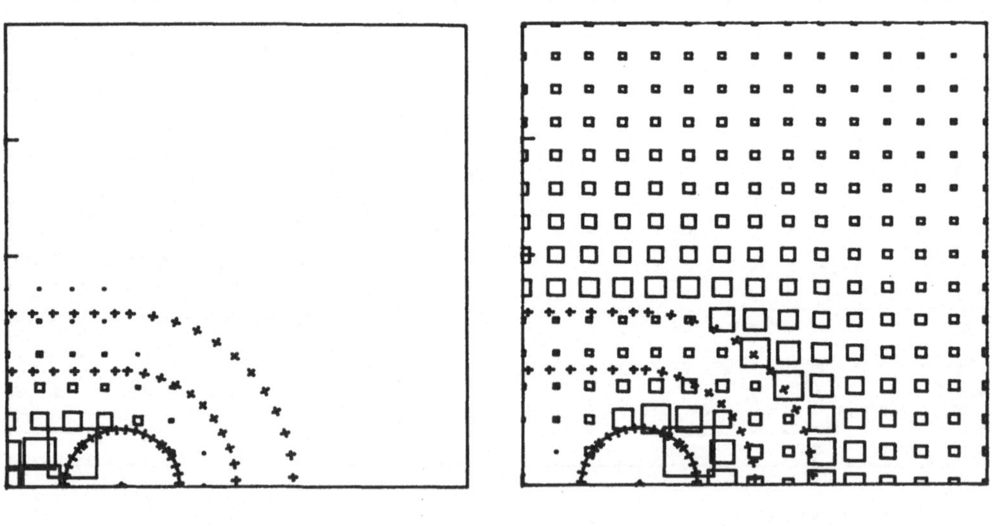

Feldbild 8a

Feldbild 8b

$\Re(\underline{\vec{S}})$-Feld im ersten Quadranten eines symmetrischen Kabels. Frequenz $f = 1\text{MHz}$, Drahtdurchmesser 1mm, Isolation: $\epsilon_r = 4$. Bild 8a: Leitungswelle, Bild 8b: 'Gleichtakt' (Rückleitung über Verschiebungsströme).

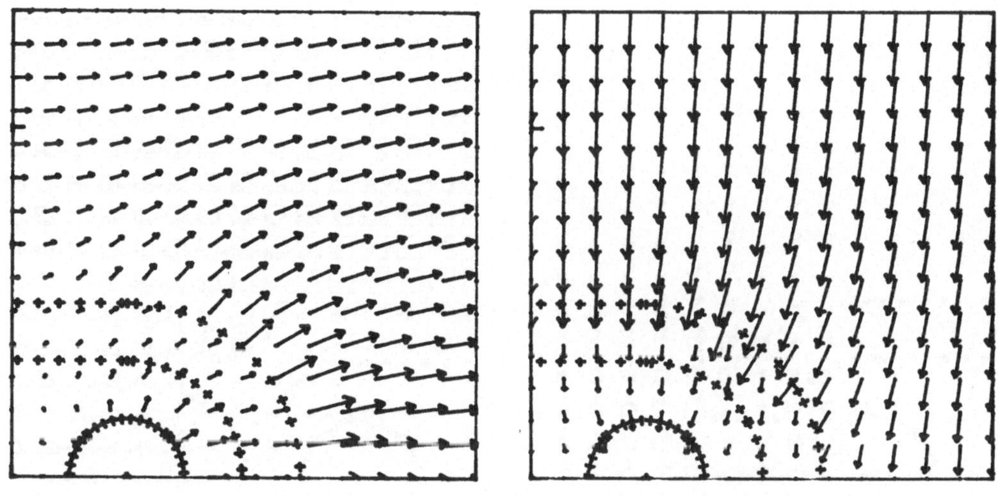

Feldbild 9a

Feldbild 9b

$\vec{E}$-Feld im ersten Quadranten eines symmetrischen Kabels. Frequenz $f = 1$MHz, Drahtdurchmesser 1mm, Isolation: $\epsilon_r = 4$. Anregung durch eine ebene H-Welle ($E_z = 0$) im Winkel $45^o$ zur $z$-Achse. Bild 9a: Einfall von unten, Bild 9b: Einfall von links.

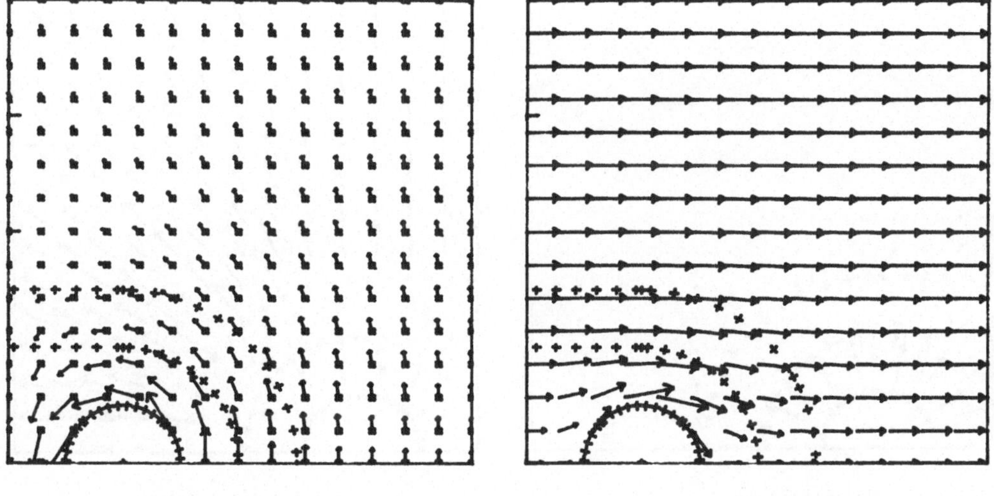

Feldbild 10a

Feldbild 10b

$\vec{H}$-Feld im ersten Quadranten eines symmetrischen Kabels. Frequenz $f = 1$MHz, Drahtdurchmesser 1mm, Isolation: $\epsilon_r = 4$. Anregung durch eine ebene H-Welle ($E_z = 0$) im Winkel $45^o$ zur $z$-Achse. Bild 10a: Einfall von unten, Bild 10b: Einfall von links.

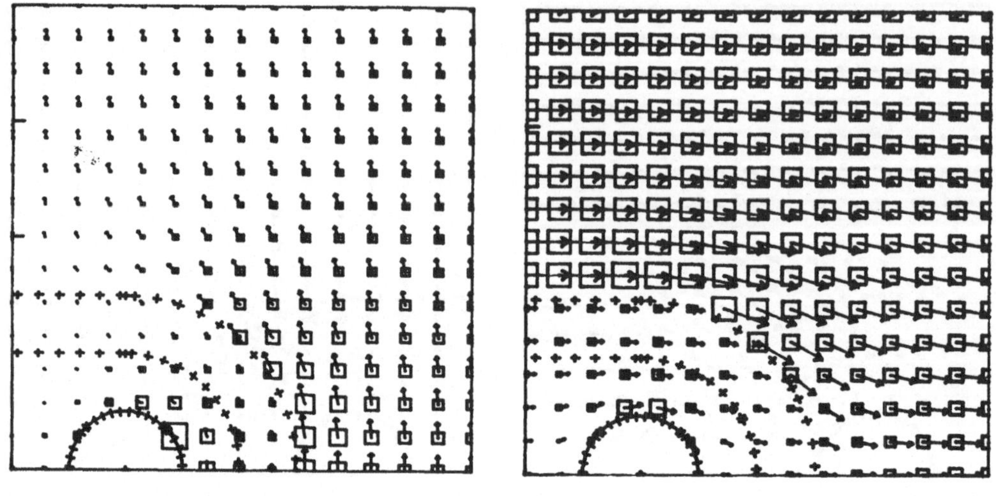

Feldbild 11a

Feldbild 11b

$\Re(\underline{\vec{S}})$-Feld im ersten Quadranten eines symmetrischen Kabels. Frequenz $f$ = 1MHz, Drahtdurchmesser 1mm, Isolation: $\epsilon_r = 4$. Anregung durch eine ebene H-Welle ($E_z = 0$) im Winkel $45^o$ zur $z$-Achse. Bild 11a: Einfall von unten, Bild 11b: Einfall von links.

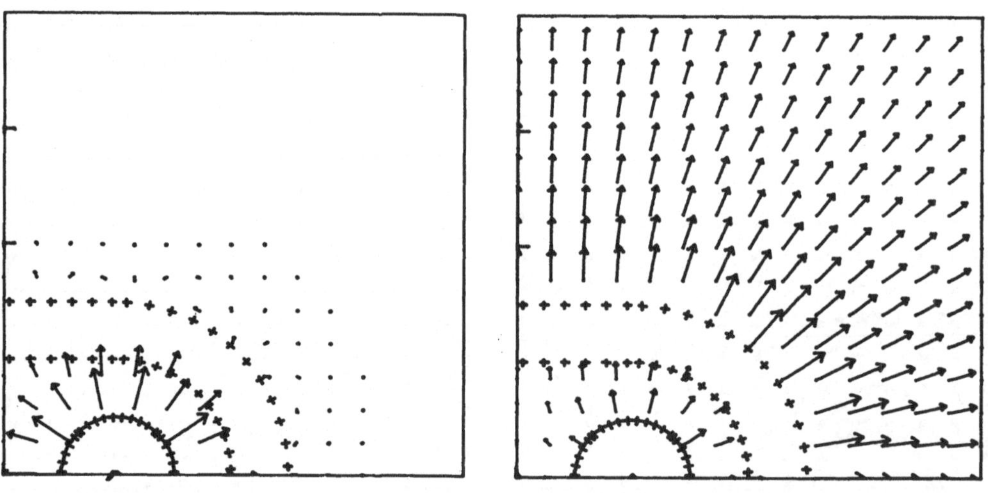

Feldbild 12a

Feldbild 12b

$\vec{E}$-Feld im ersten Quadranten eines symmetrischen Kabels mit halbleitendem Schirm. Frequenz $f$ = 1MHz, Drahtdurchmesser 1mm, Isolation: $\epsilon_r = 4$, Schirm: $\underline{\epsilon}_r = 4 + 4000i$. Bild 12a: Leitungswelle, Bild 12b: 'Gleichtakt' (Rückleitung über Verschiebungsströme).

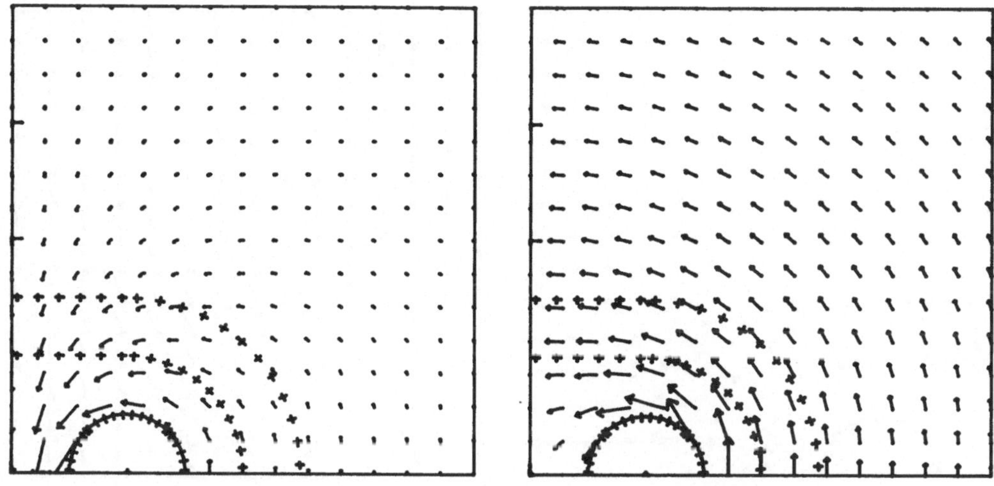

Feldbild 13a

Feldbild 13b

$\vec{H}$-Feld im ersten Quadranten eines symmetrischen Kabels mit halbleitendem Schirm. Frequenz $f = 1\text{MHz}$, Drahtdurchmesser 1mm, Isolation: $\epsilon_r = 4$, Schirm: $\underline{\epsilon}_r = 4 + 4000i$. Bild 13a: Leitungswelle, Bild 13b: 'Gleichtakt' (Rückleitung über Verschiebungsströme).

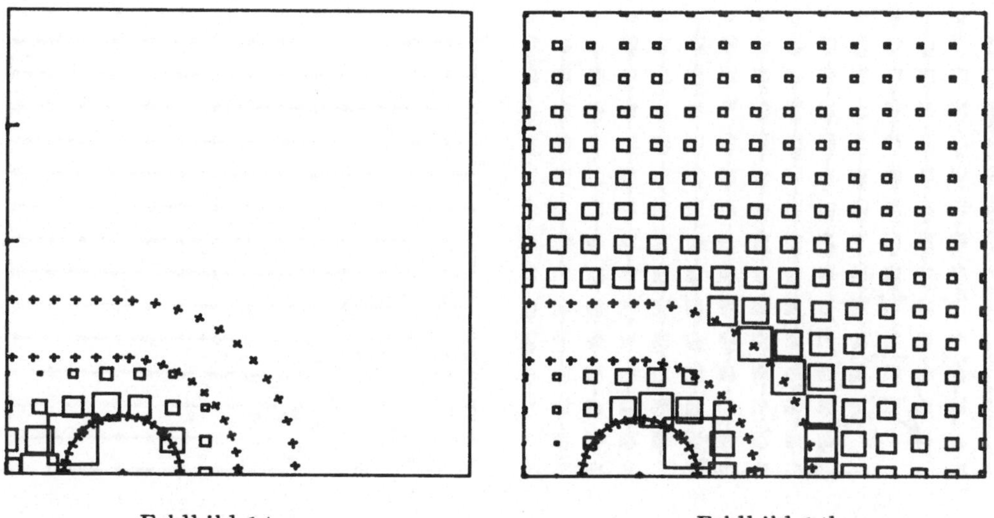

Feldbild 14a

Feldbild 14b

$\Re(\vec{\underline{S}})$-Feld im ersten Quadranten eines symmetrischen Kabels mit halbleitendem Schirm. Frequenz $f = 1\text{MHz}$, Drahtdurchmesser 1mm, Isolation: $\epsilon_r = 4$, Schirm: $\underline{\epsilon}_r = 4 + 4000i$. Bild 14a: Leitungswelle, Bild 14b: 'Gleichtakt' (Rückleitung über Verschiebungsströme).

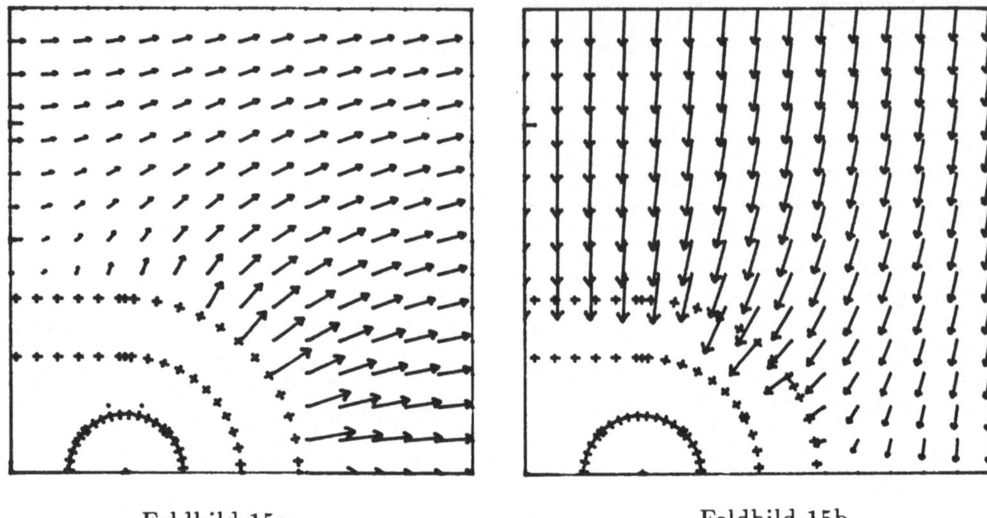

Feldbild 15a Feldbild 15b

$\vec{E}$-Feld im ersten Quadranten eines symmetrischen Kabels mit halbleitendem Schirm. Frequenz $f = 1$MHz, Drahtdurchmesser 1mm, Isolation: $\epsilon_r = 4$, Schirm: $\underline{\epsilon}_r = 4 + 4000i$. Anregung durch eine ebene H-Welle ($E_z = 0$) im Winkel $45^o$ zur $z$-Achse. Bild 15a: Einfall von unten, Bild 15b: Einfall von links.

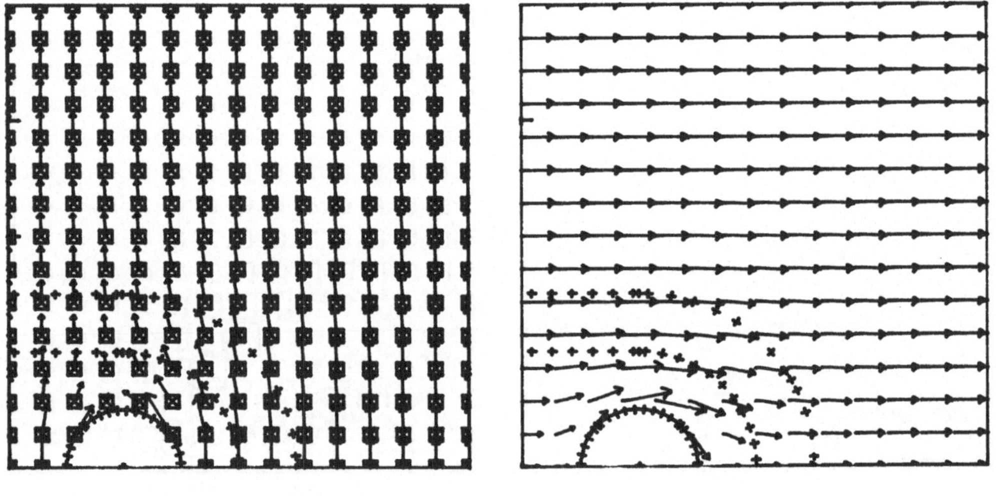

Feldbild 16a Feldbild 16b

$\vec{H}$-Feld im ersten Quadranten eines symmetrischen Kabels mit halbleitendem Schirm. Frequenz $f = 1$MHz, Drahtdurchmesser 1mm, Isolation: $\epsilon_r = 4$, Schirm: $\underline{\epsilon}_r = 4 + 4000i$. Anregung durch eine ebene H-Welle ($E_z = 0$) im Winkel $45^o$ zur $z$-Achse. Bild 16a: Einfall von unten, Bild 16b: Einfall von links.

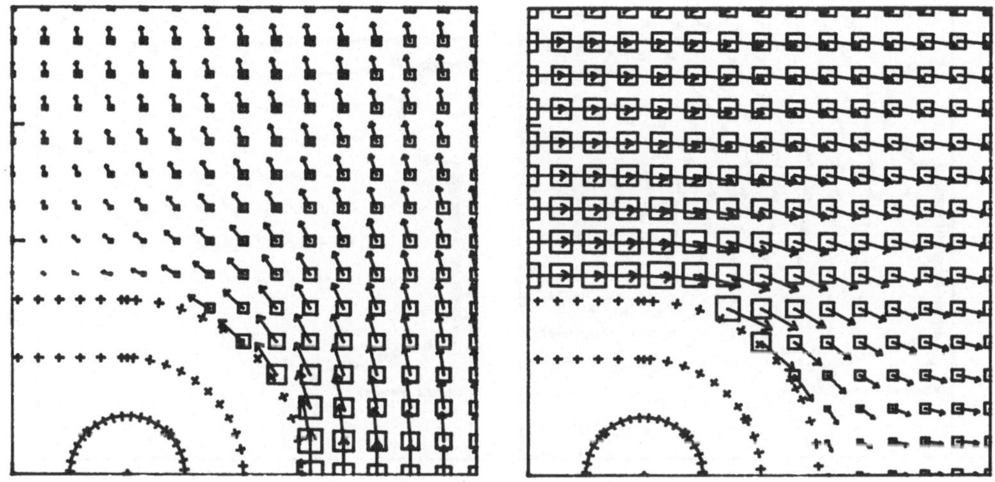

Feldbild 17a

Feldbild 17b

$\Re(\underline{\vec{S}})$-Feld im ersten Quadranten eines symmetrischen Kabels mit halbleitendem Schirm. Frequenz $f = 1$MHz, Drahtdurchmesser 1mm, Isolation: $\epsilon_r = 4$, Schirm: $\underline{\epsilon}_r = 4 + 4000i$. Anregung durch eine ebene H-Welle ($E_z = 0$) im Winkel $45^o$ zur $z$-Achse. Bild 17a: Einfall von unten, Bild 17b: Einfall von links.

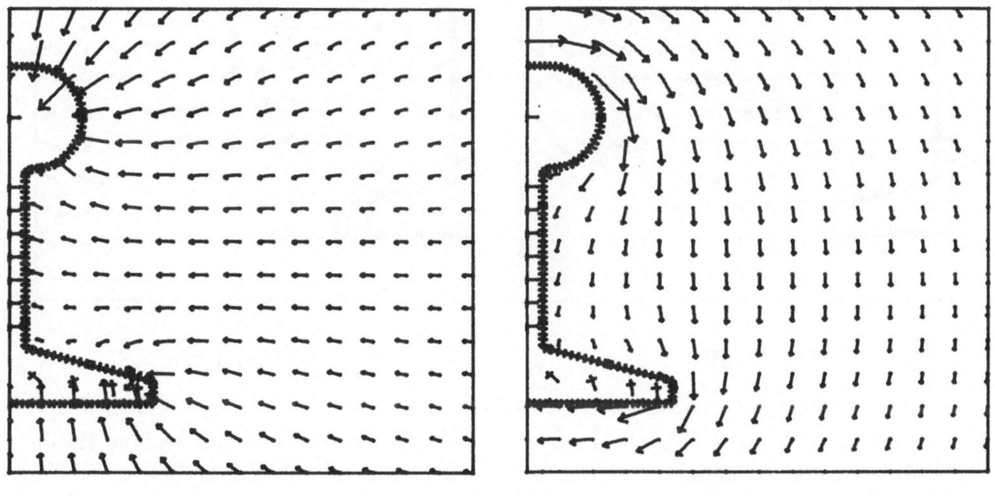

Feldbild 18a

Feldbild 18b

Anregung einer Eisenbahnschiene durch eine ebene E-Welle ($H_z = 0$) von oben. Einfallswinkel $45^o$ zur $z$-Achse, Frequenz 10MHz, Feldbilder in der rechten Halbebene. Bild 18a: $\vec{E}$-Feld, Bild 18b: $\vec{H}$-Feld.

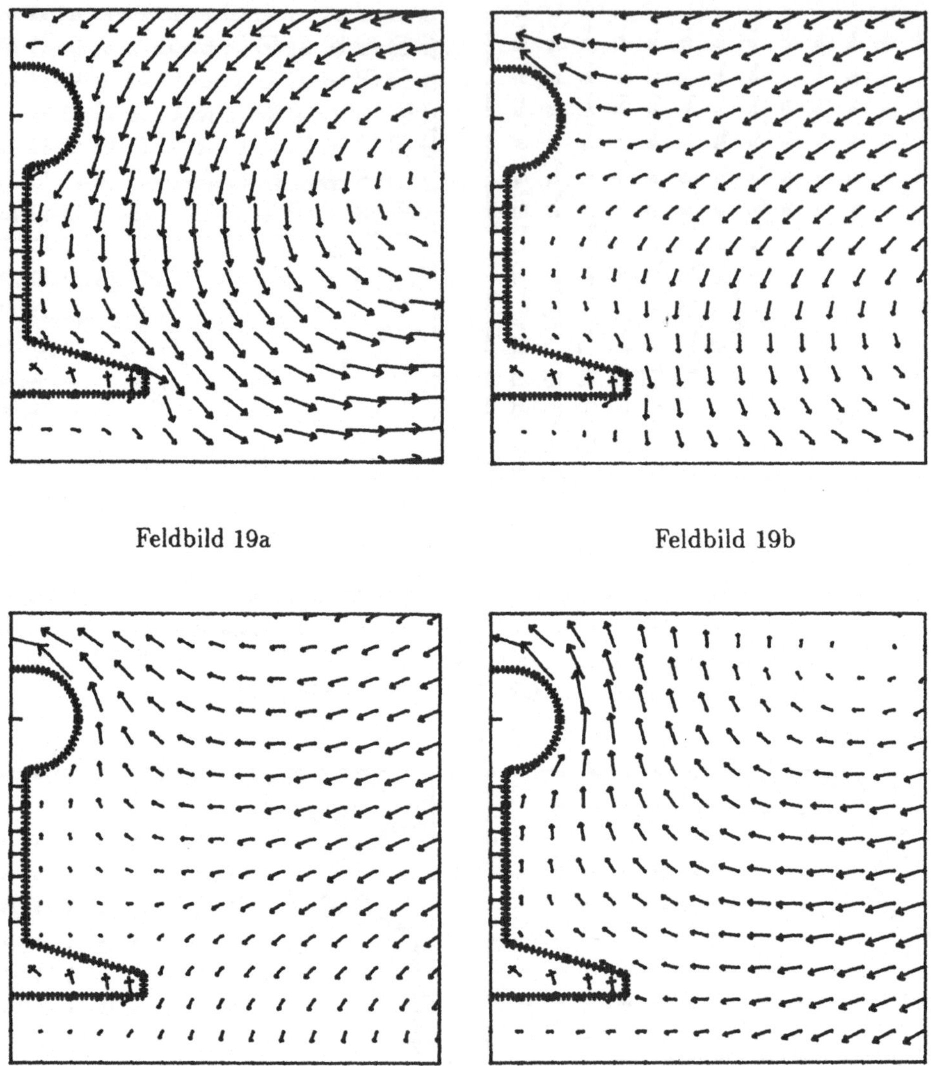

Feldbild 19a

Feldbild 19b

Feldbild 19c

Feldbild 19d

Anregung einer Eisenbahnschiene durch eine ebene E-Welle ($H_z = 0$) von oben. Einfallswinkel $45^o$ zur $z$-Achse, Frequenz 1GHz, $\vec{H}$-Feldbilder in der rechten Halbebene zu unterschiedlichen Zeiten bzw. Phasen $\varphi = \omega t$. Bild 19a: $\varphi = 0^o$, Bild 19b: $\varphi = 45^o$, Bild 19c: $\varphi = 90^o$, Bild 19d: $\varphi = 135^o$.

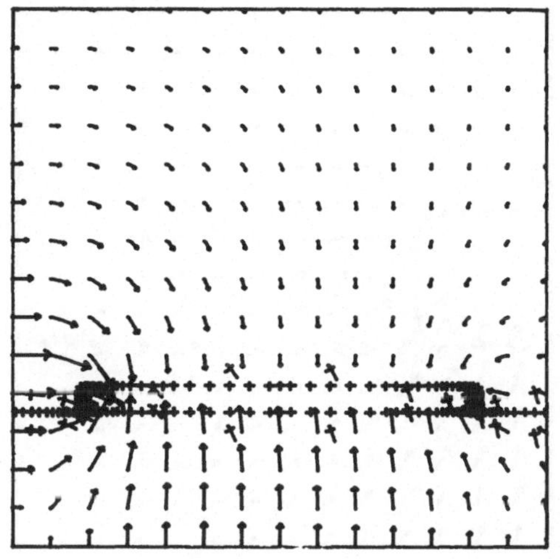

Feldbild 20a

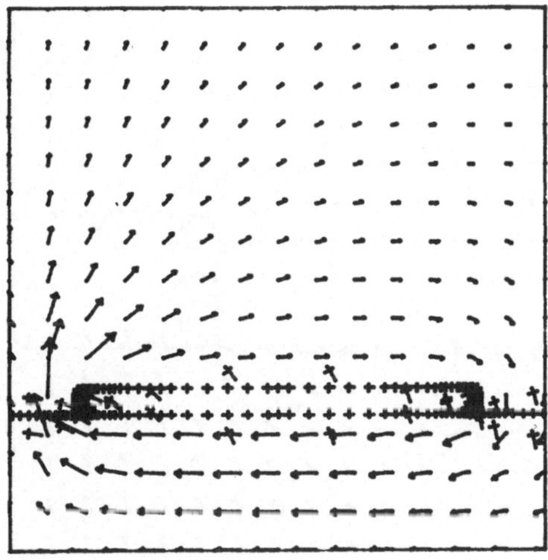

Feldbild 20b

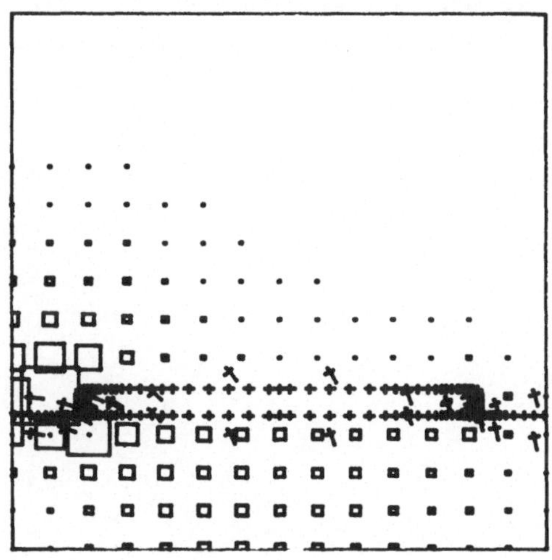

Feldbild 20c

Feldbilder einer Anordnung mit zwei benachbarten Microstrips bei $f = 1\text{GHz}$. Isolation: $\epsilon_r = 4$, Substratdicke $d = 0.5\text{mm}$. Bild 20a: $\vec{E}$-Feld, Bild 20b: $\vec{H}$-Feld, Bild 20c: $\Re(\vec{\underline{S}})$-Feld.

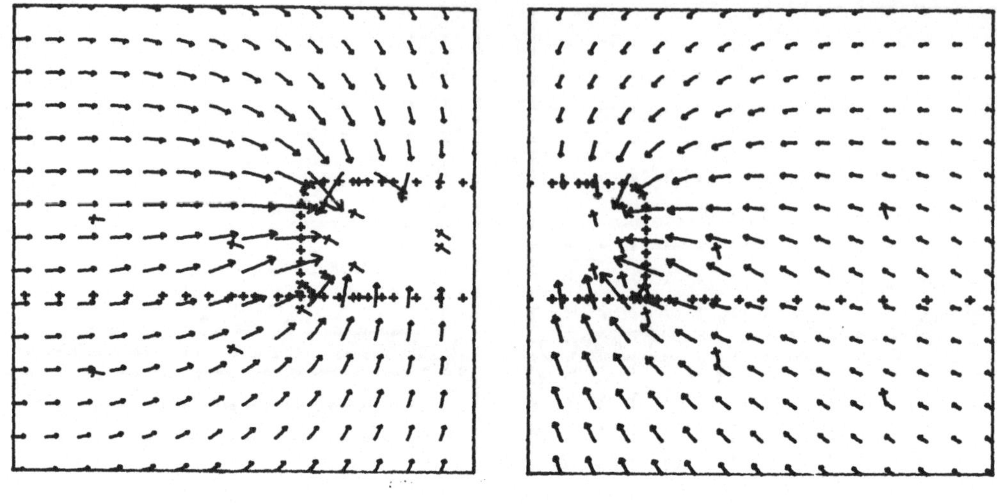

Feldbild 21a

Feldbild 21b

$\vec{E}$-Feld einer Anordnung mit zwei benachbarten Microstrips bei $f = 1$GHz. Isolation: $\epsilon_r = 4$, Substratdicke $d = 0.5$mm, Ausschnittvergrößerungen. Bild 21a: Umgebung der Innenseite des Leiters rechts, Bild 21b: Umgebung der Außenseite des Leiters rechts.

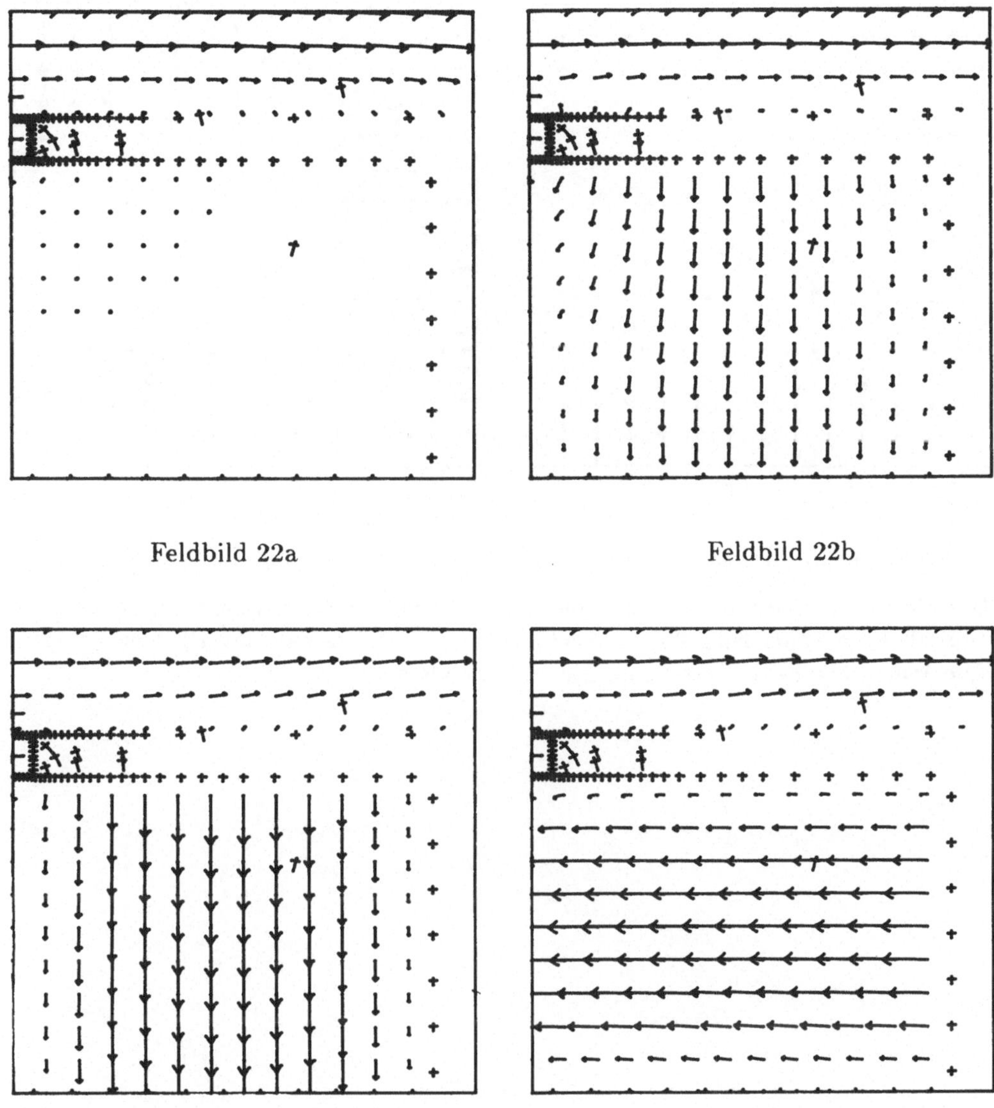

Feldbild 22a

Feldbild 22b

Feldbild 22c

Feldbild 22d

$\vec{E}$-Feld in der rechten Halbebene eines Rechteckhohlleiters mit Längsschlitz (oben auf der Symmetrieachse). Anregung durch ebene H-Welle ($E_z = 0$) von oben mit unterschiedlichem Einfallswinkel $\phi$ zur $z$-Achse. Bild 22a: $\phi$ so, daß kein Wellentyp angeregt wird, Bild 22b: 'verstimmte' Anregung der $H_{02}$-Welle, Bild 22c: Anregung der $H_{02}$-Welle, Bild 22d: Anregung der $H_{01}$-Welle.

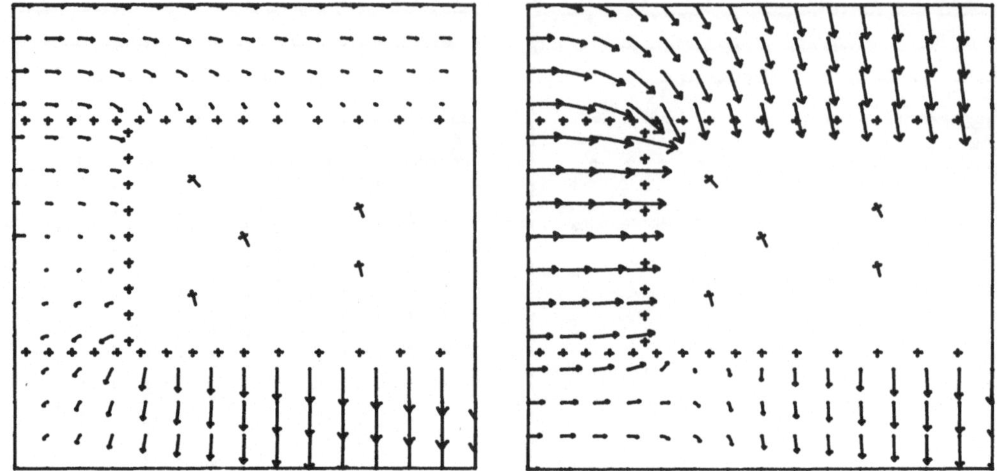

Feldbild 23a

Feldbild 23b

Ausschnittvergrößerung von Feldbild 22c: Umgebung des Schlitzes. Bild 23a: 'typisches' $\vec{E}$-Feld, Bild 23b: $\vec{E}$-Feld zu einem Zeitpunkt des Phasenwechsels. (Die Werte der Feldstärken sind hier relativ klein.)

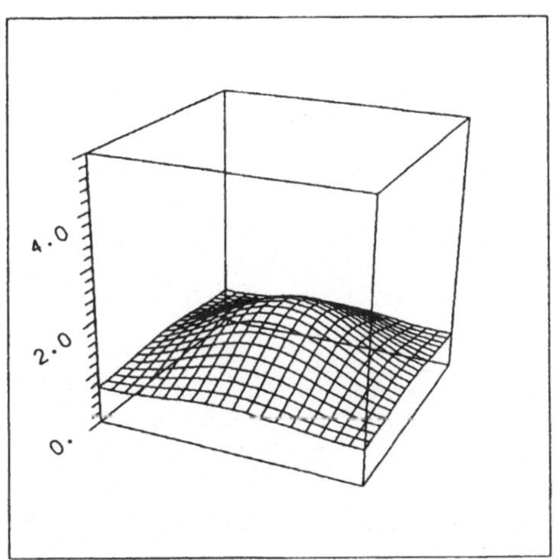


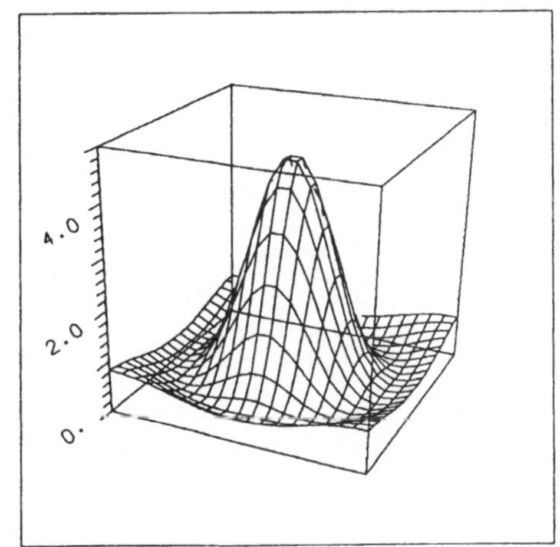


Bild 24a

Bild 24b

Optische Linse mit Brechungsindex $n = 2$. Poyntingdichte (Helligkeitsverteilung) in der Brennebene. Bild 24a: Wellenlänge = Linsendurchmesser, Bild 24b: Wellenlänge= 1/2 Linsendurchmesser.

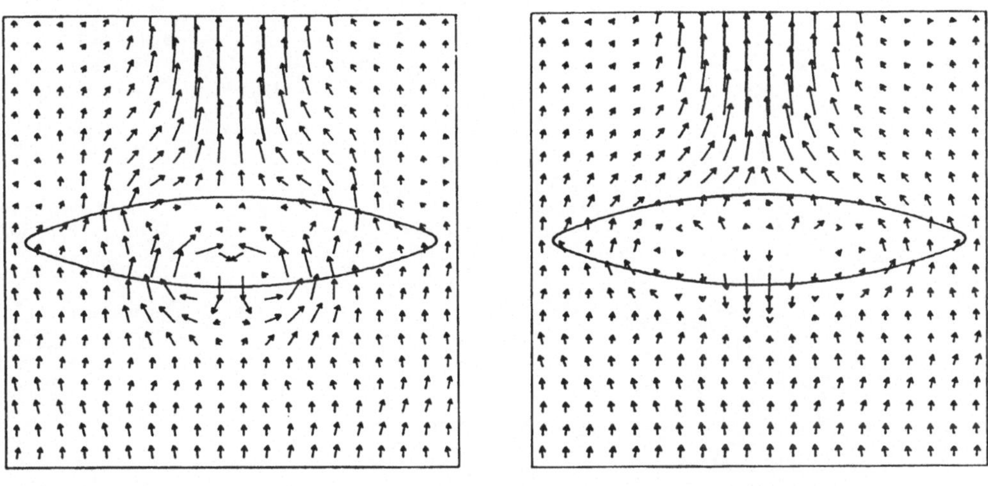

Feldbild 25a

Feldbild 25b

$\Re(\underline{\vec{S}})$-Feld einer optischen Linse mit Brechungsindex $n = 2$, Wellenlänge= 1/2 Linsendurchmesser. Feldbild 25a: In Ebene mit $\vec{E}$ senkrecht zur Zeichenebene, Feldbild 25b: $\vec{H}$ senkrecht zur Zeichenebene.

# Literaturverzeichnis


[A1] – M. Abramowitz, I.A. Stegun: *Handbook of Mathematical Functions. Dover Publ. Inc.*, New York, 1970.

[A2] – W.P. Allis, S.J. Buchsbaum, A. Bers: *Waves in Anisotropic Plasmas. MIT Press*, Cambridge, 1963.

[B1] – K.-J. Bathe: *Finite Element Procedures in Engineering Analysis. Prentice-Hall*, Englewood Cliffs, New Jersey, 1982.

[B2] – K.-D. Becker: *Ausbreitung elektromagnetischer Wellen. Springer*, Berlin, 1974.

[B3] – K.J. Binns, P.J. Lawrenson: *Analysis and Computation of Electric and Magnetic Field Problems. Pergamon*, Oxford, 1963.

[B4] – M. Born: *Optik. Springer*, Berlin, 1972.

[C1] – M.V.K. Chari, P.P. Silvester (Editors): *Finite Elements in Electrical and Magnetic Field Problems. J. Wiley*, Chichester, 1980.

[C2] – R. Courant, D. Hilbert: *Methoden der Mathematischen Physik. Springer*, Berlin, 1968.

[D1] – J.J. Dongarra, C.B. Moler, J.R. Bunch, G.W. Stewart: *Linpack Users Guide. SIAM*, Philadelphia, 1979.

[F1] – L.B. Felsen (Editor): *Transient Electromagnetic Fields.* Topics in Applied *Physics, Vol.10, Springer*, Berlin, 1976.

[G1] – J.E. Goell: *A Circular-Harmonic Computer Analysis of Rectangular Dielectric Waveguides. The Bell System Technical Journal*, 2133-2160(Sept.1980).

[G2] – I.S. Gradshteyn, I.W. Ryzhik: *Table of Integrals, Series, and Products. Academic Press*, New York, 1965.

[G3] – S. Großmann: *Funktionalanalysis I+II.* Akademische Verlagsgesellschaft, Frankfurt am Main, 1972.

[H1] – Ch. Hafner: *Beiträge zur Berechnung elektromagnetischer Wellen in zylindrischen Strukturen mit Hilfe des 'Point-Matching'-Verfahrens.* Diss. ETH *Nr.6683*, Zürich, 1980.

[H2] – Ch. Hafner, P. Leuchtmann, R. Ballisti: *Gruppentheoretische Ausnützung von Symmetrien, Teil 1+2.* Scientia Electrica **27**, 75-100+107-138(1981).

[H3] – R.C. Hansen (Editor): *Geometric Theory of Diffraction. IEEE* Press, New York, 1981.

[H4] – R.F. Harrington: *Field Computation by Moment Methods. Macmillan*, New York, 1968.

[J1] – J.D. Jackson: *Classical Electrodynamics. John Wiley*, New York, 1975.

[J1] – J.D. Jackson: *Klassische Elektrodynamik. De Gruyter*, Berlin, 1983.

[J2] – G.L. James: *Geometrical theory of diffraction for electromagnetic waves. Peregrinus, IEE*, Southgate House, Stevenage, 1976.

[K1] – N.S. Kapany, J.J. Burke:*Optical Waveguides. Academic Press*, New York, 1972.

[K2] – B.Z. Katsenelenbaum: *Theory of Irregular Waveguides with slowly changing Parameters.* Übersetzung aus dem Russischen durch: *Foreign Technology Division*, USA, 1979.

[K3] – G. Klaus: *3-D Streufeldberechungen mit Hilfe der MMP-Methode. Diss. ETH Nr.7792*, Zürich, 1985.

[L1] – L.D. Landau, E.M. Lifschitz: *Lehrbuch der theoretischen Physik, Band 2. Akademie-Verlag*, Berlin, 1977.

[L2] – P. Leuchtmann: *Automatisierung der Funktionenwahl bei der MMP-Methode. Diss. ETH*, Zürich, *in Vorbereitung.*

[M1] – C.W. Misner, K.S. Thorne, J.A. Wheeler: *Gravitation. Freeman*, San Francisco, 1973.

[M2] – A.R. Mitchell, D.F. Griffiths: *The Finite Difference Method in Partial Differential Equations. John Wiley*, Chichester, 1980.

[M3] – P. Moon, D. Eberle-Spencer: *Field Theory Handbook. Springer*, Berlin, 1961.

[P1] – W.K.H. Panowsky, M. Phillips: *Classical Electricity and Magnetism. Addison-Wesley*, Reading, Massachusetts, 1975.

[P2] – A. Papoulis: *The Fourier Integral and its Applications. Mc Graw-Hill*, New York, 1962.

[S1] – P.P. Silvester, R.L. Ferrari: *Finite Elements for Electrical Engineers. Cambridge University Press*, Cambridge, 1983.

[S2] – E. Stiefel, A. Fäßler: *Gruppentheoretische Methoden und ihre Anwendung. Teubner*, Stuttgart, 1979.

[T1] – T. Tamir:*Integrated Optics. Springer*, Berlin, 1975.

[V1] – I.N. Vekua: *New Methods for solving Elliptic Equations. North-Holland Publ. Comp.*, Amsterdam, 1967.

[Z1] – O.C. Zienkiewicz: *Methode der finiten Elemente. Hanser*, München, 1975.

# Sachverzeichnis